Kate Kitchenham

TIERISCH BESTE FREUNDE

Liebe kennt keine Grenzen

Besuchen Sie uns im Internet:
www.knaur.de

Aus Verantwortung für die Umwelt hat sich die Verlagsgruppe
Droemer Knaur zu einer nachhaltigen Buchproduktion verpflichtet.
Der bewusste Umgang mit unseren Ressourcen, der Schutz unseres Klimas
und der Natur gehören zu unseren obersten Unternehmenszielen.
Gemeinsam mit unseren Partnern und Lieferanten setzen wir uns
für eine klimaneutrale Buchproduktion ein, die den Erwerb von Klima-
zertifikaten zur Kompensation des CO_2-Ausstoßes einschließt.
Weitere Informationen finden Sie unter: www.klimaneutralerverlag.de

Originalausgabe April 2021
© 2021 Knaur Verlag
Ein Imprint der Verlagsgruppe
Droemer Knaur GmbH & Co. KG, München
Alle Rechte vorbehalten. Das Werk darf - auch teilweise - nur mit
Genehmigung des Verlags wiedergegeben werden.
© VOX Television 2021, vermarktet durch die Ad Alliance GmbH
Redaktion: Ulrike Strerath-Bolz
Covergestaltung: ZERO Werbeagentur, München
Coverabbildung: TVNOW/fandango/Goran Gajanin
Abbildungen im Textteil: S. 5 wiederholt Fafarumba/Shutterstock.com;
S. 29 Science Photo Library/akg-images
Abbildungen im Bildteil: S. 1, 2, 3, 4, 5, 8, 9, 14, 15 TVNOW/fandango;
S. 6 Picture Press/Adrian Warren/Arde; S. 7 o. Callipso/Shutterstock.com;
S. 7 u., 10 Peter Dettling, www.PeterDettling.com; S. 12, 13 TVNOW/
fandango; S. 16 u. Photograph courtesy Alexander Wilson and Aquatic
Mammals; S. 16 o. Joop Van Der Linde/Ndutu Lodge/Panthera/dpa
Satz: Adobe InDesign im Verlag
Druck und Bindung: CPI books GmbH, Leck
ISBN 978-3-426-21487-9

2 4 5 3 1

Für Susanne Kitchenham

Weil sie mein kleines, neugeborenes Gehirn durch ihre Liebe und Fürsorge wunderbar darauf programmiert hat, Leben, Liebe und Freundschaft so toll zu finden, dass ich bis heute nicht genug davon bekommen kann.

Inhalt

Einleitung

Wozu gibt es eigentlich Freunde?   11

Emotionen und Gefühle bei uns und
nichtmenschlichen Tieren 13

Das Bedürfnis nach Zugehörigkeit und Freundschaft 14

Verhaltensforschung – die Welt aus
der Perspektive der anderen erleben 16

Grundbaustein der Gemeinsamkeit: das soziale Gehirn . . . 18

Gemeinsamkeiten, keine Gleichmacherei 23

Geschichte der Freundschaft   25

Wieso wir uns ähnlich sind: der Fisch in uns 27

Liebe vermehrt sich   31

Hingebungsvolle Rattenmütter 34

Programmierung auf Liebe 37

Freude an Freundschaft 39

Psychologie und Physiologie der Freundschaft
zwischen verschiedenen Arten
am Beispiel Mensch-Hund-Beziehung 41

Empathie entwickeln, Freunde werden 47

Faszination Gesicht 50

Beziehung oder Bindung? Wie wir soziale Netze
knüpfen und Freundschaft lernen 58

Achtung, Infektionsgefahr:
Hier droht emotionale Ansteckung! 62

Wie erforscht man Gefühle und Empathie bei Tieren? 67

Spielen als Lernmotor 70

Wie sich Empathie und Reaktionsschnelligkeit entwickeln . . 78

Mimik und Verhalten lesen zwischen verschiedenen Arten . 81

Drei tierisch beste Freunde fürs Leben 82

Alberne Pferde- und Hundekumpels 84

Spielen zwischen verschiedenen Arten in freier Wildbahn . . 87

Bindung beflügelt! 93

Krähe Wolle & vier Jagdhunde. 94

Persönlichkeit macht den Unterschied 96

Neue Welten wahrnehmen durch das Leben mit Tieren . . . 100

Wie Tiere Freund und Feind unterscheiden 102

Gleich und gleich gesellt sich gern:
Warum Freunde sich oft irgendwie ähnlich sind 105

Wie geht Denken ohne Worte? 111

Ist Freundschaft wirklich selbstlos? 112

Altruismus in Tierfreundschaften 113

Flexible Formen von Freundschaft und
Loyalität in sozialen Gruppen 115

Selbst-Zivilisierung hat uns nett gemacht 119

Co-Evolution von Hund und Mensch? 121

Ist der Mensch ein Kosmopolit oder Clanmitglied? 122

Gruppenzusammenhalt und Abgrenzung
können sich gut anfühlen 124

Warum die Nazis leider erfolgreich waren 126

Zwei Seelen in der Menschenbrust 128

Verschiedene Freundschaftsformen 129

Wie Freunde uns stark, gesund und klug machen 130

Lebensbegleiter Freund 132

Leo, Sher Khan und Baloo: beste Freunde
in guten wie in schlechten Tagen 144

Bindung beflügelt: Woran wir gute Freundschaften
erkennen können 147

Freunde oder Bekannte? 148

Freunde sind Glückspakete 151

Mensch-Tier-Freundschaften   **153**

Anfänge der Haustierhaltung 155

Zunehmende Entfremdung von der Natur 158

Funktionen von Haustieren 160

Adriana & Sil, das blinde Pferd 163

Haustiere – Mischwesen aus Kultur und Natur 168

Die Hypothese der »Biophilie« von Edward Wilson 170

Machen Haustiere glücklich und gesund? 174

Langzeitstudien über die Wirkung
von Haustierhaltung 176

Andersherum: Machen wir unsere Haustiere
glücklich und gesund? 178

Treuer Hund, unabhängige Katze? 181

Stony 182

Begrüßungszeremonien beruhigen und
stärken die Bindung 184

Glücksbringer auf vier Pfoten: Assistenzhunde 188

Nina & Hazel 189

Flirtfaktor Hund 195

Von außen betrachtet: Wie wirken Tierbesitzer
    auf ihre Umgebung? 203
»Nutztiere«: ähnlich, doch nicht gleich? 213
Birgit, Johannes & Nico 215
Freunde bis zum Schluss 220

Adoption   **223**
Apple & Curry 224
Biologische Hintergründe für Adoption 227
Alles selbstlos? 228
Gruppenaufzucht 229
Der biologische Prozess des artübergreifenden Säugens . . . 235
Eltern sein kann glücklich machen 236
Freddy & Oskar 239
Wenn Räuber ihre Beute aufziehen wollen 240
Moby Dick & Flipper 245
Demut tut gut 247
Verteidigungsaggression 253
Wenn Menschen Haustiere verteidigen 256
Warum so oft Hunde? 261
Adoptionen – ein Widerspruch zum Egoismus der Gene? . . 261

Ende   **265**

Dank   **269**

Quellen und Stoff zum Weiterlesen   **271**

Adressen   **283**

Einleitung
Wozu gibt es eigentlich Freunde?

Als ich zum ersten Mal dem Hängebauchschwein »Bonnie« und der weißen Hausgans »MöpMöp« gegenüberstand, wurde ich alles andere als herzlich empfangen - »MöpMöp« startete mit waagerecht vorgestrecktem Hals lautstark eine empörte Attacke, weil ich ihrer Meinung nach überhaupt nichts in der Nähe von »Bonnie« zu suchen hatte!

Erst nachdem ich respektvoll ein paar Schritte zurückgewichen war, beruhigte sich die Gans und legte sich wieder zur Hängebauchsau, die unbeirrt vom Krach ihrer Freundin einfach in ihrer kühlen Suhle weitergeschlafen hatte. Dort knibbelte Möp-Möp zärtlich die spärlichen Borsten an Bonnies Rücken, bis ihr selbst langsam die Augen zufielen. Ungefähr eine Stunde lang hielten die ungleichen Freundinnen so ihre gemeinsame Siesta im Schatten eines Pflaumenbaumes: die eine tiefenentspannt schnarchend, die andere dösend, doch jederzeit bereit, bei der kleinsten Unruhe die Umgebung sichernd zu beobachten. Ich hatte also genug Zeit, die beiden zu betrachten - diese besonderen Damen, von denen ich schon so viel gehört und gelesen hatte. Zum ersten Mal begegnet sind sie sich in einem Tierheim. Dort wurden sie von den Pflegern zusammen in ein Gehege gesetzt, wahrscheinlich aus Platzmangel und weil man dachte, Tiere vom Bauernhof würden sich bestimmt verstehen. Und das taten sie - schon bald war es mehr als nur ein gegenseitiges Tolerieren. Die räumliche Distanz zwischen ihnen wurde immer geringer, sie entwickelten eine Beziehung und schließlich eine sehr stabile Bindung, die bis heute andauert. Sie leben jetzt auf dem »Erdlingshof« im Bayerischen Wald - ein »veganer Lebenshof«, auf dem Tiere mit Menschen nahezu auf Augenhöhe ihren Alltag teilen. MöpMöp und Bonnie sind also sozusagen im Paradies auf Erden gelandet, dürfen nach Lust und Laune über das große Gelände streifen und haben jederzeit die Möglichkeit, zu Artgenossen zu gehen. Die schneeweiße Hausgans hat auch tatsächlich Anschluss an die Gruppe der anderen Gänse gefunden. Aber sobald »ihre« Bonnie beschließt, sich von der Gänsegruppe fortzubewegen, ist für die gefiederte Freundin klar, dass sie ihr folgt. Bonnie hat wahrscheinlich die Schweinesprache niemals richtig lernen können und zeigt kein großes Interesse an der Schweinerotte vor Ort - deshalb ziehen die beiden immer noch am liebsten zu zweit, Seite an Seite über den Hof.

Wie ich MöpMöp und Bonnie da zusammen ruhen sah, so entspannt und vertraut, strahlten sie all das aus, was ich wahrscheinlich auch bei meinen besten Freunden suche: angenommen zu werden, mich zeigen zu dürfen, so wie ich wirklich bin. »Meine Freunde«, das ist an dieser Stelle wichtig zu erwähnen, sind für mich aber nicht nur Menschen. Mit wem ich mich innerlich verbinde, hat eher etwas mit einer gemeinsamen Geschichte, Vertrautheit und Sympathie als mit der jeweiligen Artzugehörigkeit zu tun - also ganz ähnlich wie bei der engen Freundschaft zwischen Gans und Sau. Bei meinem Freundeskreis gehören Hunde fest dazu, meine eigenen natürlich, aber auch die Hunde meiner besten Freunde. Wenn wir uns treffen, gibt es ein großes Hallo, wir begrüßen uns wild durcheinander, freuen uns riesig, uns zu sehen - kreuz und quer, Menschen und Hunde. Und dann verbringen wir entspannt eine schöne Zeit miteinander, gehen große Runden spazieren oder »hängen gemeinsam ab«. Die Hunde gehören dazu und mischen sich unter uns - oder ziehen sich zurück, wie sie eben Lust haben. Keiner fühlt sich gezwungen, alle fühlen sich wohl.

Freundschaft scheint also nicht nur zu Artgenossen, sondern querbeet durcheinander, zwischen Gänsen, Schweinen, Menschen, Hunden und noch viel mehr Getier möglich zu sein. Gute Freunde um sich zu haben ist damit offensichtlich nicht nur für uns, sondern für viele sozial lebende Tiere von Bedeutung. Aber wir bewegen uns hier in einem Bereich, in dem wir anderen Tieren Gefühle und Bedürfnisse zuschreiben, die für uns selbst gelten. Ist dies überhaupt möglich? Und wenn ja – gibt es eine gemeinsame Basis für die Sehnsucht nach Freundschaft?

Emotionen und Gefühle bei uns und nichtmenschlichen Tieren

In den letzten Jahrzehnten hat sich das Bild, das wir vom Innenleben anderer Tiere haben, drastisch verändert. Besonders für Haustierhalter*innen ist es mittlerweile vollkommen normal, von der Persönlichkeit ihres Meerschweinchens oder eifersüchtigen Hunden zu sprechen. Aber ist das wirklich korrekt, dürfen wir Tieren, bestätigt durch den aktuellen Forschungsstand, Individualität und höhere Empfindungen zuschreiben?

Immerhin ist für manche Menschen die Vorstellung, dass wir Tieren in unserer Gefühls- und Wahrnehmungswelt in vielen Bereichen ähnlich sein könnten, immer noch verstörend. Jahrhundertelang galten wir als »die Krone der Schöpfung«. Mit enormen geistigen Fähigkeiten und einem differenzierten Gefühlsleben ausgestattet, sahen wir uns auf einem Sonderast der Evolution thronen, im zoologischen System ganz weit weg angesiedelt von anderen Tieren wie Frettchen, Katze oder Krähe. Von dieser abgehobenen Position aus haben wir oft selbstzufrieden auf den Rest der Tierwelt herabgeschaut. Doch diese Sicht auf die lebendige Umwelt lässt sich immer weniger aufrechterhalten, denn der Abstand zwischen uns und anderen Tieren ist im Laufe der letzten hundertfünfzig Jahre durch neue wissenschaftliche Erkenntnisse stetig geschrumpft. Immer mehr Fähigkeiten und Bedürfnisse wurden entdeckt, die den unsrigen gleichen und uns so den anderen Tieren immer nähergebracht haben.

Auch das Phänomen der »Bindung« bei sozial lebenden Tierarten ist in den letzten Jahrzehnten in zahlreichen Studien von Verhaltens-, Neuro- und Evolutionsbiolog*innen, Anthropolog*innen, Physiolog*innen, Genetiker*innen und Psycholog*innen intensiv erforscht worden. Die Studienergebnisse all dieser unterschiedlichen Disziplinen lassen vor unseren Augen langsam ein Bild entstehen, das uns dabei helfen kann, zu erkennen, wo es Überschneidungen zwischen uns und anderen Tierarten geben könnte. Das wiederum kann uns helfen zu verstehen, wie wir Menschen uns im Laufe der Evolution zu den »Beziehungstieren« entwickelt haben, die wir heute sind. Menschen suchen nämlich nicht nur Beziehung zu Artgenossen, sondern heute aktiv auch Bindungen zu anderen Tieren. Es ist mehr als ein Trend, es ist normal geworden, dass immer mehr von uns ihr Leben und ihr Zuhause mit »tierisch besten Freunden« teilen wollen.

Das Bedürfnis nach Zugehörigkeit und Freundschaft

Als Menschen gehören wir zu einer Spezies, für die stabile Bindungen zu anderen eine existenzielle Bedeutung haben. Die Erkenntnisse der Wissenschaft zeigen uns aber: Mit diesem starken Bedürfnis nach Nähe zu und Austausch mit anderen stehen wir im zoologischen System keineswegs allein oder abseits da, sondern mittendrin. Mitten zwischen Papageien, Wildschweinen, Eseln, Schimpansen oder Rindern. Für all diese sehr unterschiedlichen Tierarten sind vertraute Partner nicht nur ein wichtiger Stresspuffer und Sicherheitsfaktor, sondern offensichtlich auch eine Quelle hoher Lebensqualität und damit gesundheitlicher Fitness. Der Wunsch nach Bindung an einen loyalen Freund ist also keine menschliche Erfindung. Es gibt viel ältere, gemeinsame evolutionäre Wurzeln, die weit zurückreichen und deshalb - unter besonderen Voraussetzungen - auch Beziehungen nicht nur zwischen Artgenossen, sondern auch zwischen unterschiedlichen Spezies wie zwischen Bonnie und MöpMöp möglich machen.

Ein Hängebauchschwein scheint also nicht nur in der Lage zu sein, zu einer Gans eine soziale Beziehung aufzubauen, sondern sogar eine stabile Bindung - sonst würden die beiden doch niemals so vertraut nebeneinander ruhen und sogar Zärtlichkeiten austauschen? Mit dem Interpretieren von Verhalten ist das so eine Sache: Auch wenn es nach starker Zuneigung aussieht, was uns Bonnie und MöpMöp da vorleben - auf das Innenleben von anderen können wir dadurch nicht immer unbedingt schließen. Schon zwischen Menschen wird Zuneigung oder gar Liebe bekanntlich von Partner zu Partner unterschiedlich erlebt. Wie sollen wir dann erst eine Vorstellung davon entwickeln, was Delfine oder Kühe beim Anblick ihrer Beziehungspartner empfinden?

Auch meine Mitmenschen kann ich oft nicht verstehen, obwohl wir uns über Worte austauschen. Der Grund ist eine manchmal unterschiedliche Wahrnehmung der Wirklichkeit. Wir werden geprägt durch unsere unterschiedliche Lebenserfahrung von Kindesbeinen an, von kulturellen Gegebenheiten und einschneidenden Erlebnissen, die beeinflussen, wie wir

Situationen oder eben so etwas wie Freundschaft interpretieren. Diese Unterschiede in der Wahrnehmung von Situationen und Gefühlen innerhalb der Spezies »Mensch« macht deutlich, wie schwierig es ist, die Welt aus dem Kopf des anderen sehen und erleben zu können – und das, obwohl wir uns über Sprache austauschen können.

Verhaltensforschung – die Welt aus der Perspektive der anderen erleben

Aber auch wenn es schwierig erscheint, nichtsprachliche Tiere verstehen zu können – der Versuch ist spannend! Verhaltensforschung versucht genau das – die Welt aus den Augen der anderen zu verstehen und dadurch eventuell auch Gemeinsamkeiten und Wurzeln unserer eigenen Fähigkeiten entdecken zu können.

Was bislang dabei herausgefunden wurde, ist erstaunlich. In einer im Jahr 2012 stattfindenden Konferenz von Neurowissenschaftler*innen zum Thema *Bewusstsein und geistige Fähigkeiten von Tieren* waren sich die Forscher*innen am Ende einig, dass es in Anbetracht aktueller Erkenntnisse eines neuen Blicks auf nichtmenschliche Tiere bedarf. Deshalb verfassten die Teilnehmer*innen der Konferenz eine wichtige Erklärung, die »Cambridge Declaration on Consciousness«. Übersetzt bedeutet das ungefähr »Cambridges Erklärung zum Thema Bewusstsein«. In dieser Schrift wird von den Neuroforscher*innen festgehalten, dass nach neuestem Erkenntnisstand nicht nur Menschen, sondern eine große Anzahl von nichtmenschlichen Tieren, und zwar nicht nur Wirbeltiere, sondern auch einige Nichtwirbeltiere, Lebewesen mit Bewusstsein sind: »Ergebnisse unterschiedlichster Studien zeigen uns, dass nichtmenschliche Tiere über die neuroanatomischen, neurochemischen und neurophysiologischen Voraussetzungen verfügen, die Bewusstseinszustände möglich machen und gleichzeitig die Fähigkeit, planvolles Verhalten zu zeigen.« Konsequenterweise zeige diese angesammelte Beweislast in Form von Studien, dass »Menschen nicht als einzige im Besitz von neurologischen Substraten sind, mit deren Hilfe Bewusstsein generiert wird. Nichtmenschliche Tiere, eingeschlossen Säugetiere und Vögel und viele andere Kreaturen wie Oktopusse, verfügen ebenfalls über diese neurologischen Voraussetzungen« (Declaration of Consciousness, 2012). Die Forscher*innen sprechen hier von Bereichen, die ein Bewusstsein und planvolles Handeln der verschiedenen Tierarten ermöglichen. Doch wenn wir uns die Gebiete ansehen, die uns ermöglichen, Bindungen einzugehen, dann befinden wir uns in sehr ursprünglichen und alten Teilen unseres Gehirns. Diese 600 bis 400 Millionen alten Gehirnstrukturen machen soziales Verhalten und damit Beziehungen zueinander möglich. Evolutionär entstanden sind diese Fähigkeiten also lange vor der Entstehung des Menschen. Zusammenhalt, Liebe und Loyalität scheint evolutionär betrachtet für das Überleben von vielen Tierarten also ein sehr Erfolg versprechendes Konzept zu sein.

Wir Menschen können uns über Sprache sehr komplex austauschen und reflektieren, wie sehr wir unseren Partner, unser Kind, unser Haustier oder unseren guten alten Schulfreund lieben. Wir können durch Wörter wie hier in diesem Buch dem Wunder außergewöhnlicher Tierfreundschaften auf den Grund gehen, dazu Studien abgleichen mit den realen Fällen und daraus Hypothesen entwickeln, die uns außergewöhnliche Tierfreundschaften verstehen helfen. Diese Form des hochentwickelten Sprachgebrauchs gilt bislang noch als eine einzigartig menschliche Fähigkeit. Doch sie verführt uns dazu, uns als

Maßstab für Intelligenz zu sehen. Denn nur, weil andere Tiere ihre Wahrnehmungen, Beobachtungen oder Gefühle nicht in Worte fassen können, heißt das nicht, dass all das nicht existiert.

Grundbaustein der Gemeinsamkeit: das soziale Gehirn

Sich Gedanken über ein Gegenüber ohne Worte vorzustellen – das fällt uns Menschen naturgemäß nicht leicht. Doch wenn wir uns die Gehirne anderer Lebewesen ansehen, entdecken wir auch dort eine starke Vernetzung verschiedener Hirnareale, die in ihrer Zusammenarbeit als »soziales Gehirn« bezeichnet werden. Diese Bereiche sind bei uns und anderen Tierarten zuständig für Einfühlungsvermögen, Problemlöseverhalten, soziale Kompetenz und höhere Empfindungen wie Schuld oder Scham. Je sozialer eine Spezies lebt, desto mehr Freunde kann sie haben – deshalb ist das Frontalhirn beim Menschen größer als bei Makaken oder bei einer Katze. Doch auch dort ist es gut ausgebildet und die Fähigkeit zur Einfühlung ebenfalls, nur auf anderem Niveau vorhanden. Die Perspektive des anderen wahrnehmen, aus seinem Verhalten auf seine Stimmung und Absichten schließen zu können, spielt eben nicht nur für uns, sondern für viele Tierarten eine wichtige Rolle im sozialen Zusammenleben und ist deshalb auch in unterschiedlichen Ausprägungen vorhanden. Und auch wenn andere Tierarten keine Opern komponieren, keine Hochhäuser oder Raketen bauen und keine mathematischen Formeln entwickeln können, mag es andere Formen der Intelligenz geben, bei denen wir wiederum diesen Arten unterlegen sind. Die Grundlage unser aller Fähigkeiten aber ist in den gemeinsamen, alten Hirnteilen zu finden, in der

Vernetzung der Großhirnrinde mit dem entwicklungsgeschichtlich sehr alten Teil des Gehirns, dem »sozialen Gehirn«.

Ein wichtiger Teil dieses sozialen Gehirns, den wir mit anderen Arten teilen, ist das »limbische System«. Dieser bei vielen Spezies ähnlich strukturierte Bereich liegt im »Zwischenhirn« direkt unter dem Großhirn und ist mit diesem je nach Tierart unterschiedlich intensiv vernetzt. Dieses »emotionale Zentrum« des Gehirns generiert Emotionen, die vom Thalamus, »dem Tor zum Bewusstsein«, bewertet werden: Wird eine Emotion aufgrund vorhergegangener Erlebnisse als sinnvoll erachtet, dann wird die Gefühlsinformation über Leitungsbahnen an die verschiedenen Bereiche der Großhirnrinde geschickt, und eine passende emotionale oder rationale Reaktion wird gezeigt.

Das Geräusch einer blubbernden Kaffeemaschine bewertet unser Gehirn deshalb nicht als gefährlich – wir haben es oft genug gehört, kennen den Zusammenhang, in dem es erzeugt wird – und zeigen keine Reaktion. Ein Mensch oder Haustier, der/das bislang keine Kaffeemaschinen kennt, wird ganz anders reagieren. So ermöglicht uns das Gehirn, uns in der Welt zu orientieren – also zum Beispiel auf unbekannte Situationen mit Vorsicht oder auf angenehme Situationen mit Wohlgefühl und Suche nach Nähe zu reagieren, aber eben auch Freude beim Lösen komplizierter Aufgaben zu empfinden. Besonders die im »Belohnungssystem« erzeugten Emotionen ermöglichen uns im Zusammenspiel mit verschiedenen Bereichen des Großhirns, immer mehr Positives erleben und lernen zu wollen. Emotionen sorgen also dafür, dass wir gerne leben, lernen und vermeiden, was uns nicht gefällt – und uns dadurch weiterentwickeln und (hoffentlich) immer klüger werden.

Auch andere Tiere, die wie wir in sozialen Gruppen leben oder sich sozial austauschen, müssen in verschiedenen Abstufungen in der Lage sein, Entscheidungen zu treffen, Ereignisse in der Umwelt zu bewerten und in Kategorien und Konzepte zu fassen. Die Qualität der Faltung der Großhirnrinde und ihre Vernetzung mit den anderen Gehirnbereichen sagt viel darüber aus, wie flexibel sich eine Art durch die Herausforderungen des Lebens manövrieren kann, wie sozial organisiert und wertvoll die Bindung zwischen Partnern werden kann. Je größer die Bedeutung von vielfältiger und anspruchsvoller sozialer Interaktion für eine Spezies ist, desto intensiver muss hier ein Austausch zwischen verschiedenen Mitgliedern einer sozialen Gemeinschaft stattfinden können. Denn die gut koordinierte Jagd auf eine Antilope verlangt von Löwen ein hohes Maß an individuellem Können und Kooperation. Ein Tier wie ein Löwe, Erdmännchen, Mensch, Elster oder Wolf muss also in der Lage sein, verschiedene Beziehungen zu unterschiedlichen Persönlichkeiten zu pflegen. So kann ich mein eigenes Verhalten auf das Verhalten anderer Gruppenmitglieder oder sogar einer ganz anderen Tierart abstimmen. Wenn das gelingt, funktionieren wir als Team, schenken uns gegenseitig Wohlgefühl und Sicherheit.

Diese Form der sozialen Kompetenz und der Fähigkeit, Erfahrungen auf neue Situationen zu übertragen und immer weiter zu lernen und abzuwägen, ist eben nicht nur beim Menschen, sondern auch bei vielen anderen Lebewesen anzutreffen. Besonders Bindung wird dabei vom limbischen System physiologisch belohnt – deshalb suchen alle sozial lebenden Arten Bindungspartner, es fühlt sich halt einfach gut an, eine vertraute Seele zur Seite zu haben. Die Nähe von guten Freunden oder engen Bindungspartnern sorgt für die Ausschüttung von Wohlfühl-Botenstoffen wie dem Bindungshormon Oxytocin, wir fühlen uns sicher aufgehoben und glücklich – unser Belohnungszentrum im Gehirn wird aktiviert und sorgt dafür, dass wir das Erlebnis von Nähe zu diesen Individuen immer wieder haben möchten. Dieser Effekt konnte in den letzten Jahren zumindest für Hunde sogar bildhaft dargestellt werden. Neurobiolog*innen und Verhaltensforscher*innen aus Budapest und Atlanta haben dazu Hunden zunächst beigebracht, mehr als sieben Minuten regungslos im Magnetresonanztomografen zu liegen (Berns et al., 2015; Andics et al., 2014). Auf diese Weise konnten die Forscher*innen Hundegehirne im zweiten Schritt dabei beobachten, wie sie auf den Geruch oder die Stimme von vertrauten versus fremden Personen reagierten. Das wenig erstaunliche Ergebnis für alle Hundefreunde: Beim Hören der Stimme oder Riechen des Geruchs ihrer Bezugspersonen reagierte das Belohnungssystem beim Hund, das für das Empfinden freudiger Gefühle zuständig ist, mit einem wahren Feuerwerk an neuronaler Aktivität! Spannenderweise hat das Belohnungssystem des Menschen im selben Versuch mit Familienmitgliedern genauso reagiert – wir haben hier also zum allerersten Mal die neuronale Grundlage von Bindung zwischen Mensch und Hund und die übereinstimmende Reaktion von Gehirnbereichen bildlich darstellen können. Beziehungstiere wie Menschen, Hunde und viele andere sozial lebende Arten suchen also nach Bindungspartnern. Unter besonderen Umständen ist es dann egal, ob diese Partner auf zwei oder vier Beinen laufen, wie sie aussehen oder sich verhalten. Entscheidend ist das gleiche Bedürfnis, das in diesem alten Teil unserer Gehirne angelegt ist, und das ist das Bedürfnis nach Bindung und Zugehörigkeit.

Sich sicher fühlen

Sind die Erlebnisse mit einer ganz bestimmten Persönlichkeit dabei sehr positiver Natur, werden sie besonders schnell im Langzeitgedächtnis abgespeichert und dort mit einem schönen Gefühl verknüpft – der Startschuss für eine stabile Bindung und ein System, das deshalb bei ähnlich sozial organisierten Spezies wie MöpMöp und Bonnie artübergreifend funktionieren kann. Allein der Anblick des Bindungspartners löst dann schon positive Gefühle aus. Freundschaft ist also eine ziemlich erfolgreiche Erfindung der Evolution. Deshalb finden wir uns selbst in Bonnie und MöpMöp wieder, wenn wir sie dabei beobachten, wie die Gans als »zuverlässige Freundin« über ihre beste Freundin Wache hält, während diese schläft. Das hat eine beruhigende, entspannende Wirkung auf uns. Das schöne Bild weist uns darauf hin, dass uns Freunde in allererster Linie ein Gefühl der Sicherheit schenken. Sie sind der beste Stresspuffer, den man im Leben neben guten Eltern und einer stabilen Familie finden kann. Nach einer Freundin wie MöpMöp sehnen wir uns insgeheim alle.

Sich gut fühlen, Spaß haben

Aber enge Freunde sind nicht nur für uns da, wenn's brennt; es fühlt sich neben dem Sicherheitsaspekt im Alltag einfach gut an, in ihrer Nähe zu sein. Dieses »Wohlgefühl«, die Unbeschwertheit im Umgang miteinander, ist eine weitere wichtige Funktion von guten Freunden. Wenn man in einer lauen Sommernacht über den Elbstrand in Hamburg schlendert, kann man hier herrliche Beobachtungen machen: Gruppen versammeln sich um kleine Grillstellen, liegen bis in die Nacht hinein am Wasser, aneinandergelehnt, manche lassen sogar zu, dass sie im »Würgegriff«, also mit dem Arm des Freundes oder der Freundin um den Hals gelegt, gehalten werden. Vertrauten Freunden gestehen wir sehr viel intime körperliche Nähe zu, wir reden albern oder philosophierend die Nächte durch; wir haben Zutrauen und können uns gehen lassen. All das fühlt sich einfach gut an, es bildet ein schönes Gegengewicht zum Alltag, in dem wir Aufgaben und Erwartungen erfüllen müssen. Bei besten Freunden brauchen wir uns dagegen nicht »konform« zu benehmen. Sie kennen uns so gut, dass es vollkommen sinnlos wäre, ihnen etwas vormachen zu wollen.

Das Schöne ist: Wenn man befreundete Tiere in entspannter Interaktion miteinander beobachtet, kann man genau die gleichen Kennzeichen vertrauter Freundschaft entdecken. Auch sie suchen die körperliche Nähe, zeigen sich verletzlich, indem sie empfindliche Körperteile wie ihre Kehle präsentieren, begrüßen sich ausgelassen, spielen schnell sehr vertraut und ohne Hemmungen miteinander. Auch das Streben nach Vertrautheit und Spaß an der Interaktion mit guten Freunden ist also bei Menschen und vielen anderen Tieren vorhanden. Deshalb können wir Freundschaft auch miteinander erleben. Menschen und Pferde, Hunde, Katzen, aber auch Rinder oder eben Schweine mit Gänsen können durch gleiche Hirnfunktionen und Botenstoffsysteme lernen, miteinander zu kommunizieren, Spaß zu haben und dadurch Vertrautheit und ein tiefes Sicherheits- und Wohlgefühl im Umgang miteinander zu entwickeln.

Gemeinsamkeiten, keine Gleichmacherei

Nach heutigem Erkenntnisstand sollten wir also davon ausgehen, dass Tiere viele Emotionen, differenzierte Gefühle und verschiedenste Fähigkeiten mit uns teilen. Das hat schon der große Evolutionsbiologe Charles Darwin erkannt und aus diesem Grund in weiser Voraussicht in seinem Buch *Die Abstammung des Menschen* 1871 formuliert: »Die Unterschiede (...) sind eher gradueller, nicht grundsätzlicher Natur.« Hundertfünfzig

Jahre später begeben wir uns in diesem Buch auf die Suche nach Gemeinsamkeiten, besonders nach unserem verbindenden Bedürfnis nach Zugehörigkeit, Sicherheit und Liebe. Doch es geht niemals um Gleichmacherei - die Geschichten besonderer Beziehungen in diesem Buch zeigen vielmehr, wie wunderbar es ist, dass wir uns auch unterscheiden. Denn erst das Unterschiedlichsein macht die Begeisterung füreinander oft so wertvoll und bringt uns nahe, was wir sonst vielleicht niemals kennengelernt hätten. Wir werden sehen, wie Freundschaft und Bindung in der Tierwelt und zwischen Menschen und Tieren gelebt wird, wir begegnen außergewöhnlichen Geschichten von Tierfreundschaften, die uns zeigen, was Bindung alles möglich macht, wie sie uns beflügeln und inspirieren kann. Genau darum soll es in diesem Buch gehen - letztendlich ist sein Ziel ein besseres Tier- und dadurch Selbstverständnis. Damit wir wissen, wer wir sind, woher wir kamen - und dass wir immer noch dazugehören.

Geschichte der Freundschaft

Warum wir uns so gern binden:
Vertrautheit fühlt sich gut an!

Es ist schon komisch, einem Uhu und einer Jagdhündin dabei zuzusehen, wie sie sich Schnauze an Schnabel zärtlich begrüßen. Aber das taten sie, Ronja und Hugo, das ungleiche Paar. Zu Beginn zwar etwas zögerlich, aber das lag wohl eher daran, dass wir gleich mit einem ganzen Fernsehteam angerückt waren, um das morgendliche Ritual zu dokumentieren. Und dabei natürlich die Intimsphäre massiv störten. Doch nachdem sich die beiden an uns gewöhnt hatten, gab es für sie kein Halten mehr: Hugo flog zu seiner Auserwählten und stolzierte ihr entgegen. Sie wiederum legte sich auf den Boden, machte sich extra für ihn klein und streckte ihm ihr Hundegesicht entgegen. Und dann zeigten sie das außergewöhnliche Schauspiel, das Falkner Marco Wahl im Tierpark Niederfischbach seit Jahren beobachten kann: Sie knabberten beziehungsweise leckten sich hingebungsvoll gegenseitig das Eulen- und Hundegesicht. Doch was das Fernsehteam und ich so noch nie gesehen hatten und was uns dahinschmelzen ließ, ist für Marco Wahl ein ganz normaler Start in den Arbeitstag. Bei seinem allmorgendlichen Rundgang durch die Wildvogel-Volieren wird er immer von der freundlichen Vorstehhündin begleitet. Und jeden Morgen fliegt Uhu Hugo von seinem Sitz hinunter auf den Boden, trabt leichtfüßig auf seine Freundin Ronja zu, und beide scheinen für einen Moment die Welt um sich herum zu vergessen - und vor allen

Dingen, dass sie gar nicht einer Art angehören. Die Wiedersehensfreude der beiden ist echt und wird sich gegenseitig bestätigt,
seit jenem Morgen, an dem Hugo aus dem Zuhause des Falkners
hier eingezogen ist. Vorher war Hugo noch ein Uhuküken, und
die beiden haben zusammen bei der Familie von Marco Wahl in
einem Reihenendhaus gewohnt. Erst als das Wohnzimmer für
Hugo zu klein wurde und er mehr Platz für seine ersten Flugversuche brauchte, war das Ende des »WG-Lebens« für die beiden
gekommen. Doch das bedeutete nicht das Ende der Beziehung:
Auch wenn sie heute viel weniger Zeit miteinander verbringen
können, die Vertrautheit von damals ist geblieben.

Das Bedürfnis nach Nähe und Zugehörigkeit – das zeigt uns
auch dieses Beispiel wieder wunderbar eindrücklich – ist bei
vielen sozial lebenden Arten präsent und überspringt besonders
leicht bei in Gefangenschaft lebenden Tieren die Artgrenze. Es
hält uns vor Augen, wie alt die Suche nach Beziehung ist – jedenfalls viel, viel älter als die Gattung Mensch. Die Vorteile, die sich
aus dem Leben mit anderen ergeben, haben dazu geführt, dass
sich das Prinzip der Gemeinschaftlichkeit früh bei der Entstehung der Arten durchsetzen konnte. Deshalb kommt es dazu,
dass sich Hunde und Vögel anfreunden – wenn sie auf engem
Raum und über langem Zeitraum zusammenleben, sodass sie
die Körpersprache des anderen verstehen und darauf reagieren
lernen (siehe auch »Wolle« in Abschnitt »Krähe Wolle & vier
Jagdhunde« im Kapitel »Bindung beflügelt«). Um die Faszination von Freundschaften wie der zwischen Hugo und Ronja besser verstehen zu können, hilft es, zu wissen, woher die Bindungsbereitschaft zwischen so unterschiedlichen Arten kommt.
Also warum sie sich während der Evolution entwickelt hat, aber
auch, auf welchen Grundlagen das Bedürfnis nach Bindung an
andere während unserer individuellen Entwicklung erwächst.

Wir schauen uns also zuerst eine Art »Chronologie der Freundschaft« an, bevor wir uns der Entstehung der Bindungsfreude
und den vielfältigen Erscheinungsformen von Freundschaft zu-
wenden.

Wieso wir uns ähnlich sind:
der Fisch in uns

Im letzten Jahr ging eine medizinische Meldung durch die
Medien, die weltweit für Aufsehen sorgte: In den USA war es
Biomediziner*innen mithilfe von Aquarienfischen gelungen,
das passende Medikament für einen schwerkranken Jungen zu
entwickeln – und ihm damit das Leben zu retten. Die Helden
dieser Geschichte sind – neben den Forscher*innen natürlich –
Zebrabärblinge. Das sind kleine Aquarienfische, die sich schnell
vermehren und deshalb unter Wissenschaftler*innen sehr beliebt sind, um zum Beispiel die Vererbung von Genen zu untersuchen, die Krankheiten auslösen können. Den befruchteten
Eiern dieser Fische wurde in einem sehr frühen Stadium ihrer
Embryonalentwicklung deshalb das Krankheitsgen des zwölf-
jährigen Daniel eingeschleust. Dann beobachteten die Forscher*innen, wie in der Petrischale die Genmutation die kleinen
Fische die gleichen Symptome wie bei Daniel entwickeln ließ:
Bei allen Versuchsfischen kam es zur unkontrollierten Wuche-
rung von Lymphgewebe. Um zu testen, wie die Wucherungen
effektiv bekämpft werden könnten, gaben die Biomediziner*innen den kranken Fischembryonen unterschiedliche Medika-
mente in die Petrischalen und beobachteten, ob die Arzneien
den Krankheitsverlauf beeinflussen. Tatsächlich entdeckten sie
auf diese Weise die richtige Medizin! Als das Krebsmedikament

dann bei dem Jungen eingesetzt wurde, konnte die krankhafte Ausbreitung seines Lymphgewebes, das ihm trotz Operationen das Atmen zunehmend erschwert hatte, genau wie bei den winzigen Fischchen gestoppt werden. Heute kann Daniel wieder ein fast normales Leben führen (Schlag, 2019; Dong Li et al., 2019). Dieses Beispiel aus der Gegenwart zeigt, was Charles Darwin und Ernst Haeckel vor mehr als einem Jahrhundert bereits ahnten: Ein Stück des Weges sind wir während unserer Entwicklungsgeschichte mit den Fischen zusammen gegangen.

Zugegeben, es ist lange her, dass der gemeinsame Vorfahre von Fisch, Frosch und Mensch mit einer Existenz an Land geliebäugelt hat. Die Entwicklung einer Lunge statt Kiemen zum Atmen, der Gang an Land, das Laufen auf zwei Beinen, die Nutzung unserer frei gewordenen Hände zum Werkzeuggebrauch und unseres hoch entwickelten Superhirns zur Kommunikation mittels Sprache durch das parallele Entstehen eines Kehlkopfes – all das kam erst sehr viel später. Die uralten Verwandtschaftsverhältnisse aber führen dazu, dass wir im Genom der Fische immer noch ungefähr 70 Prozent der Gene finden können, die auch wir Menschen besitzen. Dieser beeindruckend hohe Anteil paralleler Erbmasse wird besonders in der Frühphase der Embryonalentwicklung gebraucht: Sie sorgt dafür, dass sich aus befruchteten Eiern von Fisch und Mensch die ersten Zellen differenzieren und funktionsfähige Organe bilden, die in diesem Stadium noch nahezu identisch aussehen.

Neu ist die Erkenntnis der gemeinsamen Abstammungsgeschichte nicht, die sich in der Embryonalentwicklung wie im Zeitraffer wiederholt. Der Evolutionsforscher Charles Darwin hat bereits 1859 in seinem weltberühmten Werk *Die Entstehung der Arten* beschrieben, dass sich Tiere an ihren Lebensraum optimal angepasst entwickelt haben, aber alle auf einen gemeinsamen Vorfahren in der Artenentstehung zurückverfolgen lassen.

Darwin und seine Kollegen haben sich nämlich schon damals nicht nur für die Spezialisierung auf verschiedene Lebensraumnischen und die damit verbundenen körperlichen und kognitiven Veränderungen interessiert. Besonders spannend fanden sie die frühen Stadien der Embryonalentwicklung von Fischen, Schildkröten, Vögeln, Katzenwelpen und Menschen. Beim Vergleich stellten sie fest: Ganz am Anfang sehen wir uns alle sehr ähnlich – und fangen erst relativ spät im Ei oder Mutterleib damit an, als Tier der jeweiligen Art erkennbar zu werden.

Diese »Biogenetische Grundregel« aus dem 19. Jahrhundert besagt, was die Biomediziner*innen auf der Suche nach einem Medikament für Daniel im 21. Jahrhundert erfolgreich genutzt haben: Die »Individualentwicklung« (= »Ontogenese«, also die Entwicklung eines Individuums vom befruchteten Ei bis zum ausgewachsenen Erwachsenen) sei eine verkürzte Wiederholung der »Phylogenese« (= Stammesentwicklung – also die Artenentwicklung im Schnelldurchlauf).

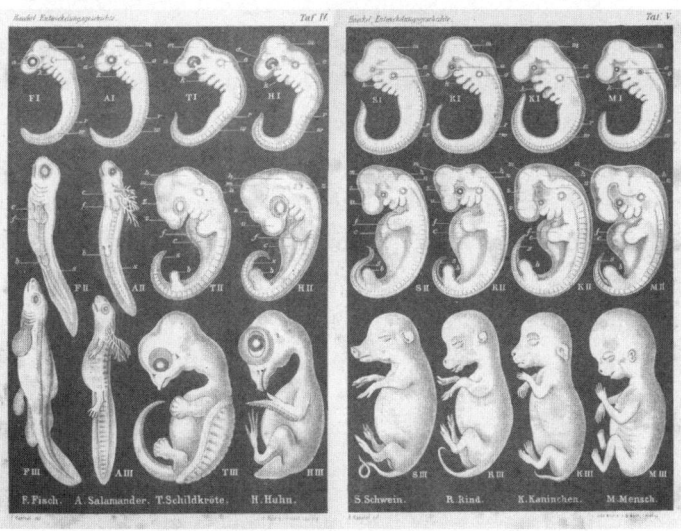

Historische Illustration der biogenetischen Grundregel von George Romanes

Der Embryo eines Menschen scheint während seiner Entwicklung vom Zellhaufen zum Baby also verschiedene Stadien der Evolutionsgeschichte zu wiederholen. Die Ausprägung von artspezifischen Unterschieden wie Fell oder Federn, kurzen oder langen Schnauzen mit feuchten oder trockenen Nasen, eine Bevorzugung von Einzelgängertum, Mono- oder Polygamie als bevorzugtes Lebensmodell wird erst viel später angelegt und noch später im Zuge des Erwachsenwerdens weiter ausdifferenziert durch das Zusammenspiel von Genen und Erfahrung, die wir in unserer jeweiligen Umwelt machen. Doch entscheidende genetische Informationen, die steuern, wann sich welche Organe entwickeln, sind vom Salamander bis zum Menschen sehr ähnlich.

Die verblüffend große Übereinstimmung an Genmaterial mit anderen Tieren verdeutlicht uns zum einen, was für große Auswirkungen kleinste genetische Veränderungen haben können. Zum anderen aber auch, dass wir in unseren Genen Zeugnisse unserer stammesgeschichtlichen Entwicklung konserviert haben. Alle Lebewesen sind also auf gewisse Weise miteinander verwandt. Aufgrund dieser Tatsache sollte es deshalb niemanden groß wundern, dass wir nicht nur wichtige Gene, sondern auch genetisch bedingte Schlüssel-Eigenschaften und Fähigkeiten teilen können, die sich schon früh bei der Entstehung sozialer Arten bewährt haben und die dafür sorgen, dass wir gut und sicher durchs Leben kommen. Wie zum Beispiel das Erfolgsmodell Bindung, also das Bedürfnis nach Sicherheit, Zusammenhalt und vertrauter Nähe, dem dieses Buch gewidmet ist.

Liebe vermehrt sich

Vertrauen und Liebe sind wunderbare Gefühlszustände.
Das ist der Grund, warum wir die Nähe zu Lebewesen suchen,
denen wir uns eng verbunden fühlen. Doch was bewirkt,
dass wir lieben können und zurückgeliebt werden?

»You've got to learn how to love
before you learn how to live.«
(Harry Harlow, Verhaltensbiologe und Psychologe)

Als Schülerin stand ich mit meiner erwachenden Leidenschaft für Verhaltensforschung ziemlich allein da. Anstatt mich für den damals total angesagten neuen Musikvideosender *Viva* oder die *Bravo* ehrlich zu begeistern, habe ich Bücher von Forscher*innen wie Konrad Lorenz oder der Primatenforscherin Jane Goodall verschlungen. Kein lebensgroßes Poster irgendeines Boygroup-Stars schmückte meine Jugendzimmerwand: Mein Regal stand voll mit jedem damals erhältlichen Buch der britischen Schimpansenforscherin. Vielleicht reagierte mein pubertäres Ich auf Janes Bücher auch deshalb so fasziniert, weil sich dort im tiefsten Dschungel Tanzanias all die alltäglichen Dramen abspielten, die ich auch auf dem Schulhof, in Diskotheken, Familien oder in der Politik beobachten konnte. Was die Primatologin über Intrigen, Affären und Komplotte in ihrer Schimpansengruppe beschrieb, unterschied sich für mich kaum von den Geschichten der Foto-Love-Story in der *Bravo* oder dem, was der *Spiegel* wöchentlich über Verwicklungen und Machtspielchen von Politikern berichtete. Während ich also gefesselt von persönlichen Schicksalsschlägen und intriganten Bestrebungen der einzelnen Schimpansenpersönlichkeiten las, tauchte ich tief ein in ihre Gemeinschaft. Die einzelnen Individuen wuchsen mir ans Herz, als Leserin erlebte ich mit, wie sie das Licht der Welt erblickten, wie sie ihre Pubertät überstanden und schließlich, wie sie das erste Mal als junge Schimpansin selbst Mutter wurden oder als Heranwachsende in der Rangordnung eine führende Position anstrebten. Aber was besonders faszinierend für mich war: Vieles von dem, was diese Affen-Persönlichkeiten erlebten, schien unseren Erlebnissen im Alltag ähnlich zu sein. Die Schimpansen hatten also vermutlich vergleichbare Motivationen, Gefühle und Lernprozesse zu durchlaufen wie wir!

Besonders im Gedächtnis geblieben sind mir Janes Beobachtungen über die Schimpansin Flo und ihre Kinder. Jane lernte Flo kennen, als diese bereits eine gestandene Schimpansenfrau war, und begleitete ihr Leben von diesem Moment an bis zu Flos Tod. Was ich schon damals besonders spannend fand: Die etwas zerzaust aussehende Flo zeichnete sich nicht nur durch einen hohen sozialen Status, ihre Freundlichkeit und ihren Sex-Appeal bin ins hohe Alter aus, sondern auch als besonders begabte Mutter. Sie war sehr zärtlich mit ihren Kindern, gleichzeitig aber auch lustig, denn sie liebte es, ausgelassen mit ihnen zu spielen. Sie war eine großartige Pädagogin, ohne jemals Erziehungsratgeber gelesen zu haben. Entfernten sich ihre kleinen Kinder vorwitzig zu weit von ihr, wurde sie kurz streng, war aber danach gleich wieder liebevoll. Brachten sich ihre Kinder ab einem bestimmten Alter selbst in Schwierigkeiten, schien sie genau abzuwägen, ob sie zur Rettung eilte oder den Nachwuchs selbst lernen ließ, einen Ausweg aus der Situation zu finden, in die er oder sie sich gebracht hatte. Jane selber war von Flos Erziehungsqualitäten so beeindruckt, dass sie einmal in einem Interview sagte, sie habe sich Flo zum Vorbild genommen, als sie selber Mutter ihres Sohnes Grub wurde. In vielen Situationen überlegte sie, was Flo jetzt wohl an ihrer Stelle getan hätte – und handelte danach. Zu Recht, denn wie sich später in den Biografien von Flos Kindern herausstellte, entwickelten sich jede und jeder einzelne von ihnen, wenn man das so sagen kann, als Schimpanse im gemeinschaftlichen Leben sehr erfolgreich. Sie waren angesehene Gruppenmitglieder mit hohem Rang, genau wie ihre Mutter. Die Söhne besetzten hohe Positionen oder führten die Gruppe sogar mit an. Die Töchter wurden sehr respektiert und entwickelten sich wie Flo zu großartigen Müttern (Goodall 1991, S. 50 ff.). Diese »Fortsetzung« von psychischer Stabilität und Lebensklugheit ließ bei mir die Frage aufkommen, ob es sich hierbei um genetische Prozesse oder um den Einfluss früher positiver Lebenserfahrungen handeln könnte.

Dieser Frage konnte ich mich ein paar Jahre später zum ersten Mal in meinem Biologiestudium widmen. Zusammen mit Kommiliton*innen beobachtete ich die Orang-Utan-Gruppe im Hagenbecks-Tierpark. In unserer Beobachtungsstudie konzentrierten wir uns darauf, ob die Kinder von ranghohen Weibchen selbstbewusster agierten als Kinder rangniederer Weibchen. Im Hamburger Menschenaffenhaus lebt bis heute der letzte in Indonesien wild gefangene und heute älteste Orang-Utan, genannt Bella. 1964 wurde Bella mit ungefähr drei Jahren ihrer toten Mutter abgenommen und nach Hamburg gebracht. Hier hat sie sechs eigene Kinder bekommen. Die anderen Orang-Utan-Frauen hatten die Fürsorge einer »echten« Orang-Utan-Mutter nicht kennengelernt, sie waren in den Siebzigerjahren mit der Flasche aufgezogen worden, wie es damals noch üblich war. In der Folge hatten sie oft Schwierigkeiten mit der eigenen Mutterrolle. So kam es dazu, dass Bella insgesamt drei Mal deren Babys übernahm und neben ihren eigenen insgesamt neun Kinder großgezogen hat. Als Student*innen konnten wir dann das wahrnehmen, was schon Jane am Gombe-Strom in Tansania bei Flos Kindern hatte beobachten können: Nicht nur Bellas leibliche, auch ihre Adoptivkinder verhielten sich besonders selbstbewusst, aufgeschlossener und erkundungsfreudiger als vergleichbare Jungtiere, die nicht die ranghohe und sehr souveräne Bella zur Mutter gehabt hatten.

Hingebungsvolle Rattenmütter

In den letzten Jahren sind zu diesem Thema spannende wissenschaftliche Forschungen durchgeführt worden. Besonders der Einfluss frühkindlicher Umwelterfahrungen auf die Persönlichkeitsentwicklung von Ratten und Hunden wurde im letzten Jahrzehnt sehr intensiv erforscht. Bevor Sie jetzt angewidert den nächsten Absatz überspringen: Ja, Ratten sind für viele von uns keine Sympathieträger, und die Vorstellung, von der Rattenpsyche auf die unsrige zu schließen, erscheint dem einen oder der anderen bestimmt etwas weit hergeholt. Aber wenn wir uns kurz vom gruseligen Bild des Mülldurchwühlers und Krankheitsüberträgers freimachen und den Aufbau des Säugetiergehirns sowie das Familienleben sozial lebender Tiere wie eben Ratten etwas genauer ansehen, dann kommen wir nicht umhin zu erkennen, dass es viele Parallelen gibt. Und dass viele Rattenmütter genau wie die Schimpansin Flo oder die Orang-Utan-Frau Bella durchaus für uns zum Vorbild in Sachen Kindererziehung taugen könnten.

Unter anderem deshalb haben sich Genetiker*innen in ihren Untersuchungen für den Einfluss mütterlicher Fürsorge auf die individuelle Entwicklung bestimmter Fähigkeiten im späteren Leben interessiert. Sie teilten dazu die Rattenmütter zunächst in zwei Gruppen auf: eine Mütter-Einheit, die sich im Umgang mit ihren Welpen als sehr zärtlich zeigte und viel Zeit mit Säugen und Zuwendung verbrachte, und eine Gruppe, die eher nachlässig mit ihrem Nachwuchs umging. Um hier qualitative Unterschiede feststellen zu können, waren die Rattendamen vorher via Videoüberwachung genau bei der Kinderpflege beobachtet worden. Die Wissenschaftler*innen dokumentierten, wie viele Stunden die Mütter insgesamt bei ihren Welpen verbrachten und was sie dort taten (Weaver et al., 2004). Dabei wurde deutlich, dass die fürsorglichen Ratten länger bei ihren Kindern lagen, sie intensiver beleckten und beknabberten und häufiger säugten. Die nachfolgende Generation von weiblichen Ratten verhielt sich als Mutter interessanterweise entsprechend ihren ersten Lebenserfahrungen: Die Töchter der fürsorglichen Mütter wurden selbst zu sehr liebevollen Müttern. Töchter, die eher nachlässig behandelt wurden, zeigten später eine ähnlich geringe Motivation, sich stark in der Betreuung ihres Nachwuchses zu engagieren.

Eine Beobachtung, die auch Jane Goodall bei ihren Schimpansen machen konnte: Als Fifi, eine Tochter von Flo, zum ersten Mal Mutter wurde, engagierte sie sich intensiv in der Betreuung ihres Erstgeborenen Freud. Sie spielte mit ihm auf sehr ähnliche Weise, wie Flo mit ihr gespielt hatte, zeigte sich sehr zärtlich im Umgang mit Freud, ließ ihn die Umwelt erkunden, doch immer mit einem abwägenden und wachsamen Auge, genau wie ihre Mutter es bei ihr und ihren Geschwistern getan hatte. Zur etwa gleichen Zeit wurde noch ein Schimpansenkind in der Gruppe geboren: Pan, der erste Sohn von Pom.

Pom wiederum war die Tochter von Passion, die sich ihr ganzes Leben lang mit den Herausforderungen von Mutterschaft schwergetan hatte. Und wieder zeigte sich eine Wiederholung eine Generation später: Die frischgebackene Mutter Pom neigte wie Passion dazu, dem eigenen Kind keine allzu große Beachtung zu schenken. So brach sie zum Beispiel manchmal einfach auf und ging davon – und wurde erst durch das Wimmern von Pan daran erinnert, dass sie jetzt ja Mutter war. Sie kehrte dann zwar zurück, schien aber von dem Neugeborenen zu erwarten, dass es selbstständig mitkommen würde. Schließlich sah sie ein, dass dies nicht funktionierte, und trug Pom auf sehr ähnliche Weise, wie sie früher getragen worden war: Oft rutschte er ihr aus dem Arm, und sie fing ihn gerade noch am Fuß auf. Pom zeigte generell keine große Lust, mit Pan zu spielen, sodass er früh damit anfing, sich an andere Kinder zu halten oder sich allein zu beschäftigen.

Doch was wäre passiert, wenn Jane damals fies gewesen wäre und der »Supermama« Flo ihre erste Tochter Fifi weggenommen und stattdessen Pom untergejubelt hätte? Hätte Pom dann zu der überaus zärtlichen Mutter werden können, als die Fifi sich jetzt im Umgang mit Freud zeigte? Genau diese Frage interessierte die kanadischen Rattenforscher*innen im Labor um den Genetiker Ian Weaver, und sie tauschten fleißig Welpen aus: Sie wollten herausfinden, ob bei der Intensität mütterlicher Fürsorge Vererbung am Werk war oder frühkindliche Erfahrungen die größere Rolle spielten. So schummelten sie ein paar der Welpen der fürsorglichen Mütter den schlechten Müttern unter. Umgekehrt wurden die Kinder von nachlässigen Rattendamen den zärtlichen Müttern an die Zitzen gelegt. Eine Generation später protokollierten die Wissenschaftler*innen wiederum das Pflegeverhalten der neuen Rattenmütter-Generation. Das Ergebnis war eindeutig: Unabhängig von ihrer genetischen Herkunft behandelten die jungen Rattenmamas ihre Babys so, wie sie selbst als Welpen behandelt worden waren. Diese Ergebnisse zeigen, dass frühes Fürsorgeverhalten einen direkten Einfluss auf späteres Verhalten und das endokrine System haben kann.

Programmierung auf Liebe

Das endokrine System ist für die Hormonausschüttung und -aufnahme durch Rezeptoren in bestimmten Gehirnregionen verantwortlich. Dadurch erleben wir zum Beispiel Bindung an Partner und Freunde als ein sehr schönes, erstrebenswertes Gefühl oder sind in der Lage, uns nach stressigen Erlebnissen schnell wieder zu beruhigen. Die neurobiologischen Vorgänge, die diesen Effekt im endokrinen System auslösen, sind recht simpel, aber folgenschwer fürs Leben: So reagieren zum Beispiel beim Streicheln oder Belecken Sinnesrezeptoren in der Haut eines neugeborenen Tieres. Dieser Berührungsimpuls wird über »zuleitende« Nervenbahnen an das Rückenmark weitergegeben. Geschützt von der Wirbelsäule wird die sehr wichtige Information »Ich bin zärtlich berührt worden!« an unser Gehirn gemeldet. Hier sorgt die Hirnanhangdrüse als Reaktion auf diese Information dafür, dass Oxytocin ausgeschüttet wird. Das Oxytocin wiederum regt die vorhandenen Oxytocin-Rezeptoren in verschiedenen Gehirnbereichen durch die Nachfrage an. Diese ersten Momente der Innigkeit im Leben sind also eine wichtige Erfahrung, denn die Rezeptoren reagieren erst auf die vorhandenen Hormon-Impulse, müssen also ganz am Anfang des Lebens durch diese Ausschüttung sozusagen »aufgeschlossen« werden für den jeweilig beteiligten Botenstoff der Erfahrung. Auf neurologischer Ebene gibt es für alle Botenstoffe

Rezeptoren unterschiedlicher Anzahl, und auf genetischer Ebene gibt es in der DNA jeder Tierart für diese Rezeptoren wiederum Rezeptor-Gene. Diese Rezeptor-Gene werden durch eine Veränderung der »Methylierung« aktiviert und können dadurch wiederum die Rezeptoren »freischalten«. Eine intensive Fürsorge durch liebevolle Eltern sorgt letztlich also für das An- oder Abschalten von Genen und damit dafür, dass bestimmte Rezeptoren im Gehirn und anderen Organen ihre Arbeit aufnehmen und zum Beispiel die Grundlage für ein gutes Stressmanagement, Bindungsverhalten und mehr Lernfreude schaffen.

Ein zärtlicher Umgang in der ersten Lebenszeit durch liebevolle Betreuungspersonen hat in diesem frühen Stadium also einen direkten Einfluss darauf, wie unser Hormonsystem funktioniert. Wie Sie sich wahrscheinlich schon denken können, sind die Auswirkungen von Vernachlässigung oder gar Missbrauch in diesem frühen Entwicklungsstadium fatal, weil die gegenteilige Wirkung entsteht. Hier kommt es zu einer Erhöhung der Zellteilungsrate im »blauen Kern«, dem Zentrum der Stressauslösung im Gehirn. So kann sich bei den betroffenen Individuen eine von Misstrauen geprägte Haltung dem Leben und zukünftigen Beziehungspartnern gegenüber entwickeln. Die Folge könnte sein, dass sie lebenslang Schwierigkeiten haben, Beziehungen einzugehen, Berührung und Nähe zuzulassen und zu genießen und in Stresssituationen Gelassenheit zu bewahren.

Doch auch wenn wir keinen guten Start hatten, können wir später im Leben noch Beziehungspartner treffen, die uns erleben lassen, dass sich Nähe und Vertrauen gut anfühlen. Es gibt zum Glück unzählige Beispiele, wie gute Partner und Freunde dabei helfen können, die Erfahrungen einer schlechten oder nicht optimal verlaufenen Kindheit auszugleichen und später noch zu erfahren, wie wunderbar sich Vertrauen und Freundschaft anfühlen. Denn die gute Nachricht ist, dass das endokrine

System sich lebenslang weiterentwickeln kann und wir uns dadurch an neue Umweltbedingungen anpassen können. So lassen sich durch Erfahrungen mit tollen Freunden oder durch die Hilfe eines besonders begabten Psychotherapeuten der Umgang mit Stressbelastungen und die Bindungsfähigkeit auch später noch positiv beeinflussen.

Im Rattennest, in der Wurfkiste von Hundewelpen, in den ersten Lebenswochen eines Schimpansen im Dschungel oder eines Menschenkindes bei uns aber sind wir Zeugen des »Urknalls« für die Entstehung der ersten individuellen Fähigkeit zum Stressmanagement und der Freude, sich an Partner oder Freunde zu binden.

Freude an Freundschaft

In unser aller Gehirn sitzt also ein ähnlich funktionierendes Stressbewältigungs-, Lernfreude- und Bindungssystem, das bei neugeborenen Tierbabys sozialer Arten nur darauf wartet, in Anspruch genommen zu werden. Wird es unter anderem durch viel Zuwendung, Zärtlichkeit und Innigkeit aktiviert, werden schöne Gefühle nicht nur ausgelöst, sondern es kann eine ganze Lawine an weiteren positiven Entwicklungen im Gehirn losgetreten werden. So wird im Neugeborenen über die ersten Lebenswochen und -monate hinweg im optimalen Fall eine positive Erwartungshaltung gegenüber dem Leben, dem Lernen und zukünftigen Bindungspartnern angelegt. Wir empfinden durch die bedingungslose Fürsorge unserer Eltern oder andere Betreuer Nähe dann lebenslang als schön, weil Botenstoffe ausgeschüttet werden und ihre berauschende Wirkung im Gehirn durch eine Vielfalt aktiver Botenstoffrezeptoren voll entfalten können. Doch nicht nur das Anfassen, auch der tiefe Blick in die Augen zwischen Eltern und Kind (Vargas-Martínez et al., 2014) oder sonstigen Bindungspartnern kann den Ausstoß von Oxytocin verstärken, und zwar wechselseitig. So kommt es, dass Kinder von sich aus bereits nach der Geburt ein starkes Interesse an Gesichtern zeigen (mehr Spannendes dazu siehe in Abschnitt »Faszitation Gesicht« im Kapitel »Empathie entwickeln, Freunde werden«). Wird dieses Interesse durch Zuwendung beantwortet, dann entsteht mit zunehmender Sehkraft des Kindes eine immer feinere Kommunikation im Nahbereich über Laute, Mimik und Gesten. Menschenbabys fangen ungefähr mit drei Monaten damit an, als Reaktion auf diese Zuwendung bewusst zu lächeln. Zum Lohn erleben diese Babys bei ihren Eltern einen Jubel, eine Begeisterung, die wiederum ansteckend wirkt und damit befeuert, dass das Baby häufiger lächeln und damit die Liebe der Eltern weiter anfeuern wird. Ein wunderbarer Kreislauf des Gebens und Nehmens ... entsteht. So entwickelt sich ein aufmerksamer, freundlicher Mensch, der auf seine Umwelt reagiert, sich von Emotionen infizieren lässt – und damit ist die Grundlage geschaffen, der Welt aufgeschlossen zu begegnen und Empathie zu entwickeln. Dieses anfängliche sozial-kommunikative Verhalten bildet die Voraussetzung für das Nachahmen der ersten Wörter, immer katalysiert von der Wirkung wichtiger Botenstoffe wie Dopamin, Serotonin, Cortisol und Oxytocin. Diese und weitere Botenstoffe unterlegen Lernen und Zuwendung mit positiven, spannenden Gefühlen wie eine schöne Hintergrundmusik, von der man einen Ohrwurm bekommt und das Lied deshalb ständig wieder hören möchte – ein Leben lang. Wie wir am Beispiel von Fifi, Flo und Freud und den liebevollen Rattenmamas sehen konnten, ist dieses System nicht von Menschen erfunden worden, sondern hat sehr alte evolutionäre Wurzeln und vermehrt sich von Generation zu Generation.

Psychologie und Physiologie der Freundschaft zwischen verschiedenen Arten am Beispiel der Mensch-Hund-Beziehung

Aber das System funktioniert nicht nur innerhalb einer Art. Spannend ist, dass stabile Bindungen auch artübergreifend entstehen können. Besonders intensiv kann man das in der Beziehung zwischen Mensch und Hund sehen - wahrscheinlich, weil die Gemeinschaft mit dem »besten Freund des Menschen«, dem ältesten Haustier auf eine sehr lange Zeit des Zusammenlebens und -arbeitens zurückgeht.

Hunde sind in ihrer Beziehung zum Menschen mittlerweile sehr gut untersucht. Unterschiedlichste Studien konnten zeigen, wie eng das emotionale Band zwischen Mensch und Hund werden kann (vgl. Gansloßer & Kitchenham, 2019).

Ein für Hunde und auch Kleinkinder typisches Verhalten ist der sogenannte »Blick zurück«. Ist eine Situation neu, unbekannt oder sogar beängstigend oder gibt es eine Aufgabe, die Kinder und Hunde nicht selbst lösen können, dann schauen beide zurück zu uns, weil sie wohl eine Hilfestellung erwarten. Für Hunde ist ein gern getesteter Klassiker zum Beispiel der Versuch, bei dem ihnen eine Dose mit Leckerbissen vor die Nase gestellt wird, die aber leider fest verschlossen ist. Da Hunde keine Daumen haben, konnten Wissenschaftler*innen genau protokollieren, ob überhaupt, wie schnell, wie häufig und wie lange die Hunde zurück zu ihren Menschen blickten. Das spannende Ergebnis: Alle Hunde suchen irgendwann unsere Hilfe, aber es gibt Unterschiede, wie schnell das geschieht. Senioren reagieren zum Beispiel viel früher als Jungspunde - ab einem gewissen Alter kann man eben auch als Hund auf einen großen Erfahrungsschatz im Umgang mit Menschen zurückgreifen und weiß, dass wir bei hilfesuchendem Blickkontakt schnell weich werden und zu Hilfe eilen. Dieses Verhalten wurde bei Hunden durch unser langes Zusammenleben und eine entsprechende Selektion wahrscheinlich besonders gefördert, sodass sie heute schnell, häufig und intensiv den Blickkontakt zu uns suchen (Hori et al., 2013).

Viele Forscher*innen sind der Meinung, dass Hunde sich damit mitteilen oder um unsere Hilfe bitten, frei nach dem Motto: »Könntest du bitte diese Leckerlidose für mich öffnen/den Ball aus dem Regal holen/die Tür nach draußen öffnen, ich müsste mal raus?« Um mitzuteilen, was genau sie von uns möchten, nutzen Hunde aber nicht nur den »Blick zurück«, sondern sie zeigen sich sehr erfinderisch. Sie kratzen im leeren Napf, wenn ihr Trinkwasser alle ist, holen die Leine, wenn sie rausgehen möchten, oder versuchen uns zu hypnotisieren, wenn sie Hunger haben. Insgesamt neunzehn verschiedene Gesten konnten zwei britische Forscher der Salford-Universität in Manchester ausfindig machen, die die meisten Hunde einsetzen, um mit ihren Menschen zu kommunizieren (Worsley & O'Hara, 2018).

Doch es gibt noch weitere Situationen, in denen Hunde Blickkontakt zu Menschen suchen. Immer dann, wenn sie sich mit ungewöhnlichen, unheimlichen oder stressigen Umständen konfrontiert sehen, wandert der Blick zurück zu uns. Die Wissenschaftler*innen vermuten, dass Hunde dieses Verhalten aus dem gleichen Grund zeigen wie kleine Kinder in vergleichbaren Momenten, nämlich um sich abzusichern und dadurch Gefahren zu vermeiden. Sie prüfen sozusagen, was wir von der Angelegenheit halten und wie man sich am besten verhalten sollte. Damit vertrauen sie den »erfahrenen« Erwachsenen und bekommen Orientierung. Unterschiedliche Versuche haben gezeigt: Sind wir in diesen »komischen Situationen« fröhlich und aufgeschlossen, dann strahlt das auf die Hunde ab. Zeigen wir uns eher zurückhaltend, zögerlich oder verunsichert, dann spiegeln unsere besten Freunde auch dieses Verhalten (Merola et al.,

2012; Fugazza et al., 2018). Spannend ist, dass auch die Umgangs-
weise dafür entscheidend ist, wie intensiv Hunde bei uns Orientierung suchen. War dieser Interaktionsstil »herzlich und offen«,
dann überließen die Hunde in einer weiteren Versuchsreihe
ihren Besitzern in stressigen Situationen besonders schnell und
vertrauensvoll die Führung (Cimarelli et al., 2016 & 2017).

Bei Kindern und Hunden scheint es also sehr ähnliche Bedürfnisse an ihre erwachsenen Bindungspartner zu geben: Sie
brauchen jemanden, dem sie vertrauen können, in dessen Nähe
sie sich gerne aufhalten, der sie schützt und liebt und der ihnen
zeigt, wie man im Leben gut zurechtkommt.

Diese Ähnlichkeit in der Erwartungshaltung hat wohl auch
dazu geführt, dass Hunde so gut mit uns zusammenleben und
-arbeiten und dass wir zu einem unschlagbaren Team werden
können - vorausgesetzt, die Hunde kommen zu den richtigen
Menschen, die ihre Bedürfnisse erkennen und ihnen gerecht
werden. Doch nicht nur im sichtbaren Verhalten, auch auf
neurochemischer Ebene hat sich die Beziehung von Mensch
und Hund unseren zwischenmenschlichen Beziehungen angeglichen: Streicheln wir unsere Hunde, dann kommt es nicht nur
zur Erhöhung des Gehaltes an Oxytocin in unserem Blut, sondern auch die Hypophyse des Hundes schüttet fleißig das Bindungshormon aus. Johannes Odendaal und Roy Meintjes von
der Universität in Pretoria/Südafrika haben in einer bahnbre-
chenden Studie aus dem Jahr 2003 untersucht, ob es eine ähnliche physiologisch messbare Reaktion bei Hund und Mensch
während zärtlicher Interaktion geben könnte. Sie wollten damit
überprüfen, ob man tatsächlich davon ausgehen kann, dass
Hunde Kuscheln mit dem Besitzer ähnlich genießen wie die
Menschen. Tatsächlich konnten sie bei Menschen und Hunden
eine Erhöhung von Neurotransmittern und Hormonen wie
Oxytocin, aber auch Dopamin und Serotonin feststellen - alles

Botenstoffe, die dafür zuständig sind, dass wir uns glücklich und entspannt fühlen. Zum ersten Mal konnte damit gezeigt werden, dass es tatsächlich eine emotionale Bindung von Hunden zu ihren Menschen gibt und dass Hunde Nähe und Zärtlichkeit genießen (Odendal & Meintjes, 2003).

Besonders beliebt ist bei erwachsenen Menschen übrigens ein langsames, vorsichtiges Streicheln, das in der Bewegungsweise und -intimität der Berührung ähnelt, wie Mütter ihr neugeborenes Baby berühren (Denworth, 2019, S. 82). Und wie bei der ersten zärtlichen Berührung durch die Mutterzunge löst auch die streichelnde Bewegung durch die Menschenhand beim Hund und auch bei Katzen den Ausstoß des Bindungshormons Oxytocin aus. Doch auch der Blick in vertraute Augen kann positive Gefühle im Gegenüber bewirken – nicht nur beim Ansehen eines Partners, sondern auch wenn wir unseren Haustieren tief in die Augen schauen. Bei Hunden wurde das schon wissenschaftlich untersucht: Hier konnte festgestellt werden, dass genau wie beim Streicheln auch bei intensivem Blickkontakt der Gehalt an Oxytocin im Hunde- und Menschenblut ansteigt – und zwar sich wechselseitig verstärkend (Nagasawa et al., 2016, Handlin et al., 2011, Peterson et al., 2017)! So baten zum Beispiel japanische Wissenschaftler*innen Hundebesitzer*innen, ihre Lieblinge länger als sonst üblich anzusehen. In der Folge schauten die Hunde ihre Menschen länger an – ein Effekt, der eintritt, wenn viel Oxytocin durch unsere Blutbahn rauscht, zum Beispiel, wenn wir rettungslos verliebt sind. Auf den verlängerten Augenkontakt ihrer Hunde sahen wiederum die Menschen, ohne dass eine weitere Aufforderung vonseiten der Forscher*innen dazu nötig war, ihre Vierbeiner noch länger an. Parallel zeigten die Oxytocinproben, dass sich das Hormon bei beiden Arten munter in der Blutbahn vermehrte – die Mensch-Hund-Teams fühlten sich immer glücklicher miteinander. Genetiker*innen und Kanidenforscher*innen vermuten, dass sich das Botenstoffsystem von Hunden durch die jahrtausendelange Domestikation dem unsrigen angeglichen haben könnte, was das häufig besonders stark »menschenähnlich« erscheinende Bindungs- und Kommunikationsverhalten im Umgang mit uns erklären könnte.

Doch wer schon einmal gesehen hat, wie vertraut sich auch andere Tiere miteinander oder mit ihren Menschen verhalten, wie sich zum Beispiel vertraute Hunde und Katzen gegenseitig belecken, beknabbern und voller Vertrauen ankuscheln, kann sicher sein, dass die Hormonausschüttung zwar beim Hund am besten untersucht, aber ganz gewiss nicht auf ihn beschränkt ist. Sie kann zwischen mehreren verschiedenen Arten stattfinden und ermöglicht Tieren dadurch, ganz besondere, tief gehende tierische Freundschaften zu entwickeln.

Das schöne Fazit, das den Bogen zu meinen jugendlichen Schulhof-Erkenntnissen, den Rattenmüttern, der Familiengeschichte von der Schimpansin Flo und dem Kuscheln mit Hund, Katze oder Pferd schlägt, ist also: Bei uns Menschen sind während unserer Individualentwicklung und bei der Entstehung unserer Freude an Beziehungen sehr ähnliche Mechanismen am Werk wie bei unserer weit entfernten tierischen Verwandtschaft. Und das wiederum kann uns erklären, warum Bindungen zwischen Menschen und ihren Haustieren, aber auch vieler unterschiedlicher Tierarten untereinander, entstehen können, die sehr stabil und sehr innig sind.

Wir alle - Menschen und viele nichtmenschliche Tiere - haben ähnliche Bedürfnisse nach Sicherheit, Zärtlichkeit, Freundschaft und Zusammensein und sind in der Lage, sie im Gegenüber zu erkennen und zu befriedigen - auch wenn das Tiergesicht, das uns anschaut, manchmal wirklich sehr anders aussieht als wir selbst.

Empathie entwickeln,
Freunde werden

Bisher haben wir erfahren, wie Bindungen zwischen
Tieren verschiedener Arten entstehen können.
Jetzt wird es albern: Wir werden sehen, warum der Blick
ins Gesicht und viel Spielen dabei hilft, dass Tierkinder klug,
mitfühlend und dadurch zu großartigen Freunden werden.

Pikachu war sehr klein, extrem wendig und verschwand in Sekundenschnelle unterm Sofa, nachdem er Benny einmal fies ins Hinterbein gezwickt hatte. Die wirbelte herum, um sich sofort zu rächen - hatte aber keine Chance mehr. Alles, was ihr blieb, war, das kleine freche Ottergesicht anzubellen, das sie aus dem Dunkeln fröhlich anblitzte. Der junge Otter hatte dabei das Maul leicht geöffnet und stieß kurze, hechelnde Laute aus - ein Geräusch, das Benny vom Spielen mit anderen Hunden kannte und das ihr signalisierte: Das Otterjunge hatte genauso viel Spaß am Spiel wie sie selbst und würde gleich wieder hervorschießen, um eine neue, energiegeladene Attacke auf die kleine Yorkshire-Terrier-Hündin zu starten.

Wie gut, dass sie so viel Sinn für Humor hatte und die Ottersprache so gut lesen konnte, denn ihr schien die Wartezeit zu lang zu werden, und sie startete eine Spielverbeugung. Unter Hunden ist das ein hochinfektiöses Signal, kaum ein Hund kann dieser Einladung zum Spielen widerstehen. Automatisch wird das Runtergehen mit dem Vorderkörper vom angesprochenen

Hund wiederholt, auf diese lustige Weise stecken sich Hunde mit Spielfreude binnen Sekunden gegenseitig an. Meist ist die sogenannte »Vorderkörpertiefstellung« der Auftakt zu einem lustigen Spiel unter Hunden. Hier wollte Benny dem Otterkind signalisieren, dass sie noch nicht genug hatte und gern weiterspielen wollte. Zum Glück hat das Spielsignal auf Otter die gleiche Wirkung: Sie schlagen die Vorderpfoten auf den Boden, springen hin und her, bis einer der beiden Freunde eine neue Jagd über die Sofaecke initiiert.

In einem anderen Leben hätte das Otterkind sich wahrscheinlich vor der Terrierdame versteckt und um sein Leben gebangt. Doch hier im Wohnzimmer von Zoomitarbeiter Jörg Grabbert, der den kleinen Pikachu aus dem Tierpark mit nach Hause genommen hatte, weil seine Eltern ihn nicht annehmen wollten, und seiner Frau, der Tierärztin Claudia Wiese, war alles anders. Weit weg vom wahren Leben eines asiatischen Otters konnte sich eine wunderbare Vertrautheit zwischen den beiden unterschiedlichen Arten entwickeln. Ich hatte das große Glück und durfte Zeugin davon werden, wie begeistert die beiden miteinander spielten.

Was mich dabei besonders faszinierte, war, wie sehr der Hund in der Lage war, sich auf die atemberaubende Spielgeschwindigkeit des kleinen Otters einzulassen. So ein Otternachwuchs hat nämlich wahnsinnig viel Energie, spielt aber eigentlich ähnlich wie Hunde – nur eben in doppelter Geschwindigkeit. Es wird sich umeinander gewickelt, gegenseitig gejagt, erlegt, gebissen, beknabbert und gequiekt. Beißt man zu doll zu, dann quiekt das Geschwisterchen und man lässt sofort los; hat einer keine Lust mehr auf Rangeln, dann löst sich der »Otterknoten« plötzlich auf, einer flieht, und die anderen starten eine wilde Verfolgungsjagd. Würde man dieses wilde Spiel in Zeitlupe abspielen, dann könnte man leicht erkennen: Hunde spielen genauso! Also fast, denn im Vergleich zu Ottern findet bei Hunden alles in »Slow Motion« statt. Und genau deshalb war es so bewundernswert, wie die kleine Yorkshire-Hündin immer wieder versuchte, mit der Energie und dem Tempo des Otters mitzuhalten. Sie hatten einen gemeinsamen »Spielstil« entwickelt und gelernt, mit den Eigenarten des anderen so umzugehen, dass sie zusammen viel Spaß haben konnten. Die Initiative ging mehr von Benny aus – sie schien regelrecht einen Narren an Pikachu gefressen zu haben und verzieh ihm jede noch so schmerzhafte Ruppigkeit.

So eine bezaubernde Freundschaft zwischen verschiedenen Arten gelingt natürlich nur, wenn die richtigen Persönlichkeiten aufeinandertreffen. Der andere Hund des tierverrückten Paares, eine ältere Dackeldame, hatte überhaupt kein Interesse an wilden Tobereien mit dem Otterkind und kommunizierte das deutlich. Aber Benny liebte Spielen und Albernsein und passte mit diesen Eigenschaften zu 100 Prozent zum tobsüchtigen Wesen von Pikachu. Doch noch etwas ist mir beim wilden Raufspiel zwischen den beiden deutlich geworden: Sie schauten sich immer wieder gegenseitig ins Gesicht. Immer wieder standen sie sich in den kurzen Spielpausen wie der vorm Sofa gegenüber, hielten inne, taxierten die Hunde- bzw. Ottermimik, hörten auf die Geräusche wie das »Spielhecheln« – und dann ging die Jagd wild und ausgelassen weiter über Sofas, Sessel und den Couchtisch.

Das Interpretieren des Gesichtsausdrucks eines Spielpartners ist etwas, was wir überall im Tierreich beobachten können und was auch zwischen verschiedenen Arten funktioniert, wenn man auf engem Raum zusammenlebt. Tiere, denen ein feines Mimikspiel fehlt wie zum Beispiel Vögeln, unterstreichen ihre Kommunikation durch den Einsatz ihrer Augen: Sie reißen sie weit auf, erzeugen spezielle Laute oder nutzen das Aufstellen von Federn, um ihr Gegenüber zu beeindrucken. Konkurrierende Schildkrötenmännchen, die um ein Weibchen buhlen, reißen zum Beispiel das Maul weit auf, was sehr bedrohlich wirkt und vom Artgenossen sofort verstanden wird. Das Gesicht ist also bei Tieren ein Spiegel für die innere Stimmung und wird gezielt eingesetzt, um über die eigenen Absichten und Emotionen zu informieren.

Besonders wenn Tiere spielen, können sie durch den Blick ins Gesicht ihres Spielpartners erfahren, ob sie vielleicht eine Grenze überschritten haben. Oder der sekundenkurze Blick ins Gesicht des Gegenübers wird genutzt, um sich rückzuversichern, ob der andere noch Spaß am Toben hat. Zumindest war das bei Pikachu und Benny so. Und wie ist das bei anderen Tieren - und uns Menschen? Wir sind ja als sehr gesprächige Art bekannt. Hören wir nicht nur hin, was uns Worte vermitteln wollen, sondern ist das Lesen des Gesichtsausdrucks auch für uns noch wichtig, um Informationen über die Gefühlswelt unserer Freunde zu sammeln?

Faszination Gesicht

Wenn Sie sich Bilder anschauen, die von Kindern kurz nach der Geburt aufgenommen wurden, dann achten Sie bitte einmal auf die Blickrichtung des Neugeborenen: Alle Kinder öffnen die Augen nach kurzer Zeit, strengen sich an und versuchen, auf die Gesichter der Menschen scharfzustellen, bei denen sie im Arm liegen. Das Erste, was wir einigermaßen erkennen können nach unserer Geburt, ist nämlich ungefähr 50 Zentimeter entfernt, und das ist genau die Distanz, die zwischen der Brust und dem Gesicht der Mutter gemessen werden kann. Diese angeborene

Blickkontaktsuche berührt uns als Eltern oder Beobachter emotional zutiefst. Der Blick in die Augen des Babys fördert die Bindung zwischen Mutter, Vater und Kind, und das ist wahrscheinlich auch ein Grund, warum sich diese Verhaltensweise entwickelt hat. Der Blickkontakt weckt in uns eine große Liebe, einen tiefen Beschützerinstinkt, auf den wir als Neugeborene der Art »Mensch« ganz besonders angewiesen sind. Denn es gibt kaum eine Spezies, die derart lange hilflos und schutzbedürftig ist, wie die Babys von Homo sapiens. Kälbchen, Giraffenfohlen oder Ferkel sind schon nach wenigen Stunden in der Lage, zu sehen, hören und zu laufen; Hunde- und Katzenwelpen verlassen mit ungefähr zwei Monaten die Wurfhöhle ihrer Mutter und möchten die Welt entdecken. Wir dagegen brauchen oft mehr als ein Jahr, bis wir unsere ersten wackeligen Schritte schaffen.

Der Mensch, anstatt sich wie ein Fohlen im Aufstehen zu üben, verbringt also die ersten Minuten seines Lebens damit, seinen Blick scharfzustellen. Das gelingt dem kleinen Wesen in unserem Arm noch nicht gut, denn so kurz nach der Geburt sehen wir alles noch eher milchig, unser Sehsinn verbessert sich erst über die nächsten Lebenswochen hinweg. Aber die Blickrichtung ist eindeutig und für unsere Spezies anscheinend sehr wichtig: Wir suchen die Augen unserer Mutter.

Gesichter ansehen scheint für unsere Spezies also eine ähnlich existenzielle Bedeutung zu haben wie das erste Stillen und der Hautkontakt. Es sichert uns die aufopferungsvolle Fürsorge unserer Eltern, ermöglicht uns erste Lektionen im Lesen von Emotionen in Gesichtern und schenkt uns ein Gefühl der Geborgenheit.

»Ihre Augen will ich wiedersehen, ihr Blick ist mein Stern«, schrieb Hermann Hesse zum Ende seines Lebens in seinem berühmten Gedicht »Vergänglichkeit« - wusste er um die Bedeutung dieses Blicks in die Augen der Mutter während unserer ersten Lebensmonate? Was Wissenschaftler*innen in den letzten Jahren intensiv erforscht haben, konnte der Dichter damals nur ahnen: Unsere konzentrierte Suche nach den Augen im Gesicht sorgt bei Mama und Papa für eine massenhafte Ausschüttung des Bindungshormons Oxytocin und fördert damit das überwältigende Gefühl der Liebe und Hingebung für das hilflose kleine Kind in unserem Arm. Aber neben dem Bindungs-Anschub wird in diesen Momenten noch ein weiterer wichtiger Prozess in Gang gesetzt. Die Gesichts-Fokussierung macht evolutionsbiologisch auch auf anderer Ebene viel Sinn für ein Baby, denn es beginnt vom ersten Tag an damit, Gesichtsregungen intensiv zu studieren und richtig darauf zu reagieren. Für soziale Wesen wie uns Menschen kann die Präzision bei der Interpretation des Gesichtsausdrucks eines Gegenübers wegweisend sein für die persönliche Beziehungsfähigkeit im späteren Leben.

Lernen, Gesichtsausdrücke zu lesen, um zu verstehen und zu antworten

Das Studieren von Gesichtern ist deshalb eine der liebsten Beschäftigungen kleiner Babys, besonders im ersten halben Jahr; natürlich lernen sie nebenbei noch, dass sie Füße haben oder dass man mit den Händen nach Gegenständen greifen kann, Geräusche zu produzieren und sich mit ihrer Hilfe mitzuteilen. Aber das Gesicht der Familienmitglieder zu beobachten, ihre Emotionen wahrzunehmen, Gesichtsausdrücke nachzuahmen und durch unsere Reaktion darauf irgendwann richtig deuten und ebenfalls passend antworten zu können, ist eine wichtige Voraussetzung für ein lebenslanges gesundes Sozialleben. Dass Säuglinge im ersten halben Jahr so viel Zeit in diese Tätigkeit investieren, zeigt, welche Bedeutung sie für unser soziales Leben haben könnte. Dass wir uns im Vergleich zu anderen Tierarten also langsam entwickeln, könnte nur ein sehr oberflächlicher Eindruck sein. Unter unserer Schädeldecke geschieht im Verborgenen unglaublich viel während des Ansehens von Gesichtern und des Einübens von Antworten, Bewegungen und Handlungen. Es nimmt Monate, sogar Jahre in Anspruch, bis bei uns Menschen alle Nervenzellen vieltausendfach miteinander vernetzt sind. Doch durch die Sinneseindrücke erhöht sich besonders in den ersten Lebensmonaten bei Babys und Tierkindern die Anzahl der Verknüpfungen zwischen Nervenzellen im Gehirn täglich in rasantem Tempo.

Diese »Synapsen« bilden mit der Zeit ein hochkomplex funktionierendes neuronales Netz, in dem jede Nervenzelle mit Tausenden anderen verbunden ist. Besonders das sehr aufwendig arbeitende Gehirn des Menschen muss für eine optimale Nutzung viel Zeit investieren, um sich irgendwann nicht nur zu einem auf sehr hohem Niveau kommunizierenden Lebewesen zu entwickeln, sondern auch Rechenformeln anwenden und Gedichte interpretieren zu können. Mit gutem Grund also sind wir im ersten Jahr besonders hilflos und auf intensive Fürsorge und große Selbstlosigkeit unserer Eltern angewiesen.

Um das zu erreichen, legen sich süße kleine Kinder ordentlich ins Zeug. Natürlich schreien sie Nächte durch, machen ständig die Windeln voll und verlangen von uns einen »All inclusive«-Service rund um die Uhr. Aber als Gegenleistung lächeln sie unglaublich niedlich, erzeugen anrührende Laute und fangen irgendwann im ersten Jahr damit an, wankend durch die Gegend zu tapsen und aus Kauderwelsch Wörter zu bilden, die sich immer deutlicher wie »Papa« und »Mama« anhören. Mit all diesen »Tricks« erhalten Menschenkinder über einen sehr langen Zeitraum unsere zärtliche, aufopferungsvolle Pflegebereitschaft aufrecht. Denn auch nach dem niedlichen Säuglingsalter ist die

Entwicklung ja noch lange nicht abgeschlossen. Wir durchlaufen eine lange Phase der Kindheit und Pubertät, um selbstständig zu werden, und sind deshalb über fast zwei Jahrzehnte auf die Hilfe erwachsener Vorbilder zum Lebenlernen angewiesen. Dass sich diese Phase des Aufwachsens so sehr in die Länge streckt im Vergleich zum Rest der Tierwelt, zeigt, welch großes Potenzial an sozialen und geistigen Fähigkeiten in uns schlummert und sich entfalten will.

Doch es gibt noch andere Tierarten, bei denen der Nachwuchs über sehr lange Zeit auf Hilfe beim Großwerden angewiesen ist. Besonders dann, wenn der Lernstoff für ein erfolgreiches Überleben in der Welt umfangreich ist, bleiben Tierkinder länger in der Nähe ihrer Eltern. Für ein Dasein als Blauwal gibt es zum Beispiel mehr zu lernen als für die Existenz eines einzelgängerisch und relativ kurz lebenden Hamsters. Deshalb säugt die Blauwalkuh ihr Kalb bis zu sieben Monate lang und wird erst nach ungefähr zwei Jahren wieder Nachwuchs bekommen. Hamsterweibchen dagegen sind zwar durchaus liebevoll engagiert bei der Aufzucht ihres Wurfes, doch da sie selten mehr als zwei Jahre leben, muss die kurze Zeit intensiv genutzt werden, und die Kleinen müssen bereits nach weniger als einem Monat in der Lage sein, allein in der Welt zurechtzukommen.

Schimpansenkinder werden dagegen oftmals erst nach vier bis fünf Jahren abgestillt, und Jungwölfe bleiben manchmal mehr als zwei Jahre bei ihren Eltern, bis sie sich zutrauen, ein eigenständiges Leben zu führen. Über einen längeren Zeitraum fangen die Beutejäger zwar vorher schon an, sich langsam von der Familie zu lösen; sie gehen auf immer weitere Streifzüge, erst mit Geschwistern, dann auch mal ganz für sich allein. Sie probieren sozusagen die Selbstständigkeit, tasten sich langsam an das »Erwachsensein« heran. Manchmal verschwinden Jungwölfe sogar für mehrere Wochen und kommen plötzlich wieder zurück, als hätten sie es sich doch noch einmal anders überlegt. Oder sie suchen nach Monaten der Abwesenheit während eines besonders strengen Winters wieder Anschluss bei Mama und Papa und wagen erst dann den endgültigen Sprung in die Unabhängigkeit. Eine Tierart, die wie der Wolf auf sozialen Zusammenhalt und die Vermittlung von überlebenswichtigen Fertigkeiten angewiesen ist, braucht einfach länger, um sich dem Leben stellen zu können. Wölfe müssen zum Beispiel sehr unterschiedlich große Beutetierarten sowohl allein als auch in der Gruppe jagen lernen, um die Zeit als Einzelgänger zu überbrücken, bis sie auf den richtigen Partner für ihre eigene Familiengründung treffen. Dazu kommt sehr viel sozialer Lernstoff, denn große Beutegreifer leben in komplexen Gruppen, deren Benimmregeln man gut auswendig können sollte, bevor man sich vermehrt und selbst junge Wölfe in die Welt setzt. Der vordere Teil des Großhirns dieser sozialen Tierarten, das »Stirnhirn« und die »Seitenlappen« als Sitz der sozialen Kompetenz und des Problemlöseverhaltens, ist dadurch sehr differenziert ausgebildet. Hier werden im ersten wichtigen Jahr der individuellen Entwicklung unter anderem die Fähigkeiten perfektioniert, körpersprachliche Signale von anderen richtig zu lesen und darauf adäquat zu antworten.

Ein weit verbreitetes Phänomen

Dabei ist die Fokussierung auf das Gesicht als Informant für die emotionale Gestimmtheit meines Gegenübers eine evolutionsbiologisch betrachtet alte Erfindung, denn wir finden sie fast überall im Tierreich. Auch bei Katzen oder Frettchen verrät die Mimik viel über das Innenleben. Gesichtsausdrücke können auch zwischen verschiedenen Arten mit ein bisschen Übung gelesen und verstanden werden. Hunde können zwar nicht fauchen, verstehen aber im Zusammenleben mit Katzen sehr schnell, dass dieser Laut im Zusammenspiel mit angelegten Ohren und verengten Sehschlitzen nichts Gutes bedeutet und man besser Abstand halten sollte. Auch Meerschweinchen kommunizieren mit uns Menschen, indem sie auf unser Nachhausekommen mit einem aufgeregten Quiekkonzert reagieren. Dabei gucken sie nicht zur Wand, sondern in unsere Richtung – weil sie fest davon ausgehen, jetzt sofort mit Futter versorgt zu werden, und auf sich aufmerksam machen wollen. Ihre Laute und Körperausrichtung signalisieren eindeutig, wer als Nachrichtenempfänger gemeint ist: nicht der Schreibtisch in der Ecke, sondern wir, der Zweibeiner mit den Händen voll leckerem Futter.

Bei uns Menschen ist das Interesse für das Gesicht als wichtiger Nachrichtengeber wie oben beschrieben besonders bei Kindern noch deutlich zu beobachten. Als Säugling eher intuitiv, später als Kindergartenkind wird sich dann sehr viel differenzierter über Mimik ausgetauscht. Werden Sie doch mal zum Verhaltensforscher der eigenen Art, setzen sich auf eine Bank am Spielplatz und beobachten Kinder beim Spielen. Achten Sie besonders darauf, wie sie ihre Körper zueinander positionieren: Auch wenn sie sich jagen, schauen sie sich immer wieder um und erhaschen einen Blick ins Gesicht ihres Verfolgers. Dabei wird nicht nur geschaut, wie weit der Jäger noch entfernt ist, sondern auch, was seine Mimik über den Grad der Freude am Spiel verrät. So lernen sich Kinder nicht nur immer besser kennen, sondern erleben vor allen Dingen Nervenkitzel und großen Spaß. Es wird gerannt, gefangen, gelacht und weitergespielt. Auch beim Diskutieren über die gerechte Verteilung von Sandschaufeln und Förmchen in der Sandkiste, die korrekte Reihenfolge beim Anstehen an der Rutsche oder beim Klettern im Gerüst – Kinder gucken sich an, versuchen die Stimmung des

Gegenübers abzuschätzen und trainieren ihren Wortschatz. Hat er verstanden, was ich möchte? Hat sie noch Spaß am Spiel? Sind wir auf einer Wellenlänge? Gibt es Konflikte oder fließen Tränen, dann wird das »Sich-ins-Gesicht-Schauen« besonders intensiv gezeigt.

Die Kinder kommen sich oft sehr nahe, legen den Kopf manchmal schief und scheinen regelrecht in ihr Gegenüber »hineinkriechen« zu wollen. Die Mimik wird intensiv studiert, um die innere Stimmung richtig zu erfassen. Als erwachsene Menschen haben wir ein Gefühl für angemessene Individualdistanz entwickelt und gelernt, unser Mimikspiel zu kontrollieren. Zusätzlich haben wir soziale und sprachliche Umgangsregeln erworben, die uns hoffentlich dabei helfen, Konflikte mit weniger Emotion und Körpereinsatz lösen zu können. Aber das Gesicht als Informationsüberträger für die innere Situation des Gegenübers spielt auch für uns noch eine wichtige Rolle. Im Kontakt zur Verkäuferin an der Supermarktkasse oder im Gespräch mit Kollegen verläuft das eher kontrolliert. Aber besonders in vertrauten Beziehungen zu richtig guten Freunden dürfen wir uns viel kindlicher und intuitiver verhalten.

Wie wichtig für uns der Blick ins Gesicht eines vertrauten Menschen lebenslang ist, kann uns dieses Gedankenexperiment zeigen: Überlegen Sie einmal, wie schwer es wäre, einem Gegenüber, das Ihnen viel bedeutet, Ihre ehrlichen Emotionen zu verbergen. Sie dürfen nicht lachen, wenn Sie etwas witzig finden, und sollen begeistert gucken, wenn Sie eine traurige Nachricht von dieser guten Freundin/diesem guten Freund erfahren. Das ist uns vielleicht möglich, wenn wir Theater spielen oder die Gefühle eines anderen Menschen uns egal sind. Aber sobald wir unsere besten Freunde um uns haben, wird Schauspielerei mit der Mimik langfristig mit großer Wahrscheinlichkeit zur starken Entfremdung führen.

Wenn Sie sich in Erinnerung rufen, warum Ihre besten Freunde eben Ihre besten Freunde sind, dann wahrscheinlich unter anderem deshalb, weil sie sich Ihnen gegenüber immer ehrlich verhalten. Diese Aufrichtigkeit kann manchmal schmerzhaft sein, sorgt aber auf der anderen Seite dafür, dass wir uns auf ihr Urteil verlassen. Wahre Freunde verstellen sich nicht, spiegeln uns direkt und ermöglichen dadurch eine realistischere Reflexion unseres Selbst. Freunde, die uns zwar einfühlsam, aber immer den Spiegel vorhalten, die sich mit uns mitfreuen über tolle Lebensereignisse oder uns unterstützend zur Seite stehen, wenn es mal nicht so gut läuft, sind »authentisch« und verlässlich. Mit diesen vertrauten Menschen nutzen wir ähnlich wie kleine Kinder oder Tiere untereinander deshalb ohne Angst vor Vertrauensmissbrauch unser Gesicht wieder als wahrhaftigen Emotions-Überträger. Wir dürfen »wir selbst sein«, denn diesen Freunden etwas vorzumachen wäre Quatsch. Sie kennen uns einfach zu gut. Und genau deshalb können wir uns an ihrer Seite so wunderbar entspannen.

Beziehung oder Bindung? Wie wir soziale Netze knüpfen und Freundschaft lernen

Diese Differenzierung zwischen echten Freunden und sozialen Beziehungen muss aber gelernt werden. Wenn ich mich jeden Samstag auf dem Markt am gleichen Obststand anstelle, weil mir die Verkäuferin so sympathisch ist, dann haben wir zwar eine Bekanntschaft, aber keine enge Freundschaft. Unsere Beziehung ist von positiven Gefühlen begleitet, die auf Gegenseitigkeit beruhen. Und uns verbindet ein bisschen gemeinsame Geschichte - sie weiß, dass ich jedes Wochenende zwanzig Orangen und sechs Zitronen kaufe, und ich, dass sie in ihrer Freizeit gerne joggen geht, weil ich sie dabei schon ein paar Mal getroffen habe. Wir freuen uns über dieses oberflächliche Kennen, ohne dass wir uns beim Einkaufen gleich gegenseitig das Herz ausschütten möchten. Menschen wie meine Marktverkäuferin und ich neigen dazu, diese Bekanntschaften zu pflegen, weil das Kennen mehrerer Bezugspersonen in einer Umgebung uns ein Gefühl der Sicherheit im öffentlichen Raum gibt. Wir haben »Ankerpunkte«, gehen gerne in die gleichen Bars oder Restaurants und freuen uns, wenn die Kellner unsere Namen oder unser Lieblingsgetränk kennen. Selten wollen wir diese Menschen zu unserem Geburtstag einladen, aber falls wir sie einmal in einer für uns prekären Situation treffen, könnten wir trotzdem mit ihrer Unterstützung rechnen.

Dieses Vermögen, ein soziales Netz aus unterschiedlichen Beziehungstypen zu spannen, erwerben wir ungefähr als Sechs- bis Siebenjährige. Das ist der Zeitraum, wenn wir eingeschult werden. Meistens setzt in dem Moment, in dem wir als Kinder den Orbit Familie verlassen und immer mehr Zeit im Kreise Gleichaltriger verbringen, die Entwicklung der Fähigkeit zur sozialen Differenzierung ein, zu der auch andere sozial lebende Tierarten in der Lage sind. Denn Tiere, die in Gruppen leben, unterscheiden ebenfalls genau zwischen sehr engen Beziehungspartnern, denen sie vertrauensvoll empfindliche Körperpartien wie die Kehle oder den Unterbauch präsentieren, und Individuen, mit denen sie zwar Beziehungen pflegen, sich begrüßen oder freundlich verhalten, aber ansonsten vornehm Abstand zueinander wahren. Kühe zum Beispiel grasen und wiederkäuen auf der Weide dicht nebeneinander, wenn sie sehr eng befreundet sind. Je weniger vertraut man miteinander ist, desto mehr hält man auch räumliche Distanz zueinander ein – die Entfernung zwischen den Körpern kann als Maß der Innigkeit gesehen werden: Nur zu richtig engen Verbündeten lassen Kühe sehr nahen Körperkontakt zu. Verschiedene Arten von Beziehungstypen zu pflegen, ist also eine weitere Fähigkeit, die sich viele soziale Tierarten im Laufe ihres Erwachsenwerdens aneignen müssen. Meistens beginnt das Beziehungstraining dafür zu dem Zeitpunkt, an dem Tierkinder selbstständiger und von ihren Eltern unabhängiger werden.

Bei uns Menschen geht das Loslösen von den Eltern meistens zeitgleich damit einher, dass wir anfangen, uns Gedanken darüber zu machen, wie wir auf dem Schulhof von unseren Klassenkameraden wahrgenommen werden (Piaget & Inhelder, 1972). Für Kinder ist der Beginn der Schulzeit deshalb längst nicht nur mit Schreiben- und Rechnenlernen verbunden. Fast noch wichtiger ist es, zu üben, wie man mit anderen Gruppenmitgliedern Verbindungen eingeht, und zwar enge und oberflächlichere. In der Zeit vom ABC-Schützen bis zur Oberstufe begreifen wir nach und nach, wie schön es ist, wenn man sich »auf jemanden verlassen kann«, was Loyalität bedeutet und wie es sich anfühlt, wenn sie gebrochen wird. Besonders Grundschüler üben das fleißig: Sie verbünden sich, arbeiten zusammen, trennen sich wieder, finden neue Kameraden und lernen dabei, wie beruhigend es sein kann, beste Freunde zu haben. Die Schulzeit schult uns also nicht nur in der Anwendung von Algebra oder Grammatik, sondern auch sehr in der eigenen Erwartungshaltung gegenüber wahrer Freundschaft. Die Suche des ABC-Schützen nach guten Freunden am neuen Ort Schule dient also auch dem Zweck, dass wir uns ohne Angehörige, draußen in der Welt, geborgen und angenommen fühlen können.

Doch um solche guten Freunde zu finden, muss man erst einmal selbst zu einem potenziell guten Freund werden. Qualitäten wie Loyalität, Offenheit und Empathie sollten vorhanden sein, was wiederum voraussetzt, dass wir vorher viel Gelegenheit bekommen haben, Vertrauen in Beziehungen zu entwickeln (siehe Kapitel »Geschichte der Freundschaft«) sowie unsere Mimik richtig nutzen und die nonverbale Kommunikation unserer Artgenossen verstehen lernen durften.

Ungefähr mit sechs, sieben Jahren fangen wir also damit an, uns im Verhalten immer stärker zu differenzieren gegenüber Vertrauten und Personen, die sich eher an unserer »sozialen Peripherie« befinden, uns also weniger bedeuten. Wir entwickeln besonders im Umgang mit dieser Gruppe, die von unserem engeren Kreis unterschieden ist, eher formale Umgangsweisen. Kurz gesagt: Wir beginnen, uns in bestimmten Situationen zu verstellen und Worte so einzusetzen, dass sie von unserer wahren Befindlichkeit ablenken können. Eine Fähigkeit, die unsere Spezies als Erwachsene meistens zur Vollendung getrieben hat mit dem Resultat, dass wir uns in vielfältigen sozialen Situationen möglichst diplomatisch, sicher und unverletzlich bewegen und sie dadurch souverän bestehen können.

Babys und kleine Kinder sind von solch rationalem sozialem Kalkül noch weit entfernt. »Verstellen« können sie sich zum Glück noch nicht. Sie sind ein »offenes Buch«, da das emotionale Zentrum ihres Baby- und Kleinkindgehirns noch die Regie innehat. Ihr Gesicht verrät dem Gegenüber sofort, was in ihnen vorgeht: ob sie traurig, überrascht, wütend oder glücklich sind. Genau das finden wir so anrührend bei kleinen Babys oder tapsigen Welpen, die über Steine und Tannenzapfen staunend durch die Welt stolpern. Wahrscheinlich, weil uns ihre naive Offenheit spiegelt, wie wenig wir selbst noch über die Erscheinungen der Welt staunen können und wie kontrolliert wir unsere Mimik und unser Verhalten einsetzen. Nicht nur erwachsene Menschen, auch Tiere lernen im Laufe des Lebens, sich im Umgang mit Artgenossen strategisch klug zu verhalten und sich nicht mehr über allzu vieles zu wundern. Besonders Stadthunde, die sehr häufig auf fremde Zwei- und Vierbeiner treffen, wissen genau, wie man sich in verschiedenen Situationen benehmen sollte. Ein Stadthund weiß zum Beispiel, dass es Artgenossen mit kurzen Nasen gibt, die komische Geräusche erzeugen, und deutet das nicht als Knurren, sondern bleibt freundlich. Ist ihm ein Gegenüber zu draufgängerisch, geht er ihm lieber aus dem Weg oder klärt kurz die Verhältnisse. Möchte ein Rüde die Hündin gerne näher kennenlernen, um zu überprüfen, in welcher Phase des Zyklus sie ist und ob seine Chancen bei ihr gut stehen könnten, dann verhält er sich charmant und fordert sie mit einer Spielverbeugung auf, sich ihm gegenüber auch ein bisschen zu öffnen und zu spielen. Der gleiche Hund geht gelassen jeden Morgen mit Herrchen zur U-Bahn und fährt zur Arbeit, läuft vorbei am Akkordeonspieler am Hauptbahnhof, ohne die Geräuschproduktion erstaunt erkunden zu wollen, und nimmt die ungeschickten Annäherungsversuche hundeunerfahrener Mitreisender freundlich zur Kenntnis. Er hat viel erlebt, Reize filtern gelernt und reagiert auf Herausforderungen in seinem abwechslungsreichen Lebensraum Stadt mit Gleichmut und sehr sozial geschmeidig. Doch auch ihn und sein Stadtmensch-Herrchen kann man gelegentlich aus der Ruhe bringen.

Achtung, Infektionsgefahr:
Hier droht emotionale Ansteckung!

Selbst wenn wir als Hund durch viele Stunden auf der Hundewiese gelernt haben, mit dem größenwahnsinnigen Chihuaha genauso gut klarzukommen wie mit der distanzlosen dicken Labradordame, kann es passieren, dass auch der hartgesottenste

Stadtköter einmal aus der Fassung gerät. Immer, wenn etwas plötzlich und unerwartet passiert, entgleisen uns für den Bruchteil einer Sekunde unsere erworbenen Verhaltensstrategien oder kontrollierten Gesichtszüge und verraten, was wirklich in uns vorgeht. Auch wir Menschen mögen als Erwachsene im Alltag gut darin geworden sein, unser Innenleben zu verheimlichen und zum Beispiel nicht in Tränen auszubrechen, wenn wir die erwartete Gehaltserhöhung nicht bekommen. Doch besonders in Momenten, in denen wir überrascht werden, oder wenn wir Mitgefühl mit anderen empfinden, liefert unser Gesicht der Außenwelt wichtige Informationen über das, was wirklich gerade in uns vorgeht.

So ziehen zum Beispiel Menschen auf der ganzen Welt ihre Augenbrauen hoch, wenn sich gute Freunde oder Bekannte überraschend treffen, egal ob im Stadtgetümmel New Yorks oder im tiefsten Dschungel Neuguineas (nach Eibl-Eibesfeld, 1970). Diese hochgezogenen Augenbrauen in Kombination mit viel Weiß im Auge und einem leicht geöffneten Mund sagen uns deutlich: Mein Gegenüber freut sich, mich zu sehen. Und spiegelt damit wahrscheinlich meine eigene Emotion und meinen eigenen Gesichtsausdruck. Dieses Spiegeln verrät uns viel über unsere Beziehung zum Gegenüber; in diesem Fall, dass die Freude und Überraschung auf Gegenseitigkeit beruht, was die Bindung zur Person weiter beflügeln wird.

Doch es gibt auch andere Situationen, in denen wir unbewusst mit der Mimik reagieren. Wenn ich zum Beispiel mit meiner Familie einen romantischen Liebesfilm schaue, dann gucken meine Kinder und mein Mann bei besonders tragischen Szenen nicht zum Fernseher, sondern lieber zu mir. Ich spiegele nämlich oft ungewollt - zur Unterhaltung meiner Familie - eins zu eins das dramatische Filmgeschehen mit meinem Gesicht. Dieses Übernehmen von Stimmungen mit der eigenen Mimik und sonstiger Körpersprache nennt man »emotionale Ansteckung«. Dafür sind wir, wie man an meiner Familie sehen kann, unterschiedlich empfänglich. Aber so ganz davon freimachen kann sich keiner – und das ist auch gut so, denn emotionale Ansteckung führt dazu, dass wir Mitgefühl empfinden.

Auch Tiere stecken sich »emotional an« – zum Beispiel durch Geräusche, Gerüche und Verhalten. Eine Kuh, die morgens auf die Weide kommt und fröhlich ein paar Bocksprünge macht, wird ziemlich sicher damit den Rest der Herde infizieren, sodass am Ende fast alle Kühe ausgelassen über die Wiese galoppieren, hopsen und übermütig nach hinten ausschlagen. In einem Versuch der Universität Budapest wurde geschaut, ob Hunde sich emotional von Gerüchen infizieren lassen – die Forscher*innen sprühten in einen Raum Achselschweiß von Studenten, die sich vorher Komödien oder Gruselfilme ansehen und dabei Schweißproben abgeben mussten. Die Hunde reagierten passend zum Filminhalt mit Wedeln und erkundeten den Raum, oder sie ließen Ruten und Ohren hängen. Ein ähnlicher Versuch mit Hunden wurde in Wien mit dem Geräusch von weinenden Kindern durchgeführt. Von Menschen ist bekannt, dass sie auf das Schreien von Babys mit einem Anstieg an Stresshormonen reagieren. Spannenderweise haben die Hunde ganz ähnlich reagiert: Auf das aus einem Lautsprecher vorgespielte Kinderweinen wurden sie unruhig im Verhalten; parallel kursierte in ihrem Blut mehr vom Stresshormon Cortisol.

Emotionale Ansteckung ist also nicht nur eine wichtige Eigenschaft für die Kommunikation mit der eigenen Art und den richtigen Umgang mit guten Freunden. Es scheint, wie das Beispiel der Hundestudien aus Wien und Budapest zeigt, hier und da auch artübergreifend zu funktionieren. Beim Menschen ist der Geruchssinn zwar noch aktiv, wird aber eher unbewusst eingesetzt. Wir haben uns im Zuge unserer Evolution auf den

Gebrauch von Wörtern spezialisiert, deren Bedeutung wir aber, besonders im Umgang mit vertrauten Freunden, mit Mimik-äußerungen verstärken.

Wird uns gegenüber also ein Freundes-Herz ausgeschüttet, dann sehen wir parallel zu den Worten ins Gesicht unserer Freunde, das die Emotionen unverblümt darstellt. Diese Gefühle springen auf uns über, und wir übernehmen beim Zuhören unbewusst den Gesichtsausdruck. Wir machen das, weil wir vielleicht selbst schon Ähnliches erlebt haben und wissen, wie es sich anfühlt, auf der Arbeit einen doofen Kollegen zu haben, sich vom Partner zu trennen oder eine dicke Steuernachzahlung leisten zu müssen. Hier springt ein Gefühl von einem Wesen auf das andere über; wir legen die Hand auf die Schulter, spenden Trost und vielleicht guten Rat. Gleichzeitig verhalten wir uns durch das Spiegeln der Emotion im Gesicht »parallel«. Synchrones Verhalten wiederum, das können wir später noch genauer sehen (siehe in Abschnitt »Freunde oder Bekannte?« im Kapitel »Bindung beflügelt!«), verstärkt die Bindung – in diesem Fall natürlich besonders, da wir in Notsituationen auf emotionale und tatkräftige Unterstützung richtig guter Freunde angewiesen sind.

Selbsterleben ermöglicht Fremderleben:
Was fühlst du?

Es gibt also eine Voraussetzung dafür, dass wir »emotional angesteckt« werden können, und das ist Empathie. Einfühlungsvermögen ist, wie der Begriff schon vermuten lässt, die Fähigkeit, etwas nach-fühlen zu können. Nachfühlen können wir aber nur Emotionen, die wir selbst erlebt haben. Nur das eigene Erleben führt zum Fremderleben, deshalb sind vielseitige Erfahrungen besonders bei Heranwachsenden so wichtig. Wer nur zu Hause bleibt, wenige »echte« Kontakte hat und kaum Abenteuer, Frust, Angst, Ausgelassenheit und Freude erlebt, dem fehlen wichtige eigene Erfahrungswerte und Erlebnisse im Umgang mit sich selbst und mit anderen Menschen, die es ihm ermöglichen, sich mit Gefühlen gut aus- und sie dadurch auch schneller bei anderen *er*kennen zu können.

Vorreiter auf dem Gebiet der Forschung über Empathie und emotionale Ansteckung bei Tieren ist der amerikanische Verhaltensbiologe Marc Bekoff. Seit den Siebzigerjahren hat er Tierverhalten studiert und sich besonders intensiv mit Kojoten und anderen Hundeartigen beschäftigt.

Kojoten leben in seiner Heimat Colorado praktisch in seinem Hintergarten und waren dadurch leicht und häufig zu beobachten. Bei seinen ersten Feldforschungen ist ihm früh aufgefallen, dass sich die Tiere, wenn sie die Absicht haben, mit einem anderen Individuum zu kommunizieren, auffällig oft in den Gesichtsbereich des Gegenübers bewegen. Sie scheinen also eine Vorstellung von der Wahrnehmungsperspektive des Kommunikationspartners zu haben. Einfach formuliert: Sie wussten, wann sie gesehen werden. Was sich für uns heute schlicht anhört, kam in den Siebzigerjahren einer Revolution gleich. Denn aus seinen Beobachtungen des Spielverhaltens konnte Mark nur zu dem Schluss kommen, dass es auch bei anderen Tierarten eine Form der Empathie gibt – also der bis dahin nur dem Menschen zugestandenen Fähigkeit, den Bewusstseinszustand eines anderen Lebewesens wahrzunehmen und einzuschätzen. Den anderen von innen heraus wahrnehmen zu können, bedeutete in dem Fall zu wissen, dass man von ihm oder ihr gesehen werden muss, wenn man kommunizieren möchte.

Kojoten sollten also über Einfühlungsvermögen verfügen? Der Sturm der Empörung war groß, und Mark hat für diese ersten Einsichten und Studien viel Spott geerntet. Dazu muss man wissen, dass Tiere damals fast ausschließlich in Laboren unter künstlichen Bedingungen mit Versuchen konfrontiert wurden, in denen vor allen Dingen ihre Reaktionen auf extreme Reize untersucht wurden. Biolog*innen waren damals mehrheitlich Anhänger der Lehre des »Behaviorismus«, der andere Lebewesen absichtlich distanziert als eine Art »Schwarze Box« betrachtet, um möglichst neutrale Versuchsergebnisse frei von emotionalen Bewertungen erzielen zu können. Deshalb sprachen sie ihren Versuchstieren Emotionen oder gar Gefühle so lange gezielt ab, bis sie nachzuweisen waren. Das war mit den damaligen Methoden schwer bis gar nicht möglich, und so beließ man es über Jahrzehnte dabei, Tiere als eine Art Reaktionsmaschine zu betrachten, die nur lernte, unangenehme Reize zukünftig zu meiden oder auf Töne mit Rückzug zu reagieren, wenn man sie bei diesen akustischen Signalen vorher mit Stromschlägen traktiert hatte.

Wie erforscht man Gefühle und Empathie bei Tieren?

Mark war, wie schon erwähnt, ein Quertreiber in dieser Szene, denn er wagte es, von seinen Kollegen eine genau entgegengesetzte Herangehensweise zu fordern. »Solange Emotionen und Gefühle wissenschaftlich nicht nachgewiesen werden können«, formulierte er provozierend, »sollte man im Gegenteil davon ausgehen, dass sie vorhanden sind, und sie Tieren zugestehen.« Gleichzeitig kehrte er dem Laborleben den Rücken zu, um neue Wege der Verhaltensforschung zu beschreiten. Er wollte fortan Tierarten nur noch im Freiland beobachten, denn seiner Meinung nach konnte man über eine Tierart nur dann wirklich etwas herausfinden, wenn man sie in ihrem natürlichen Habitat beobachtete. Kein Wunder, dass er sich schon früh mit Jane Goodall angefreundet hat, die als einer ihrer ersten Handlungen als Feldforscherin ihren Schimpansen im Dschungel Tansanias nicht Nummern, sondern Namen gab. Heute ist seine und Janes Sicht auf andere Tiere gängig, die beiden genießen viel Respekt für ihr Lebenswerk in Forscherkreisen.

Doch wie haben die beiden damals Gefühle, Mitgefühl und emotionale Ansteckung bei Tieren untersuchen können? Schließlich war die Messung physiologischer Werte wie die Ausschüttung von Stress- oder Glücksbotenstoffen, die uns viel über innere Zustände eines Gegenübers verraten können, damals noch gar nicht möglich.

Nachdem er schon viel über das Einfühlungsvermögen in die Perspektive des Gegenübers, über Zusammenhalt, Kooperation und Fairness von Kojoten gelernt hatte, widmete sich Mark den Tieren, die für ihn noch einfacher zu studieren waren: den Hunden. Er hatte nämlich einen eigenen, Jethro, den er täglich in einer Hunde-Freilaufzone ausführte. Dort trafen sich also beste Kumpels oder entfernte Bekannte der lokalen Hundeszene und zeigten ihm, wie man miteinander unterschiedlich interagiert, je nachdem, wie gut man sich kennt oder wie sympathisch man sich findet. Mark beobachtete viel und stellte sich, wie das bei Verhaltensforschern so ist, bald immer mehr Fragen. Irgendwann konnte er nicht anders und beschloss, hier genauer hinzusehen. Er wollte mithilfe von Videoanalysen festhalten, wie gut Hunde in der Lage sind, sich in die Gefühlswelt und Motivationen ihres Spielpartners einzufühlen.

Dazu muss man wissen, dass unser Auge viel weniger Bilder pro Sekunde verarbeiten kann als das Hundeauge. Deshalb vermutete Mark, dass uns bei der oft blitzschnell ablaufenden Kommunikation unter Hunden sehr viel Information entgehen kann, wenn wir einfach nur zuschauen. Zu den nächsten Treffen auf der Hundewiese nahm er deshalb seine Videokamera mit, filmte, was er sehen konnte, und analysierte anschließend Bild für Bild die Interaktionen der Hunde. Dank dieser ersten Studien und nachfolgender ähnlicher Untersuchungen von Verhaltensbiolog*innen aus New York und Mailand konnte gezeigt werden, wie fein und schnell Hunde auf Verhaltensveränderungen ihres Gegenübers reagieren. Denn was Mark schon bei seinen Kojoten aufgefallen war, sprang ihm auch bei den Hunden wieder ins Auge: Die Tiere bewegten sich so, dass sie im Gesichtsfeld des Spielpartners blieben und in Sekundenbruchteilen auf kleinste Veränderung in der Körpersprache und Mimik ihres Gegenübers reagieren konnten. Dadurch behielten sie die innere Gestimmtheit des Spielpartners immer im Blick, und es gelang ihnen, sich immer neu auf Veränderungen einzustellen und dadurch das Spiel lange aufrechtzuerhalten.

In einer aktuellen Studie der Italienerin Elisabetta Palagi konnte sogar festgestellt werden, dass die Vertrautheit der Spielpartner und ihre Synchronisation im Spiel, also das ständige Aufeinander-Einstellen während des Spielens, dazu beitrugen, dass schneller, intensiver und länger gespielt wurde (Palagi et al., 2015). Dazu gab es immer eine starke Fokussierung auf die Kommunikation im Nahbereich: Hunde, die besonders lange miteinander spielten, waren immer besonders gut darin, feinste Mimikbewegungen in der Gesichtsregion des Gegenübers wahrzunehmen und schneller passend darauf zu reagieren. Diese Individuen spielten schneller und länger miteinander – sie kannten sich besser und hatten dadurch mehr Spaß an der Interaktion. Sie waren »entspannt«, da die Beziehung vertraut war und das Gesicht nicht gewahrt werden musste.

Der Fokus auf das Lesen im Gesicht als Informationsquelle für die innere Stimmung ist also nicht nur bei uns Menschen stark ausgeprägt. Auch bei anderen Tierarten, die in sozialen Gruppenverbänden leben und bei denen enge Bindungen zwischen Individuen eine wichtige Rolle spielen, ist diese Fähigkeit hoch entwickelt. Genau deshalb wird bei Tierkindern sozialer Gemeinschaften eine so große Gewichtung aufs Spielen gelegt. Denn nur, wenn wir Bestnoten im Sozialverhalten erzielen, können wir später zu tollen Partnern und Freunden werden und ein maximal sicheres und glückliches Leben führen, egal ob wir ein Rabe, Erdmännchen oder Mensch sind.

Spielen als Lernmotor

Alle Menschen- und Tierkinder teilen eine große Leidenschaft: Sie verbringen die meiste Zeit ihrer Wachphasen mit Spielen. Das ist kein Zufall, denn Spielen macht einfühlsam, schlau, fit, anpassungs- und damit lebensfähig. Als fröhlicher Nebeneffekt dieser spaßigen Aktivitäten werden nämlich viele wichtige Schlüsselkompetenzen fürs Leben erworben. Verhaltensforscher*innen tun sich zwar immer etwas schwer damit, dem Spielen bestimmte Funktionen zuzuschreiben, da Spiel eigentlich nur rein aus Spaß an der Freude entsteht. Aber natürlich spielt es bei allen Tieren eine so große Rolle in der Kindheit, weil dahinter sehr wichtige, versteckte Aufgaben für die individuelle Entwicklung schlummern.

Verborgen im Kopf, tief im Gehirn, zwischen Nervenzellen und an manchen noch brachliegenden Rezeptoren für Botenstoffe wie Dopamin, Cortisol, Serotonin, Endorphine oder Oxytocin passiert beim albernen und scheinbar sinnlosen Herumtollen unglaublich viel Entscheidendes für die Entwicklung des Individuums. Diese Hormone und Neurotransmitter werden ausgeschüttet, bestätigen und befeuern die Verknüpfungen verschiedener Hirnbereiche, erhöhen stetig die Reaktionsschnelligkeit, verbessern unsere Impulskontrolle und sorgen für das Abspeichern von Erlebnissen und Erfahrungen im Langzeitgedächtnis. Ausgelassenes Toben mit anderen verstärkt also nicht nur unsere Freude an der sozialen Interaktion und am Lernen, sondern sorgt auch dafür, dass wir das Leben nicht als Gruselkabinett kaum bewältigbarer Herausforderungen, sondern als spannendes Abenteuer ansehen. Heimlich, ganz nebenbei, können wir durch das Spielen mit Gleichaltrigen und erwachsenen Artgenossen unsere körperliche Fitness und Motorik, unser Stresssystem und Einfühlungsvermögen trainieren. Besonders Letzteres ist eine entscheidende Voraussetzung dafür, Freundschaften gut pflegen zu können.

Das Spielen in der Kindheit unterstützt uns also darin, dass wir schlummernde Potenziale in unserem Gehirn aktivieren können. Dass unser Gehirn voller Möglichkeiten steckt, die darauf warten, gestartet zu werden, darüber habe ich im ersten Kapitel schon geschrieben (siehe Abschnitt »Grundbaustein der Gemeinsamkeit: das soziale Gehirn« in der »Einleitung«).

Ein schönes Beispiel für wunderbare Anlagen, die gefördert werden müssen, ist wieder der Hund. Ein neugeborener Welpe bringt alle Voraussetzungen mit, sich zu einem hochsozialen Wesen zu entwickeln, das in verschiedensten komplexen sozialen Situationen angepasst agieren und viele anspruchsvolle Ausbildungen an der Seite eines Menschen absolvieren kann. Seine immense soziale Kompetenz macht es dem »Canis lupus familiaris« sogar möglich, täglich mehrfach zwischen zwei sehr unterschiedlichen Welten flexibel hin- und herzuspringen: zwischen der Menschen- und der Hundewelt. Doch ob ein Hund diese

Fähigkeiten zum Doppelleben auch voll entfalten kann, wird durch die Umweltbedingungen bestimmt, in denen er aufwächst. Es macht eben einen großen Unterschied, ob man als Hund das erste Lebensjahr isoliert in einem Hinterhof an der Kette liegt oder ob man nach neun bis zwölf Wochen bei einem liebevollen, fachkundigen Züchter und einer fürsorglichen Mutterhündin zu Menschen kommt, die viel Liebe, Zeit und Geld investieren, um den Welpen und Junghund optimal mit anderen Hunden und in der menschlichen Gesellschaft zu sozialisieren. Um das Beispiel noch bildhafter werden zu lassen: Hunde können zu überforderten Nervenbündeln bis hin zur akuten Lebensgefahr für Menschen und andere Hunde werden. Oder sie können in ihrer Entwicklung so gut unterstützt werden, dass sie sich zum bewundernswerten Blindenführhund entfalten können, der seinen sehbehinderten Menschen sicher und klug durchs Berliner Stadtgetümmel erst zum Einkaufen und dann zurück nach Hause bringt. Und ihm nebenbei noch eine große Lebensbereicherung ist.

Je nachdem, was Hunden im Leben so widerfährt und was sie lernen durften, können sie also ihr soziales und geistiges Potenzial mehr oder weniger gut entfalten. Genau wie Kinder. Und Katzen. Und Pferde. Und Schimpansen. Und Krähen. »Bildung beginnt damit, spielen zu dürfen«, stand als Slogan vor dem Kinderzimmer-Einrichtungsteil des Ikea-Katalogs 2016. Und damit haben die Werbeleute tatsächlich den Nagel auf den Kopf getroffen. »Lernen dürfen« ist eigentlich der Schlüsselbegriff, denn das große Potenzial eines Gehirns kann besonders gut ausgeschöpft werden – das zeigen Studien immer wieder –, wenn Individuen unterschiedlichster Arten in ihrer Kindheit und Jugend möglichst viel und im Spiel mit Artgenossen sich und die Welt erkunden durften.

Besonders viel Aktivität findet beim Spielen in den Teilen des

Gehirns statt, die fürs Sozialverhalten und die Problemlösekompetenz zuständig sind. Spielen macht uns also nicht nur sozial, sondern auch fit für die Bewältigung geistiger Herausforderungen. In diesen Bereichen des Großhirns kommt es zur neuronalen Explosion: Verbindungen entstehen ständig, werden um- und abgebaut oder bestätigt, wenn es sich um erfolgreiche Verhaltens- oder Lösungsstrategien handelt. Aber nicht nur dort herrscht viel Treiben während des Spielens. Auch das motorische Gehirn arbeitet immer effektiver, denn die Bewegungskoordination funktioniert immer besser. Tierkinder werden immer wendiger und geschickter, klettern während einer Verfolgungsjagd im schnellen Tempo Bäume hoch, können Hindernissen im vollen Galopp ausweichen, stolpern seltener beim Fangenspielen, sehen voraus, wo der Kumpel längslaufen wird, schneiden ihm gezielt den Weg ab und bringen ihn so zu Fall. Kurz: Muskeln und Gehirn arbeiten mit jedem Tag effektiver und kreativer zusammen.

Die australischen Neurowissenschaftlerinnen Marissa Sgro und Richelle Mychasiuk von der Universität Melbourne haben im Frühjahr 2020 eine großartige Zusammenfassung wissenschaftlicher Studien zum Zusammenhang zwischen Sozialspiel während der Kindheit, sozialen und kognitiven Fähigkeiten und körperlicher Fitness als erwachsene Individuen veröffentlicht (Sgro & Mychasiuk, 2020). Die Autorinnen schreiben, dass das Spielverhalten, die Entwicklung sozialer Fähigkeiten und das Verständnis dafür, sich durch komplexe soziale Situationen zu manövrieren und diese gegebenenfalls auch zu manipulieren, maßgeblich davon beeinflusst wird, wie oft man als junges Wesen mit seinen Geschwistern und Freunden raufen durfte. »Raufen«, das hört sich erst einmal aggressiv an und galt deshalb lange Zeit auch als verpönt, sowohl in Hundeschulen als auch auf Schulhöfen. Zu Unrecht, wie viele Studien in den letzten Jahren zeigen konnten (u. a. Siviy, S. M., & Panksepp, J., 2011). Denn wenn verschiedene Spezies in der juvenilen Phase ihre Begeisterung für körperliches Ringen und Raufen und Kitzeln und gegenseitiges Jagen und »Übereinander-Herfallen« nicht ausleben dürfen, dann kann das sehr negative Langzeitfolgen für das erwachsene Individuum haben.

Die australischen Neurowissenschaftlerinnen fassen die Ergebnisse der Studien, in denen Tiere am Spielen gehindert wurden, folgendermaßen zusammen: Das Fehlen von Sozialspiel in der Kindheit verursache über Artgrenzen hinweg emotionale Defizite. Diese führten bei erwachsenen Individuen zu sozialer Inkompetenz und einem Unvermögen, sich in verschiedenen Situationen passend zu verhalten. Diese Tiere neigten dann oft dazu, auf gemäßigte Verhaltensweisen ihrer Artgenossen viel zu schnell viel zu extrem zu reagieren. Spielentzug in der Kindheit kann es den betroffenen Individuen erschweren, soziale Zusammenhänge in Interaktionen richtig zu verstehen und passend auf Verhaltensweisen zu reagieren. Die Betroffenen können dann zwar noch entsprechende aggressive oder sexuell motivierte Verhaltensweisen zeigen. Aber ihnen fehlt das Verständnis für den Kontext und die Intensität, in denen diese Handlungen angebracht wären. Typischerweise zeigt zum Beispiel eine jugendliche Ratte, die sozial isoliert aufgewachsen ist, keine Zeichen der Beschwichtigung, wenn sie zum ersten Mal einem fremden erwachsenen Individuum gegenübersteht. Aus Mangel an Erfahrung und wahrscheinlich auch aus Unsicherheit wird sie sich stattdessen eher in Attacken gegenüber dem unbekannten Artgenossen versuchen. Solche übertriebenen und unpassenden Reaktionen kommen uns bekannt vor. Wenn zum Beispiel Hunde mangels Wissen ihrer Halter zu wenig oder sogar niemals Kontakt zu gleichaltrigen

Artgenossen erleben durften, haben sie in der Folge oft große Schwierigkeiten, soziale Situationen richtig einzuschätzen und passend auf Konflikte zu reagieren.

Die in der Literaturstudie zusammengefassten Ergebnisse machen wieder einmal deutlich, wie ungeheuer wichtig körperliches Spielen mit Gleichaltrigen für die optimale soziale Entwicklung eines Individuums ist. Spielen stößt Lernprozesse an, die es allen Tieren ermöglichen, das feine Zusammenspiel der verschiedenen sozialen und körperlichen Fähigkeiten, die angelegt sind, auch wirklich entwickeln und nutzen zu können.

Spielen fühlt sich gut an und pusht EQ & IQ

Wie sehr »Spielendürfen« Bildung auf den vielfältigsten Ebenen beflügelt, zeigen auch Studien, in denen verschiedene Tierarten zwischen unterschiedlichen Formen der Belohnung wählen durften. So zeigten in einer Versuchsreihe junge Ratten sich viel motivierter, eine neue Aufgabe zu lösen, wenn sie wussten, dass sie danach mit einem Spiel (statt Streicheln oder Futter) belohnt wurden. Auch Schimpansen wollten lieber spielen als Futter bekommen oder gestreichelt werden, wenn sie eine Herausforderung erfolgreich gemeistert hatten (Trezza et al., 2010).

Was könnte der Grund dafür sein, dass die Aussicht auf Spielen junge Tiere am meisten motiviert? Als Erstes, weil am wichtigsten: Spielen macht Spaß! Eigentlich dient es nur diesem einen Zweck, und das hat damit zu tun, dass Spielverhalten über das Belohnungssystem unseres Gehirns gesteuert wird. Der sogenannte »Nucleus accumbens« sorgt nämlich dafür, dass beim spielerischen Fangen und Raufen Botenstoffe ausgeschüttet werden, die dafür sorgen, dass wir uns richtig gut fühlen und

Gehirnbereiche wie das Frontalhirn und die Seitenlappen reifen, die für fein abgestimmtes Sozialverhalten und Problemlösekompetenz zuständig sind. Dopamin ist natürlich mit von der lustigen Partie, aber auch Nervenwachstumsfaktoren und hin und wieder, wenn es besonders spannend wird, Stresshormone, zum Beispiel eine Prise Cortisol für den Nervenkitzel. »Räuber-und-Gendarm-Spiele« beziehen genau hieraus ihre Beliebtheit bei allen Tierkindern, aber das ist nicht das einzige Vergnügen, das wir alle dem Belohnungssystem im Gehirn verdanken. Es ist auch zuständig für andere wichtige Dinge im Leben, die sich – bei ihrer Befriedigung – gut anfühlen. Handlungen, die mit Lustbefriedigung zu tun haben, also zum Beispiel das Stillen von Hunger oder Durst, Sex oder – am ehesten von uns Menschen praktiziert – Drogenkonsum, werden über das Belohnungssystem gesteuert. Es sorgt dafür, dass wir diese (meistens) überlebenswichtigen Tätigkeiten immer wieder ausführen wollen – eben weil es sich so gut anfühlt. Dadurch verhungern oder verdursten wir nicht, vermehren uns fleißig und lernen gerne im Spiel. Spielen hat also eine gleich große Bedeutung wie Sexualität und Nahrungsaufnahme für Tiere und Menschen – besonders während der Entwicklungsphase vom Baby zum erwachsenen Individuum. Gegenseitiges wildes Jagen und Überfallen und Erlegen und Über-den-Boden-Kugeln im Nahbereich mit Geschwistern und Freunden macht also so viel Spaß, dass wir als Kinder fast süchtig danach werden. Und deshalb sofort weiterspielen wollen, wenn wir morgens die Augen aufschlagen, egal ob als Menschen- oder Katzenkind.

Nun hat sich in der Natur diese energieaufwendige und teilweise auch gefährliche Freude am Spiel nicht ohne Grund entwickelt. Ganz heimlich, nebenbei, werden in diesen lustigen Momenten Botenstoffkombinationen ausgeschüttet, die dafür sorgen, dass alle Erfolgserlebnisse lebenslang abgespeichert werden. Dem Belohnungssystem ist es deshalb zu verdanken, dass wir in der Schule manchen Stoff wie nebenbei verstanden und uns mit anderen Fächern fürchterlich gequält haben. Macht uns der Lernstoff Spaß, fällt uns das Lernen leicht, und wir begreifen besser, schneller und langfristiger. Ich zumindest kann bis heute Gedichte aus der sechsten Klasse auswendig aufsagen, aber die Regeln und Anwendung der wochenlang gepaukten Integralrechnung habe ich in dem Moment vergessen, als ich mit meinem Abitur in der Hand dem Schulgebäude den Rücken gekehrt habe. Die Lernmedizin, die hier im Hintergrund ihre extrem gute Langzeitwirkung entfaltet hat, ist der Botenstoff Dopamin. Er sorgte, wie schon beschrieben, bei mir nicht nur für die freudige Erwartungshaltung, wenn ich wusste, dass gleich Deutsch auf dem Stundenplan stand. Sondern auch dafür, dass ich bei der Interpretation eines Gedichts große Befriedigung empfand. Anschließend kümmerte sich Dopamin dann noch darum, dass die Erinnerung an den Reim und die einzelnen Strophen wie ein Schnellzug in mein Langzeitgedächtnis transportiert und dort für immer abgespeichert wurde, sodass ich ihn heute noch sofort aufsagen kann. Auch wenn man mich mitten in der Nacht aufwecken und mir nur den Titel nennen würde. Immer dann, wenn wir Lernen mit fröhlichen Gefühlen oder Erfolgserlebnissen verbinden, ist das also ein sehr sicherer Weg, damit wir uns wichtige Dinge schneller und für immer merken (vgl. zum Beispiel Affenzeller et al., 2017).

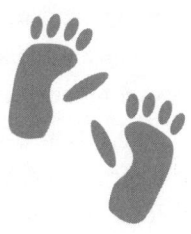

Wie sich Empathie und
Reaktionsschnelligkeit entwickeln

Fuchswelpen kriechen, geschützt im dunklen Bau, die ersten Wochen nach ihrer Geburt noch blind und taub übereinander hinweg und schieben sich gegenseitig wie störende Gegenstände zur Seite auf der Suche nach Mutterwärme und der Milchquelle. Sie kämpfen um den besten Platz an den Zitzen, saugen sich fest und verteidigen ihn vehement gegen die lästigen Konkurrenten, die für den kleinen Fuchs in diesem Moment noch schlicht Störenfriede oder, beim anschließenden Schlafen mit kugelrund getrunkenen Bäuchen, nur nützliche Wärmflaschen sind. Ein Bewusstsein dafür, dass um den Welpen herum auch noch andere mit den gleichen Bedürfnissen existieren, ist zu diesem Zeitpunkt noch nicht vorhanden. Erst wenn sich nach zwei Wochen langsam Augen und Gehörgänge öffnen und ihre Arbeit aufnehmen und die Sinne von Tag zu Tag durch verbesserte Verknüpfungen der Gehirnbereiche schneller zusammenarbeiten, fängt der kleine Fuchs damit an, die Eindrücke um ihn herum differenzierter zu verarbeiten. Er wird langsam zu einem sozialen Wesen, und nach und nach werden für ihn aus warmen Fellbündeln und nervigen Konkurrenten an Mutters Zitzen Geschwister mit unterschiedlichen Geschlechtern und Persönlichkeiten. Von Tag zu Tag ist der kleine Fuchs besser in der Lage, eine Handlung zu vollziehen und die Reaktion seines Gegenübers darauf wahrzunehmen. Er fängt an, Zusammenhänge zwischen seinen Aktionen und den Reaktionen darauf zu verinnerlichen. Seine Verhaltensweisen sind dabei anfangs noch langsam, doch mit zunehmender Übung werden die Bewegungen immer schneller und »strategischer«.

Das liegt daran, dass es parallel im Gehirn zu einer fortschreitenden »Myelinisierung« kommt. Dabei werden die Nervenfasern, die besonders oft genutzt werden, mit einer Myelinschicht ummantelt, die mit zunehmender Dicke die Übertragungsgeschwindigkeit erhöht. Nervenfasern, die häufig benutzt werden, wie zum Beispiel die für die Information, wie die Koordination der vier Gliedmaßen beim Laufen funktioniert, werden schnell sehr dick, und dadurch entwickelt sich der Welpe von Woche zu Woche weg vom Kriechen hin zum wankenden Gang auf vier durchgestreckten Beinen, bis er schließlich der flinke und agile Jungfuchs ist, der mit zwölf Wochen zur Erkundung der Welt außerhalb des Baus aufbricht.

Genau wie die Motorik wird die Kommunikation geübt. Je besser die Welpen sehen und je mehr sie miteinander raufen können, desto schneller werden sie darin, auf die Mimik ihres Gegenübers zu reagieren. Sie fangen an, zwischen den verschiedenen Persönlichkeiten zu unterscheiden, spielen angepasst an deren jeweilige Vorlieben, Stärken und Schwächen. Aus einem Haufen von Körpern werden also nach und nach Schwestern und Brüder. Manche von ihnen, lernt unser kleiner Fuchs, sind Memmen, die darf man nur ganz vorsichtig beim Kampfspiel beißen, sonst quieken sie gleich los. Andere vertragen mehr, zum Beispiel der dunkelfellige Bruder oder die dicke kleine Schwester mit den kurzen Beinen. Mit denen kann man richtig wild raufen. Dabei lernt das Fuchskind zum Beispiel auch, dass zu heftiges Beißen wehtut. Im Raufspiel lernen Tierkinder also durch sofortiges Feedback, wie sie ihre Zähne, Kräfte und Mimik richtig einsetzen. Sie lernen die eigenen Grenzen und die Grenzen anderer kennen und passen ihr Spiel immer feiner ihrem Gegenüber an. Sie beginnen damit, ein Gefühl für die Perspektive, die »Innenwelt« ihres Spielpartners zu entwickeln. Übertreten Tierkinder dabei eine Grenze, weil sie zu wild waren oder die Persönlichkeit ihres Freundes austesten wollten, dann wird das Spiel kurz unterbrochen, sodass sie Zeit haben, sich zu sammeln und die Spielregeln zu überdenken. Im Gehirn kommt es in diesem Moment des Innehaltens zum Ausstoß einer Prise des Stresshormons Cortisol, das uns in eine erhöhte Aufmerksamkeitshaltung versetzt. Danach wird, um die neue Grenzerfahrung verbessert, wieder weitergespielt, doch nun angepasst und ruhiger. Die Fuchskinder haben gelernt, wie man beim Kampfspiel nicht überdreht und dass man Regeln der Fairness einhalten muss, damit das spaßige Spiel weitergehen kann. Genau dieser Wechsel der Botenstoffe – Dopamin beim ausgelassenen Spiel, Cortisol beim Innehalten und dann wieder Dopamin beim Weiterspielen – sorgt für eine besonders schnelle Fixierung neuer Lerninhalte im Langzeitgedächtnis. Spielen ist deshalb nicht nur ein großer Spaßfaktor für alle Tierkinder dieser Welt, sorgt nicht nur für eine große Lernfreude, sondern verbessert täglich die Kommunikation im Nahbereich, das Einfühlungsvermögen in andere und erhöht den sozialen Erfahrungsschatz, den sie ständig erweitern und auf den sie ihr ganzes Leben lang zurückgreifen können.

Soziale Regeln spielend lernen

Neben der Förderung des Einfühlungsvermögens hilft Menschen- und Tierkindern das Sozialspiel auch dabei, wichtige Verhaltensweisen wie Konfliktlösung und Kampf zu üben. Deshalb finden in den Kindergärten dieser Welt täglich kleine Dramen statt: Beim Spiel wird sich gerne auch heftig gestritten, um dann gemeinsam Lösungen zu finden. Nichts anderes machen die Fuchswelpen vor ihrem Bau. Sie haben Spaß, und plötzlich »kippt die Stimmung«. Irgendwer war zu grob, es wird kurz ernst – und danach ist schnell alles wieder gut. Besonders Tierarten, die in sozialen Gruppen leben und bei der Jagd kooperieren müssen, wie zum Beispiel Löwen oder Wölfe, verbringen sehr viel Zeit mit Kampfspielen. Nicht weil sie von Natur aus aggressiver sind, sondern im Gegenteil, weil sie auf das Erwerben ausgefeilter sozialer Strategien für einen erfolgreichen Zusammenhalt und die Kooperation der Gruppenmitglieder angewiesen sind. Konflikte lösen zu lernen ist also ein wichtiger Bestandteil vieler Kinderspiele und ermöglicht das Erlernen von Regeln der Fairness für den Umgang miteinander. Wie man Aggressionen richtig dosiert und kontrolliert einsetzt, wie man soziale Beziehungen pflegt – all das muss also geübt werden.

Mimik und Verhalten lesen zwischen verschiedenen Arten

Je stärker die Fähigkeit ausgeprägt ist, auch über Mimik miteinander zu kommunizieren, desto größer ist die Wahrscheinlichkeit, dass sich zwischen uns und einem anderen Tier eine innige Beziehung entwickelt. Nicht umsonst rangieren Katzen und Hunde ganz oben auf der Beliebtheitsskala als Haustiere von Kindern. Die Bewegung ihrer Gesichtsmuskeln wird auch bei diesen Tierarten für die Kommunikation im Nahbereich eingesetzt, und wir können relativ leicht lernen, sie zu lesen. Wie wir ja schon wissen, sind das gegenseitige Ansehen und die Fähigkeit, über das Gesicht die Befindlichkeit des Gegenübers festzustellen, besonders für uns Menschen, aber auch für andere Tierarten eine wichtige Voraussetzung für die Entwicklung und Pflege von Beziehungen und Freundschaften. In freier Wildbahn kommt es bei Tieren unterschiedlicher Arten selten zur Entstehung echter vertrauter Beziehungen (siehe Beispiele in Abschnitt »Spielen zwischen verschiedenen Arten in freier

Wildbahn« im Kapitel »Empathie entwickeln, Freunde werden«), sehr oft jedoch unter »künstlichen« Bedingungen in Obhut des Menschen, wie beim Otterkind Pikachu und der Terrierhündin Benny. Besonders wenn die beteiligten Tiere noch jung sind, können sich dabei enge Beziehungen entwickeln – das liegt am weiter vorne beschriebenen »emotionalem Zentrum«, das in der frühen Entwicklungsphase noch das Verhalten junger Tiere steuert, bevor während und nach der Pubertät die eher rational arbeitende Großhirnrinde einen Gutteil dieser Aufgabe übernimmt. Dieses bei Babys sehr aktive emotionale Zentrum sorgt dafür, dass wir offen sind gegenüber allen Erscheinungen der Welt – und uns zum Beispiel nicht darüber wundern, wenn wir als Löwe keinen anderen Löwen als Spielkameraden haben, sondern stattdessen einen Bären und Tiger.

Drei tierisch beste Freunde fürs Leben

So erging es dem Löwenwelpen Leo, als er seine Augen öffnete und das erste Mal die Umrisse seiner »Geschwister«, den amerikanischen Schwarzbärenwelpen Baloo und den bengalischen Tigerwelpen Sher Khan, zu erkennen begann. Die drei ungleichen Freunde lebten fünfzehn Jahre lang zusammen in einem großen Gehege im Tierpark *Noah's Ark Animal Sanctuary*. Zusammengekommen sind sie als Neugeborene wahrscheinlich über einen skrupellosen Tierhändler, der die drei Freunde viel zu früh von ihren Müttern trennte und an einen Drogendealer aus Alabama verkaufte. Dort müssen sie schon einige Zeit gelebt haben, denn als sie 2001 bei einer Razzia gefunden wurden, zeigten die ungefähr zwei Monate alten Jungtiere bereits eine starke Bindung aneinander. Doch nicht nur das: Sie waren auch stark vernachlässigt, krank, verletzt, voller Parasiten und unterernährt. Der Gnadenhof *Noah's Ark* in Alabama hat sie damals aufgenommen und gesund gepflegt. Ganz am Anfang versuchte das Tierpfleger-Team kurz, die drei Tierbabys in unterschiedlichen Gehegen unterzubringen. Daraufhin haben alle drei mit einer Art »Hungerstreik« begonnen und nichts mehr gefressen. Die Gründerin und damalige Leiterin sah zum Glück schnell ein, dass die drei zusammengehören, und hat von da an nie wieder versucht, sie zu trennen. Das Trio zeigte ein sehr vertrautes Sozialspiel miteinander, und je älter sie wurden, desto mehr genossen sie einfach die Gegenwart der anderen und entspannten sich zusammen auf den Lieblingsplätzen in ihrem Gehege. Auch wenn es hin und wieder mal Interessenkonflikte um leckeres Futter, Ruhezeiten oder Spielzeuge zwischen ihnen gab, die Streitigkeiten konnten immer schnell beseitigt werden, weil die Kommunikation zwischen ihnen funktionierte. Sie hatten zum einen die Verhaltensweisen der anderen richtig lesen gelernt und konnten zum anderen auch auf Gemeinsamkeiten in der Kommunikation zurückgreifen. Ein aufgerissenes Maul mit zurückgelegten Ohren kann sowohl bei Löwen als auch Tigern, Bären und anderen Tieren eine kleine Machtdemonstration bedeuten; wer sich auf den Rücken legt, ergibt sich und möchte den Konflikt beenden. Das Wissen über die in manchen Bereichen dann doch abweichende Gesichtsmimik und den richtigen Einsatz der unterschiedlichen Kräfteverhältnisse konnten die drei Kumpels in der Kindheit in vielen Hundert ausgelassenen und wilden Raufspielen miteinander üben. Das vertraute Spielen miteinander machte sie fit für eine entspannte und vertrauensvolle lebenslange Freundschaft.

Alberne Pferde- und Hundekumpels

Ungleiche Freunde treffen also besonders häufig dort aufeinander, wo Menschen verschiedene Tiere halten. Das passiert in unseren Breitengraden zum Beispiel oft im Reitstall. Immer wieder kann man auf Weideflächen oder in Reithallen beobachten, wie Pferde und Hunde plötzlich anfangen, albern miteinander zu interagieren. Vor allen Dingen für Hunde könnte das böse enden, denn sie sind ihren Spielpartnern körperlich unterlegen, und ein ausschlagender Huf an der falschen Stelle kann schnell nicht nur ein vorzeitiges Ende der Freundschaft, sondern auch des Hundelebens bedeuten. In dieser ungleichen Beziehung ist deshalb ein besonders vorsichtiges und einfühlsames Vorgehen vonseiten der Pferde nötig. Aber auch das Einfühlungsvermögen der Hunde ist gefragt, denn manche könnten im Übermut anfangen, Pferde spielerisch in die Beine zu beißen, was unter Hunden durchaus üblich ist, Fluchttiere wie Pferde aber überhaupt nicht lustig finden. Dass sie als Reaktion auf den Biss in die Fesseln nach hinten ausschlagen, ist ziemlich wahrscheinlich. Es müssen also vor Ort die richtigen Hunde- und Pferdepersönlichkeiten aufeinandertreffen, damit sich über einen längeren Zeitraum ein vertrautes Sozialspiel zwischen diesen beiden sehr unterschiedlichen Arten entwickeln kann, das auf die Befindlichkeiten der jeweils anderen Spezies eingehen kann. Immerhin wären die beiden Tierarten im »echten« Leben draußen in der Natur immer noch eher Räuber und Beute als Freunde.

Das Phänomen des Spiels zwischen diesen ungleichen Freunden tritt auf der ganzen Welt relativ häufig auf, was durch viele Videos im Internet dokumentiert wurde. Deshalb haben Forscher*innen aktuell damit begonnen, das Spiel zwischen Pferd und Hund wissenschaftlich zu untersuchen (Maglieri et al., noch in Arbeit, 2020). Dazu analysierten sie Filme, die sie im Internet fanden, auf Spielsignale, die sich ähnelten und die beide Arten im Spiel miteinander zeigten. Das erstaunliche Ergebnis ist, dass Pferde und Hunde wie beim Spiel mit Artgenossen die Mimik des ungleichen Spielpartners lesen und darauf angepasst reagieren, um das Spiel am Laufen zu halten (siehe Studie von Palagi, in Abschnitt »Freunde oder Bekannte?« im Kapitel »Bindung beflügelt«). Forscher*innen nennen dieses Übernehmen der Gesichtsmimik des Spielpartners »schnelle Gesichtsmimikri« (Rapid Facial Mimicry, RFM). Besonders der Ausdruck »entspannt geöffnetes Maul« ist ein Signal, das bei sehr vielen Tierarten im Spiel zu beobachten ist, wie wir ja schon bei dem Otterkind Pikachu und der Hündin Benny beobachten konnten. Auch wir Menschen lachen und ermuntern uns durch diesen leicht geöffneten Mund gegenseitig, indem wir signalisieren, dass wir die Situation als angenehm empfinden und weitermachen möchten. Hunde haben im entspannten Spiel immer ihr Maul leicht geöffnet und stoßen dabei hechelnde Laute aus, die Hundebesitzer gerne - und nicht zu Unrecht! - als »Lachen« des Hundes bezeichnen. Pferde wiederum jagen sich gegenseitig über die Weide, zeigen dabei ebenfalls ein leicht geöffnetes Maul und erzeugen entsprechende Pferdegeräusche.

In der Videoanalyse der Spielsituationen zeigte sich, dass es sowohl Unterschiede als auch Gemeinsamkeiten in den Spielsignalen gab. So neigten die Hunde in den Videos eher dazu, eine »Self Handicap Position« einzunehmen als Pferde; sie zeigten dieses Verhalten viel häufiger. Diese Positionierung des eigenen Körpers ist typisch für Hunde während eines Spiels. Sie dient dazu, das Gegenüber zu ermutigen, mutiger zu werden und weiterzuspielen, indem sich Hunde gezielt in eine für sie ungünstige Lage (»Handicap« = angreifbar) bringen. Sie legen sich zum Beispiel auf die Seite, den Rücken oder »kriechen« über den

Boden. Dadurch »infizieren« sie ihre Spielfreunde emotional und sorgen dafür, dass das Spiel weitergeht.

Doch auch wenn die Pferde sich seltener in eine derart angreifbare Position gebracht haben: Manche von ihnen setzten es während des Spiels mit den Hunden ebenfalls ein! Noch deutlicher wurde die beiderseitige Kommunikation der Spielabsicht beim Zeigen des »Spielgesichts«. Beim Spielgesicht wird meist viel Weiß im Auge sichtbar, die Tiere wirken »albern« und »übertreiben« ihre Mimik. Die italienischen Verhaltensbiolog*innen konnten zeigen, dass zwischen beiden Spezies diese sehr infizierende, lustig aussehende Mimik besonders zum Auftakt des Spiels gezeigt wurde, was eine gegenseitige »Einstimmung« ins Spiel bedeuten könnte und nach Einschätzung der Forscher*innen auf einen gewissen Grad an Vertrautheit zwischen den Tieren hinweist. Leider gibt es noch nicht viele Studien wie diese, die das Spiel zwischen verschiedenen Arten wissenschaftlich untersuchen und dabei die Fähigkeiten von Tieren analysieren, das eigene Verhalten an einen Spielpartner anzupassen, der sehr stark vom Aussehen und Verhalten der eigenen Art abweicht. Aber die Studie zeigt, was uns Leo, Sher Khan und Baloo fünfzehn Jahre lang demonstriert haben und was Tierhalter*innen im Alltag oft zu beobachten meinen: Tier-Freunde unterschiedlicher Arten sind in der Lage, sich aufeinander einzulassen und angepasst an die Stärken und Schwächen des anderen miteinander zu spielen, zu leben und über diese verbindenden Erlebnisse Freundschaften zu entwickeln.

Spielen zwischen verschiedenen Arten in freier Wildbahn

Das Spielen zwischen verschiedenen Arten findet sehr selten auch in der Wildnis statt oder wird nur sehr selten beobachtet – genau wissen wir es nicht. Berichte von artübergreifenden freundlichen Kontakten in freier Wildbahn konnten zum Beispiel der Feldforscher Günther Bloch und der Naturfotograf Peter Dettling im kanadischen Banff-Nationalpark dokumentieren. Hier hatten ein Bär und junger Wolf eindeutig Spaß beim spielerischen »Streit« um das vergessene T-Shirt eines Touristen.

Wölfe und Bären sind eigentlich Nahrungskonkurrenten, und die meisten Kontakte laufen deshalb wenig harmonisch ab. Besonders Bärenmütter verstehen keinen Spaß, wenn sich Wölfe ihren Welpen nähern, und umgekehrt geraten Wolfseltern in helle Aufregung, wenn sich ihre naiven Jungtiere für Bärenbesuch interessieren. In den allermeisten Fällen wird sich jedoch um Futter »gestritten«, denn Bär und Wolf teilen die Vorliebe für die Kadaver großer Huftiere wie Elche oder Rotwild. Meistens setzen sich dabei die Bären durch ihre körperliche Übermacht durch. Doch nicht immer; bei Wölfen entscheidet der Gruppenzusammenhalt, ob es ihnen gelingt, den Konkurrenten zu vertreiben und die Beute für sich zu sichern. Hin und wieder wurde auch beobachtet, dass sich Wölfe zeitweise einem Bären angeschlossen und sie Futter geteilt haben. Die beiden Tierarten kennen sich also von klein auf, weil sie den gleichen Lebensraum und Speiseplan teilen. Sie sind deshalb sozusagen »gezwungen«, das Verhalten des andern lesen zu lernen und mit ihm hin und wieder auch zu diskutieren. So konnte der Feldforscher Günther Bloch beobachten, wie der anführende Rüde eines Rudels versuchte, einen Bären vom Kadaver zu vertreiben, indem er ihn drohfixierte, die Zähne zeigte und in offensiver

Angriffshaltung auf ihn zuging (Bloch, 2009, S. 144). Sehr beeindruckt hat den Bären das Gehabe allerdings nicht, und der Leitrüde des Wolfsrudels musste sich geschlagen geben. Doch er wurde von seinen Kindern bei dieser Aktion aus respektvollem Abstand genau beobachtet. Der Nachwuchs des Leitrüden bekam auf diese Weise vom Vater für künftige Kontakte mit Bären eine Handlungsorientierung.

Bären und Wölfe kennen sich durch vielerlei Erfahrungen und kommunizieren in unterschiedlichen Situationen miteinander. Doch in Momenten des Müßiggangs, also wenn sie satt und zufrieden sind, scheint es auch bei ihnen die Möglichkeit zu geben, sich von festgefahrenen Verhaltensmustern oder alten Nachbarschaftsstreitigkeiten zu lösen. So konnten Günther Bloch und Peter Dettling im März 2008 per Kamera dokumentieren, wie ein Braunbär ein im Baum hängendes T-Shirt entdeckte, das wahrscheinlich ein Tourist im vorangegangenen Sommer dort vergessen hatte. Interessiert fing er an, das Objekt zu untersuchen und mit ihm zu spielen – und wurde dabei aufmerksam von dem zweijährigen Wolfsrüden Lakota beobachtet. Der Bär nahm das wohl wahr, aber es schien ihn nicht zu stören; oder er »tat so«, als würde er ihn nicht wahrnehmen. Jedenfalls ließ er den neugierigen jungen Wolf so nah heran, dass dieser schließlich das Shirt ergattern und sich damit aus dem Staub machen konnte. Bloch mutmaßt, dass dies vielleicht aus Absicht passiert sein könnte, denn es folgte die typische Jagd um das Objekt der Begierde, in dem sich Bär und Wolf immer wieder gegenseitig austricksten.

Das »Beutespiel« spielen sowohl Wolfswelpen als auch Bärenjunge miteinander (und viele andere Tierkinder-Arten) – dabei geht es immer darum, sich ein »interessantes« Objekt gegenseitig abzujagen. Wichtig bei der Beobachtung war, dass es keinerlei aggressive Interaktion gab, sondern nur klassische Spielsignale: Beim Wegrennen wurde »gehoppelt«, wenn man im Besitz des tollen T-Shirts war, während der andere den Inhaber jagte, bis er wieder im Besitz war, und dann kam es zum Rollenwechsel. Rollenwechsel und übertriebene Bewegungen sind sehr typische Kennzeichen von Spiel bei vielen Arten, auch bei uns Menschen. Deshalb können sie anscheinend auch über Artgrenzen hinweg verstanden werden und so unwiderstehlich »emotional ansteckend« auf den ungleichen Spielpartner wirken.

Voraussetzung für Spiel ist also, dass sich bei unterschiedlichen Arten bestimmte Verhaltensbewegungen und Mimiken ähneln können und dass die Tiere zur »schnellen Übernahme der Mimikri« (RFM) in der Lage sind. Auch Menschen glauben oft, intuitiv erkennen zu können, wann Tiere albern sind. Sie zeigen dann nämlich genau wie unsere kleinen Kinder auch extrem überzogene Körpergesten. Hunde springen zum Beispiel in hopsenden Bögen aufeinander zu, Katzen trippeln eher seitwärts und vorwärts gemischt und integrieren gerne auch Elemente des Kampfverhaltens (wie einen übertriebenen Buckel), kurz bevor sie eine spielerische Attacke starten. Hunde beißen sich gerne gegenseitig in die Hinterläufe, um sich wie bei der Jagd zu »erlegen«. Doch auch wenn Details von Art zu Art unterschiedlich sind, die »Basics« gleichen sich häufig und infizieren über Artgrenzen hinweg.

Das ist der Grund, warum wir lachen müssen, wenn wir süße Tierkinder beim Spielen beobachten: Sie erinnern uns an unsere eigene Tollpatschigkeit und Albernheit in dieser Altersphase. Menschenkinder lieben nämlich genauso die Übertreibung, wenn sie emotional aufgekratzt sind.

Und auch bei Erwachsenen blitzt die Übertreibung von Gesten manchmal noch auf – besonders dann, wenn wir gute Freunde zu Besuch haben! Zur Begrüßung des geschätzten

Besuchs werden zur Demonstration unserer großen Freude die Arme besonders weit auseinandergenommen, während wir auf unsere Lieben zugehen oder sogar hopsen. Übertriebene Gesten, besondere, auffällige Mimik, die das Gegenüber nicht selten spontan übernimmt: All diese Signale dienen dazu, uns gegenseitig mit positiven Gefühlen zu infizieren und uns gegenseitig unsere Freundschaft zu bestätigen. Diese »emotionale Infektion« wird besonders durch synchrones Verhalten noch verstärkt. Synchronisation, also Bewegungen zu spiegeln, fühlt sich gut an und bestärkt wiederum unser Zusammengehörigkeitsgefühl (mehr dazu in Abschnitt »Freunde oder Bekannte?« im Kapitel »Bindung beflügelt«).

Spielerisches Kommunikationsverhalten kann artübergreifend also leicht verstanden werden und extrem infizierend wirken, auch wenn wir zoologisch betrachtet nur sehr weit entfernt verwandt sind. Als zum Beispiel der Wolf Lakota den Bären beim Spiel mit dem Touristen-T-Shirt beobachtet hat, wird er die Spielbewegungen erkannt haben und neugierig geworden sein. Das führte dazu, dass er die Distanz verringerte, um sich dann sogar zu trauen, dem großen »Gegner« das seltene Objekt frech zu klauen. Die Freude am Spiel, die er bei dem Bären wahrnehmen konnte, hat bei Lakota wahrscheinlich eine Art Miterleben der Spielfreude ausgelöst. Mitten in den Wäldern Kanadas kam es zu einer »emotionalen Ansteckung«, über die Artgrenze hinweg zwischen zwei Individuen, die im Alltag eigentlich Nahrungskonkurrenten oder sogar Beute füreinander sind.

Was in freier Wildbahn selten vorkommt, geschieht in Gefangenschaft viel häufiger. Hier ist immer gegeben, was bei Wolf und Bär Zufall war: Beide waren wohl satt und in Spielstimmung. Im Zoo oder bei uns zu Hause müssen sich Tiere selten um ihr Futter bemühen. Es gibt einen Vierundzwanzig-Stunden-

Service, und in so einem sorgenfreien Umfeld werden Toleranz und kreative Kräfte leichter freigesetzt, die bei optimalen Haltungsbedingungen besonderes Verhalten schneller möglich machen.

Ein Fotograf in Finnland konnte ebenfalls Zeuge eines vertraut anmutenden Zusammentreffens von Bär und Wolf werden, auch wenn dort nicht gespielt wurde. Jede Nacht zwischen 20 Uhr und vier Uhr früh trafen sich ein Bär und eine Wölfin für ein paar Stunden und »hingen zusammen ab«. Auf den Fotos ist zwar auch zu sehen, wie sie sich um Beute streiten, aber anscheinend nicht besonders ernsthaft, denn beide kamen immer zu ihrem Anteil vom Fressen und blieben auch nach dem gemeinsamen Mahl nah beieinander. Sie standen körperlich dicht zusammen und schienen Vertrauen zueinander zu haben. Oft schauten sie sich dabei nämlich nicht an, sondern in die gleiche Richtung, aus der wohl ein spannendes Geräusch zu hören war. Dieses Verhalten zeigt, dass die Tiere keine große Scheu voreinander hatten, sonst hätten sie sich niemals aus den Augen gelassen. Wahrscheinlich verband die beiden keine enge Freundschaft, sondern eher eine lose Bekanntschaft. Vielleicht handelte es sich um vor Kurzem selbstständig gewordene Jungtiere, die sich noch nicht an das Alleinsein gewöhnt hatten und deshalb eine kurzfristige »Leidensgemeinschaft« bildeten. Jedenfalls schienen sie die Gesellschaft des anderen zu suchen, und sei es auch nur für die zehn Tage, die der finnische Fotograf Lassi Rautiainen ihre außergewöhnlichen Zusammentreffen dokumentieren konnte.

Zusammenfassend lässt sich durch all diese Beobachtungen und Studien festhalten, dass es zwar Übung erfordert, die Mimik eines Artgenossen richtig zu lesen; doch besonders für Kinder und im Spiel miteinander ist diese Fähigkeit leicht erlernbar. Andere Arten kommunizieren dagegen zwar ähnlich, aber im

Detail dann doch oft sehr verschieden, dazu kommen andere Körpermaße, Kräfteverhältnisse und Vorlieben, wie wir es bei Pferd und Hund gut sehen konnten. Aber zum Glück gibt es anscheinend Überschneidungspunkte, die das Entstehen von Spiel und Beziehungen zwischen verschiedenen Spezies möglich machen. Und ein weiterer wichtiger Überschneidungspunkt, neben der Freude am Sozialspiel, könnte das »Nicht-allein-sein-Müssen« sein, wie uns die einsame Jungwölfin mit ihrem Bärenkumpel in freier Wildbahn vermutlich gezeigt hat.

Diese Überschneidungspunkte »Spiel« und »Gesellschaft« sind so wichtig, dass ich sagen würde: Sie sind in vielen Fällen die Voraussetzung für das Entstehen einer besonderen Beziehung zwischen verschiedenen Arten. Deshalb ist es auch kein Wunder, dass die meisten außergewöhnlichen Freundschaften – wie bei Baloo, Sher Khan und Leo – ihren Ursprung in der frühen Kindheit haben oder – wie bei Bonnie und Möp Möp – in neuen, unbekannten und damit oft unheimlichen Lebenssituationen entstehen. Genau in diesen Momenten braucht man, wie wir gleich sehen werden, am allermeisten die Unterstützung durch einen guten Freund, um mit ihm an der Seite alle Herausforderungen des Lebens leichter zu meistern.

Bindung beflügelt!

Spiel hilft uns also dabei, klug, sozial und
mitfühlend zu werden und Freunde zu finden.
Warum diese Freunde uns oft ähneln und warum sie
das Leben viel schöner machen, darum geht es jetzt.

Als die Grundschullehrerin Tina Martini im Frühsommer 2018 zu ihrer morgendlichen Hunderunde aufbrach, freute sie sich über den Anblick der großen Mähmaschinen auf den weiten Wiesen hinter ihrem Wohngebiet. Seit Wochen hatte sie dort nicht mehr spazieren gehen können, doch jetzt mähten die Bauern Heu und ließen dabei große freie Streifen zurück, über die sie wunderbar mit ihren vier Jagdhunden Cherry, Yahoo, Rosie und Happy laufen konnte. Beim Gehen über das frisch gemähte Gras fiel ihr plötzlich auf, dass ihre Hündin »Cherry« sehr interessiert zu sein schien an etwas, das sich auf den Boden duckte. Als Tina näher kam, entdeckte sie eine kleine, geschwächte Krähe. Um ihre Füße hatten sich - wahrscheinlich durch ihre hopsende Flucht vor dem großen Mäher - lange Grashalme so fest gewickelt und miteinander verknotet, dass sie nicht mehr fliehen konnte. So war sie gezwungen, an Ort und Stelle zu verharren und Cherrys große Hundenase direkt vor ihrem Gesicht zu ertragen. Doch nicht nur das: Durch den Regen in der Nacht zuvor war der junge Vogel vollkommen durchnässt und wirkte fast schon apathisch. Tina wusste, dass man Jungtiere eigentlich vor Ort lassen soll, und war hin- und hergerissen zwischen ihrem intuitiven Wunsch, der kleinen

Krähe zu helfen, und dem angelernten Verhalten, sie im Heu sitzen zu lassen. Schließlich schickte sie die Hunde weg und befreite das Krähenkind von seinen Gras-Fesseln. Dabei wurde ihr klar, wie schlapp es war und dass es ohne Hilfe nicht mehr lange überleben würde. Sie beschloss, den Vogel mit in die nahe gelegenen Schrebergarten zu nehmen, in Sicherheit zu bringen und aufzupäppeln. Zusammen mit ihrem Mann Rüdiger Frimmel richtete sie für »Wolle« eine große Hundebox als Nestersatz ein, damit sich die junge Krähe in Sicherheit berappeln konnte. Parallel recherchierte das Paar, was auf dem Speiseplan von Krähennachwuchs steht, und fing an, den Vogel mit Rührei und Mehlwürmern zu versorgen. So gut gefüttert, wurde Wolle von Tag zu Tag lebendiger und begann schon bald damit, seine Pflegefamilie genauer zu inspizieren.

Krähe Wolle & vier Jagdhunde

»Am Anfang hatten wir ein bisschen Sorge, dass die Hunde unserem Findelkind etwas antun würden«, erzählt die Lehrerin mit dem großen Herzen für Tiere. Besonders der Deutsch-Kurzhaar-Mix »Happy« hatte den neuen Mitbewohner am Anfang genau im Blick und schien sich nicht sicher zu sein, ob es sich um ein besonderes Fressen oder einen Freund handeln sollte. Doch die Beute-Frage hatte sich schon nach zwei Tagen erledigt, denn Wolle legte sehr schnell alle Schüchternheit ab und sprang so selbstsicher zwischen den Hunden herum, dass sogar Happy ihn verwundert akzeptierte und in seiner Nähe duldete. Damit der Wildvogel den Kontakt zur Natur nicht verlor, fuhren Tina und Rüdiger jeden Tag für mehrere Stunden in den Kleingarten, der direkt im Revier von Wolles Eltern lag. Dort durfte die kleine Krähe stundenlang frei herumspringen und ihre ersten Flugversuche wagen.

Erst nach und nach verstand das Stuttgarter Paar, dass sich Wolles Eltern ständig in der Nähe aufhielten. »Die haben den Kontakt nie ganz verloren, sondern seine Entwicklung sozusagen aus der Entfernung genau verfolgt«, ist sich Tina sicher. Wolle fühlte sich in der Zwischenzeit in seiner Pflegefamilie sichtlich wohl. Und noch viel mehr: Er schien das soziale Gefüge der Hunde so gut zu durchschauen wie die Hunde untereinander auch. Jedenfalls verhielt er sich den Hundepersönlichkeiten gegenüber ganz ähnlich, wie andere Hunde dies auch taten. »Das hat uns mit am meisten fasziniert: Die Krähe hat die Persönlichkeiten der vierbeinigen Mitbewohner verstanden und ist entsprechend unterschiedlich mit ihnen umgegangen.« Die individuellen Unterschiede beschreibt Tina so: »Unser Irish Setter Rosi ist mein Herzenshund. Sie ist souverän, freundlich zu anderen, bleibt sehr lange sehr nett und ist dadurch eine Art ›Mama‹ unserer Hundegruppe. ›Happy‹ ist für andere Hunde sehr attraktiv - wahrscheinlich, weil er sich selbst für niemanden interessiert. Jedenfalls wollen immer alle Hunde in seiner Nähe sein und folgen ihm sofort, wenn er irgendwohin aufbricht - er wirkt wie ein Anführer, der irgendeinen Auftrag hat. Seine Ausstrahlung scheint für andere Hunde unwiderstehlich zu sein.« Das Spannende war, dass es Wolle ganz genauso ging. Zu Rosi hatte er besonders schnell großes Vertrauen, aber Happy fand er extrem spannend und wollte genau das machen, was sein »großer Freund« gerade gemacht hat. »Hat Happy irgendwo gebuddelt«, erzählt Tina, »musste er nachgucken, was es dort Spannendes gab. Hat sich Happy von der Gruppe fortbewegt, ist Wolle ihm sofort hinterhergehopst und später -geflogen.« Cherry dagegen ist vom Typ her eher schüchtern und versucht, nicht aufzufallen. »Vor ihr hatte Wolle überhaupt keinen

Respekt. Er ist im Sturzflug auf sie zugeflogen und hat sie frech in den Po gepiekst!« Yahoo schließlich ist ein großer Angsthase und fand die Krähe von Anfang an unheimlich: »Sie hat immer einen großen Bogen um Wolle gemacht und ist schnell abgehauen, wenn die freche kleine Krähe in ihre Richtung gehüpft ist. Ich hatte das Gefühl, dass Wolle das sehr gefallen hat, einen Hund so beeindrucken zu können.«

Persönlichkeit macht den Unterschied

Womit viele Menschen sich leider immer noch schwertun, scheint für Tiere verschiedener Arten ganz normal zu sein: anderen Spezies nicht nur Gefühle, sondern auch eine eigene Persönlichkeit zuzugestehen. Soziale Tiere lernen beim engen Zusammenleben durch Beobachtung nicht nur die Körpersprache der anderen Spezies richtig zu deuten, sondern nehmen anscheinend auch die unterschiedlichen Charaktere hinter der fremden Fassade wahr.

Der Persönlichkeitsbegriff stößt auch heute noch auf Erstaunen bei manchen Menschen, die nicht mit Tieren zusammenleben. Zum Glück ist die Frage, ob andere Tiere eine Persönlichkeit haben, wissenschaftlich längst abgehakt. Klar ist, dass sogar bei Insekten oder Krebstieren Persönlichkeitstendenzen wahrgenommen werden können: Auch bei ihnen gibt es Individuen, die sich mit einer unbekannten Situation konfrontiert eher wagemutig oder scheu verhalten. Je höher sozial organisiert eine Art ist, desto stärker entwickeln sich aufgrund von Genen, aber auch durch Umwelterfahrungen Charaktereigenschaften, die eine Persönlichkeit ausmachen. Tierpersönlichkeiten sind darum in der Lage, mit anderen Individuen angepasst an deren

Eigenschaften zu interagieren und so ein stabiles soziales Netz aufzubauen. Und wie uns das Beispiel von Wolle und seinen vier Jagdhund-Kumpanen zeigt, funktioniert das unter entsprechenden Umständen auch artübergreifend.

So ganz neu ist diese Erkenntnis nicht, denn schon vor mehr als zehn Jahren haben der Rabenforscher Bernd Heinrich und Günther Bloch beobachten können, dass Raben auffällig häufig in der Nähe von Höhlenkomplexen benachbarter Wolfsfamilien nisten. Dazu muss man wissen, dass die Familienstrukturen von Wölfen und Raben sehr ähnlich organisiert sind. Bei beiden Spezies leben die Elterntiere meist lebenslang monogam zusammen und besetzen ein Revier, das bei Raben zumindest während der Brutaufzucht verteidigt wird. Die Jungen werden zeitintensiv und mit viel Zärtlichkeit auf ihr Leben vorbereitet – die jungen Raben leben noch länger in der räumlichen Umgebung und schließen sich irgendwann einer »Gang« von Halbstarken an, in der sie dann ihre eigenen Partner finden. Die beiden Forscher konnten jedenfalls beobachten, dass die ortsansässigen Raben von den Wölfen in der Nähe der Welpen geduldet werden – und sogar mit ihnen interagieren durften! Ganz ähnlich, wie Wolle es mit Cherry gemacht hat, zogen sie den noch tollpatschigen Welpen oder Jungwölfen mit dem Schnabel an den Ruten; irgendwann fingen die Junghunde an, sich zur Wehr zu setzen. So entstand ein fröhliches Spiel zwischen Vogel und Raubtier, das mit der Zeit immer vertrauter wurde. Die Tiere verbrachten relativ viel Zeit in direkter Nähe zueinander, sie spielten, aber ruhten auch zusammen und bewegten sich voller Vertrauen in der Gegenwart der anderen Tierart.

Wölfe sind dafür bekannt, dass sie besonders in den ersten Lebenswochen ihre Welpen äußerst aufmerksam bewachen, denn es kann vorkommen, dass andere Raubtiere, zum Beispiel Bären oder Füchse, junge, unerfahrene Wolfswelpen er-

beuten. Doch bei den Rabennachbarn schienen die Wolfseltern eine Ausnahme zu machen. Die Forscher schließen daraus, dass es sich um vertraute, über Jahre gewachsene
Beziehungen zwischen den Spezies handeln müsse, die ein individuelles Erkennen erfordern. Das bedeutet: Die Wölfe dul-
deten nicht grundsätzlich irgendwelche Raben an ihrer Seite,
sondern explizit *diese* Raben, ihre Nachbarn, die ihnen vertraut
waren.

Neben dem sozialen Austausch zwischen den beiden Spezies
konnte sehr häufig das gemeinsame Jagen dokumentiert werden. Dabei fliegen die Raben voraus und melden den Wölfen,
wenn sie verletzte, geschwächte Beutetiere oder frisch veren-
dete Kadaver entdecken. Diese scheinen zu verstehen, folgen
den Botschaftern am Himmel, erlegen und öffnen die Beute, und
dann wird gemeinsam gespeist. Raben können nämlich mit
ihren Schnäbeln nicht die dicke Fell- und Hautschicht eines
toten Säugetieres durchdringen, um an das Fleisch zu kommen -
dazu brauchen sie einen Helfer mit Reißzähnen. So teilen die
beiden unterschiedlichen und doch im Sozialverhalten recht
ähnlichen Spezies nicht nur ihre Freizeit, sondern kooperieren
auch bei der Jagd.

Das Phänomen von Jagdgemeinschaften gibt es auch bei
anderen Tierarten - so braucht zum Beispiel der zur Familie der
Spechte gehörende Honiganzeiger in Kenia ebenfalls jemanden,
der für ihn die groben Arbeiten erledigt. Für diese Aufgabe hat
er sich den Menschen auserkoren, dem er im Gegenzug den
Weg zu Bienenstöcken in der afrikanischen Baumsavanne zeigt.
Dabei interessiert ihn nicht der Honig: Den überlässt er gerne
den Zweibeinern. Für ihn ist das Wachs interessant, das er
mithilfe spezieller Bakterien in seinem Darm verdauen kann.
Die Symbiose zwischen Mensch und Vogel gibt es wahrscheinlich schon seit vielen Generationen, das zumindest lässt das auf-

fällige Verhalten vermuten, das die kleinen Vögel gegenüber Menschen zeigen, sobald sie einem Homo sapiens begegnen und wissen, wo sich ein noch unentdecktes Bienennest befindet. Dann lenkt der kleine grüngraue Vogel die Aufmerksamkeit durch lautes Rufen bestimmter Töne auf sich und fängt an, vor den Menschen kurze Strecken zu fliegen, so lange, bis sie gemeinsam das Ziel erreicht haben. Auf sich allein gestellt könnte der grüngraue Vogel das Bienennest nicht öffnen, für diesen Teil der Nahrungssuche arbeitet er gerne mit dem Menschen zusammen.

Lange Zeit hieß es, dass der Honiganzeiger auch mit Honigdachsen kooperiert. Dafür konnten bei Untersuchungen aber keine Beweise erbracht werden; es sieht eher so aus, dass der Dachs sich bei der Suche nach Honig auf seine eigenen Fähigkeiten verlässt und die beiden nur zufällig zusammen bei den Bienenwaben gesichtet wurden.

Doch anders als Raben und Wölfe haben außerhalb der Nahrungsbeschaffung die beiden Spezies Menschen und Honiganzeiger wenig miteinander zu tun. Jeder geht hier seinen normalen Alltagsgeschäften nach, ohne sich weiter sozial auszutauschen. Es handelt sich also ausschließlich um eine »Geschäftsbeziehung«, die aber dennoch zeigt, wie die verschiedenen Arten gelernt haben, miteinander zu kommunizieren und die Verhaltenssprache der jeweils anderen Spezies zu lesen, um erfolgreicher ans gemeinsame Ziel zu kommen. Raben und Wölfe aber verbringen auch ihre Freizeit zusammen, und genau das könnte der Grund sein, warum es für die Krähe Wolle, die ja zur Gattung der Rabenvögel gehört, gar nicht so schwierig war, das Verhalten der Wolfsverwandten bei Rüdiger und Tina schnell zu entschlüsseln und ganz unterschiedliche Beziehungen zu jedem einzelnen von ihnen aufbauen zu können.

Neue Welten wahrnehmen
durch das Leben mit Tieren

Durch Wolles Bekanntschaft hat das Stuttgarter Paar sehr viel über die Biologie von Krähen lernen können - sie haben sich belesen und damit angefangen, frei lebende Krähen in der Umgebung bewusster zu beobachten. Dadurch ist ihnen zum Beispiel aufgefallen, dass ihr Heimatort in mehrere Krähenreviere aufgeteilt ist. Sie konnten sehen, wie sich Krähen gegenseitig vehement verscheuchen, sobald sie zu tief in die gegenseitigen Territorien eindringen. Wolle schien das zu wissen, ohne sich vorher in Büchern darüber schlaugemacht zu haben. Denn wenn die seltsame Gruppe aus Hunden, Menschen und einer kleinen Krähe am Abend auf dem Weg aus dem Kleingarten zurück nach Hause war, mussten sie ein Gebiet durchqueren, das von vier Krähen besetzt wurde. Sobald sie die für Tina und Rüdiger unsichtbare Reviergrenze überschritten hatten, änderte Wolle sofort sein Verhalten. Er achtete genau darauf, dass er zwischen den Hunden oder dicht bei den Menschen blieb. »Anscheinend hat er realisiert, dass die fremden Krähen Respekt vor den Hunden und uns Menschen hatten und er dadurch nah bei uns in Sicherheit war - denn sobald wir im Garten waren, das ja zum Revier seiner Eltern gehörte, zog er wieder weitere Kreise.«

Nach ein paar Wochen bei Tina, Rüdiger und den vier Hunden hatte Wolle sich gut entwickelt und konnte sicher fliegen. Der Moment war gekommen, in dem er selbstständig werden musste. Von nun an wurde er abends im Garten zurückgelassen: »Wir wollten, dass er ein Wildvogel wird und ein normales Krähenleben führen kann.« Besonders fasziniert hat Rüdiger und Tina, dass Wolle schon sehr bald wieder Anschluss an seine Eltern fand. »Wenn wir in den Garten kamen, konnten wir drei

Krähen in den Bäumen an den Wiesen hocken sehen - aber davon ist nur Wolle zu uns geflogen und hat uns begrüßt.« Als Willkommensgeschenk gab es von Tina und Rüdiger immer Leckerlis, die ins Gras geworfen wurden. Die hat sich Wolle dann genauso zielstrebig gesucht wie die Hunde. Aus der Ferne wurde das Ganze von Wolles Eltern genau beobachtet, die damals aber noch einen Sicherheitsabstand einhielten. Spannend war es für Tina, zu beobachten, dass Wolle bei der gemeinsamen und oft hektischen Leckerlisuche im Garten von den Hunden niemals attackiert wurde: »Für die Hunde gehörte er eindeutig zur Familie und hatte dadurch dieselben Rechte wie alle anderen Gruppenmitglieder auch.« Und unter Hunden gilt das »Besitzrecht«: Hat einer etwas Leckeres ergattert, dann gehört es ihm oder ihr und der Leckerbissen wird dem glücklichen Besitzer normalerweise nicht streitig gemacht, auch nicht von einem ranghöheren Individuum.

Doch auch Wolle kam wie alle Tierkinder in die Pubertät und wurde frech: Er traute sich immer häufiger, Cherry an der Rute zu ziehen, oder klaute der ängstlichen Yahoo gerne mal das Fressen. »Er war mit den Hunden vertraut und sie mit ihm«, erinnert sich Tina. Besonders zwischen Happy und Wolle konnte sich über die Wochen hinweg eine immer vertrautere Beziehung aufbauen. Sie hielten sich sehr nah beieinander auf und schienen das auch zu genießen - was sehr ungewöhnlich für den sonst eher eigenbrötlerischen Happy war. »Er hat ja eigentlich immer auf seine Intimsphäre bestanden und Annäherungsversuche von anderen Hunden barsch zurückgewiesen. Nur bei Wolle hat er eine Ausnahme gemacht.«

Wie Tiere Freund und
Feind unterscheiden

Leider ist Wolle im Herbst 2018 verschwunden. Ein paar Tage später hat Tina in einem sozialen Netzwerk ein Foto von fünf erschossenen Krähen entdeckt. Ein Jäger hatte es dort stolz online gestellt und sich öffentlich mit seinen Schießkünsten gebrüstet. Die Trauer bei Tina und Rüdiger über dieses Bild ist immer noch groß. Sie befürchten, dass Wolle sich einer »Gang« von anderen jungen Krähen angeschlossen hat, wie es für seine Altersphase bei Krähen üblich ist, und dann mit ihnen zusammen erschossen wurde. Er ist nie wieder aufgetaucht. Ein kleiner Trost für Tina und Rüdiger: Wolles Eltern haben Vertrauen gefasst. Über Wochen haben sie den Sicherheitsabstand zu den Hunden und Menschen immer weiter reduziert, jetzt nehmen auch sie an der täglichen Leckerlisuche im Garten teil. Die Hunde respektieren das, lassen »Firle« und »Fanz«, wie die beiden getauft wurden, dicht an sich heran und machen auch ihnen ihre Futterfunde nie streitig. Auch außerhalb des Grundstücks scheinen sie das Krähenpaar von fremden Krähen unterscheiden zu können: »Wenn die Hunde fremde Krähen auf den Wiesen sehen, dann werden die sofort verjagt - nur Firle und Fanz nicht, die dürfen sitzen bleiben.« Als Eltern ihres alten Kumpels Wolle scheinen sie ein Aufenthalts- und Futterteilungsrecht auf Lebenszeit erworben zu haben.

Doch wie gelingt es den Hunden, die vertrauten Krähen von fremdem Federvieh zu unterscheiden? Ehrlich gesagt, Krähen sehen für mich alle ziemlich gleich aus, selbst Männchen und Weibchen lassen sich nur aufgrund verschiedener Verhaltensweisen während der Balz unterscheiden. Doch was uns Menschen schwerfällt, ist für Yahoo, Rosi, Cherry und Happy offenbar kein Problem. Wahrscheinlich sehen und riechen die Hunde mehr und sind die besseren Beobachter. Sie erkennen individuelle Charakteristika jedenfalls besser als wir, die auf Entfernung nur schwarze Federn, glänzende Knopfaugen und einen Schnabel wahrnehmen.

Viel leichter fällt uns die individuelle Unterscheidung bei Tierarten, die uns vertrauter sind oder charakteristische Fellfarben haben wie zum Beispiel Katzen oder Meerschweinchen. Aber auch die Hunde meiner Kindheit hatten solche auffälligen Merkmale bestimmt nicht nötig, um unsere Katzen von fremden Stubentigern unterscheiden zu können. Jedenfalls wurden Minnie oder Bailey niemals gejagt, sondern im Gegenteil zärtlich beleckt und draußen mutig vor anderen Hunden beschützt. Sollte es aber eine Nachbarskatze wagen, eine Pfote auf unser Grundstück zu setzen, reichte ein schlecht gelauntes Miauen unserer Katzen aus, und ihre Hundefreunde eilten herbei und verjagten den Eindringling laut bellend aus dem Garten, während die Katzen mit deutlichem Wohlwollen das Spektakel auf dem Rasen sitzend beobachteten.

Die viel besagte Feindschaft zwischen Hund und Katze existiert nur, wenn die beiden sich nicht vertraut sind – also nicht in einem Haushalt zusammenleben oder niemals die Gelegenheit bekommen haben, die Körpersprache und Persönlichkeit des anderen kennenzulernen.

Denn im unterschiedlichen Verhaltensrepertoire lauern tatsächlich einige mögliche Missverständnisse: Katzen schlagen bei Ärger oder Anspannung mit dem Schwanz; man sollte dies als deutliches Signal interpretieren, besser Abstand zu halten. Hunde hingegen äußern nicht nur Aufregung, sondern auch Freude durch das Schlagen mit der Rute – ein Missverständnis, das besonders bei jungen, in den Feinheiten der Kommunikation mit Katzen noch ungeübten Hunden oft zu schmerzhaften Erfahrungen führt. Doch nicht nur Hunde, auch Katzen müssen lernen, dass die wedelnde Rute nicht Angriffslust, sondern Fröhlichkeit bedeuten kann - zumindest meistens. Denn wie wahre Hundekenner wissen, signalisiert eine nach rechts ausschlagende Hunderute mitnichten, dass der Hund »nur spielen möchte«. Ganz im Gegenteil, die Seitenpräferenz beim Wedeln lässt ziemlich deutlich auf den inneren Gemütszustand schließen und kann sogar bedeuten, dass ein junger Rüde mit steifer Körperhaltung und steil aufgerichteter, rechtswedelnder Rute aufgeregt erwartet, sich gleich mit einem Kontrahenten auf der Hundewiese kloppen oder den Jogger am Horizont jagen zu können. Propellerartiges Wedeln im Kreis oder in die andere Richtung, also nach links, oft gepaart mit schlängelnden Bewegungen des Körpers, albernen Hopsbewegungen oder sogar einer Vorderkörpertiefstellung (»Play Bow«) signalisiert dem Gegenüber dagegen eindeutig eine fröhliche Grundstimmung. Darauf reagierten Hunde in einer Studie zumindest mit einer positiven Erwartungshaltung, während die Silhouette eines nach rechts wedelnden Hundes bei ihnen den Pulsschlag erhöhte und sie in Anspannung versetzte. Forscher*innen vermuten, dass Tiere wie wir Menschen verschiedene Emotionen in unterschiedlichen Gehirnhälften verarbeiten - und dass die Ausrichtung verrät, ob die Stimmung eher positiver oder negativer Natur ist (Siniscalchi et al., 2013).

Das oberflächliche Lesen von vermeintlich eindeutigen Körpersignalen führt aber nicht nur zwischen Katzen und Hunden, sondern auch zwischen Mensch und Haustier zu Missverständnissen. »Der will nur spielen!« und »Der tut nix« als »famous last words«, kurz bevor der Radfahrer zur Strecke gebracht wird, sind klassische Folgen von Fehleinschätzungen der Besitzer »normalerweise immer netter« Hunde. Ich vermute, Katzen und Hunde sind mit zunehmender Lebenserfahrung sehr viel besser darin, die Botschaften von Artgenossen oder Mitbewohnern anderer Arten, mit denen sie Beziehungen pflegen, zu lesen als wir. Im Gegensatz zu uns brauchen sie dafür auch keine von Wissenschaftler*innen durchgeführten Studien zu lesen. Sie verlassen sich auf ihr Beobachtungsvermögen und lernen durch Versuch und Irrtum die Finessen der Körpersprache richtig zu verstehen und darauf angemessen zu reagieren, während wir auf dem Sofa sitzen und Erziehungs- und Verhaltensratgeber wälzen, um mit unseren Haustieren bestmöglich zusammenleben zu können.

Doch nicht nur diese hohe soziale Kompetenz von Krähe, Hund, Katze & Co. ermöglicht es den Tieren, miteinander freundschaftliche Bande zu knüpfen. Dazu braucht es noch ein paar Zutaten mehr, und das sind »Zeit« und »Ähnlichkeit«.

Gleich und gleich gesellt sich gern: Warum Freunde sich oft irgendwie ähnlich sind

Ein weiterer Schritt, um Freunde werden zu können, besteht darin, sich zumindest am Anfang der Beziehung häufig zu begegnen. Wenn wir einen Menschen, der uns sympathisch ist, immer wieder treffen, wird er uns vertraut. Psycholog*innen nennen dieses Phänomen den »Mere-Exposure-Effekt« (deutsch: Effekt der bloßen Exposition). Das Wort klingt kompliziert, aber die Erklärung ist simpel: Alles, was uns vertraut ist, empfindet unser Gehirn als belohnend. Tatsächlich haben eine Reihe von Experimenten an der Harvard University 2010 gezeigt, dass unser Gehirn unterschiedlich reagiert, wenn man uns Fremde und Freunde präsentiert (Krienen et al., 2010). Das uralte System des »Clans« (siehe Abschnitt »Ist der Mensch ein Kosmopolit oder Clanmitglied?« im Kapitel »Bindung beflügelt«) scheint also nach all den Jahrtausenden noch zu wirken; zumindest zeigt das die Reaktion unseres Gehirns auf die Darstellung von Bildern bestimmter Personengruppen. Bei den Versuchen des Teams um die Psychologin Fenna Krienen mussten die Probanden während der Versuche still in einem Magnetresonanztomografen liegen und sich Fotos vertrauter Freunde und fremder Personen ansehen. Parallel dazu erfuhren sie persönliche Einschätzungen zu aktuellen politischen Prozessen, die bei Freunden häufig anders als die eigenen waren. Bei den Fremden dagegen waren viele Gemeinsamkeiten zu finden. Doch trotz der Meinungsdifferenzen fiel das Ergebnis deutlich aus: Die getesteten Personen reagierten nur bei Freunden mit einer verstärkten Aktivität im Belohnungszentrum, dem Ort, an dem im Gehirn Gefühle für andere erzeugt werden. Das vertraute Kennen war für die Testpersonen eindeutig wichtiger als die gleiche Meinung von Fremden zu aktuellen politischen Ereignissen.

Doch das häufige Treffen und die daraus resultierende Vertrautheit mit einem netten Menschen reichen nicht aus, damit wir dicke Freunde werden. Viel wichtiger ist eine Form von Ähnlichkeit. Damit ist nicht unbedingt gemeint, dass man immer einer Meinung sein muss, wie wir eben bei der Bewertung der Tagespolitik durch Freunde und Fremde sehen konnten. In erster Linie könnte Ähnlichkeit bedeuten, dass man zumindest ein bisschen ähnlich aussieht, auch wenn man dafür nicht einer Art angehören muss. So wie Otter Pikachu und Terrier Benny - bei aller offensichtlichen Verschiedenheit im Tempo ihrer Spielbewegungen lässt sich schon erahnen, dass ihre Arten beide der Unterordnung der zoologischen Klassifikation »Hundeartige« (Canoidae) angehören, zusammen mit Mardern, Robben oder Kleinen Pandas. Es gibt eine optische Ähnlichkeit und häufig auch ähnliche Verhaltensweisen, die eine Kommunikation zumindest erleichtern. Diesen Vorteil haben Sau Bonnie und Gans MöpMöp eindeutig nicht, denn sie gehören sogar unterschiedlichen zoologischen Klassen an, nämlich den Vögeln und Säugetieren, sind verwandtschaftlich also noch weiter voneinander entfernt. Auch in punkto Fortbewegung (Fliegen) und Vorlieben (in Schlammkuhlen wälzen) teilen sie scheinbar wenig Berührungspunkte miteinander. Aber das ist den beiden ungleichen Freundinnen völlig egal, denn für sie ist klar: Es gibt noch viel wichtigere Merkmale, mit denen man sich gleichen kann, als oberflächliche Äußerlichkeiten, besondere Fähigkeiten oder Hobbys.

Ähnlichkeit: Bedürfnisse & Interessen

Als normalerweise in Gruppen und sehr sozial lebende Tiere verband die beiden scheinbar so ungleichen Freundinnen das starke Bedürfnis nach Gemeinschaft. Not schweißt also zusammen, und besonders gut funktioniert das, wenn Spezies in ähnlichen sozialen Systemen leben. Genau das ist bei Schweinen und Gänsen gegeben! Besonders weibliche Individuen wie Bonnie und MöpMöp gehen oft lebenslange Verbindungen zu Geschlechtsgenossinnen, zu Schwestern oder Tanten ein oder bleiben ihrer Mutter über die Kindheit und Pubertät hinaus oft eng verbunden.

Bei beiden Damen war also sozusagen eine »offene Stelle« zu besetzen, die sich im Jobprofil sehr ähnlich war: Man möchte als Sau oder Gans mit seiner Schwester über die Felder ziehen und nach Futter suchen. Sogar das Futter gleicht sich: Gänse zupfen gerne Gras, Schweine tun das auch. Wenn man als Gans und Schwein gemeinsam auf Futtersuche geht oder sich als Mensch abends mit Freund*innen trifft, zusammen kocht und isst, hat das schon etwas Verbindendes. Noch verbindender wird die Angelegenheit, wenn man dabei etwas Wichtiges zu besprechen hat. Lecker essen gehen macht mit guten Freund*innen einfach am meisten Spaß, weil man dabei knallehrliche Berater*innen an der Seite hat, die einem nicht nur Honig um den Bart schmieren, sondern offen sagen, ob man gerade in Gefahr schwebt, einen großen Fehler zu machen. Ganz nebenbei kann man sich noch in Ruhe darüber austauschen, was gerade Wichtiges passiert im eigenen Leben.

Sauen und Gänse informieren sich bei der Futtersuche wie beste Freundinnen beim Restaurantbesuch oder Shoppen ständig über sogenannte »Kontaktlaute«, wie es ihnen geht und wo sie gerade sind. So verlieren sie sich während der intensiven Futtersuche nicht aus dem Blick und halten sich ständig über ihre innere Gestimmtheit gegenseitig auf dem Laufenden oder versichern sich, dass bei der anderen alles in Ordnung ist. Schweine nutzen dafür ein tiefes, ruhiges Grunzen, Gänse ein »möpmöpmöp«. Und genau das konnte man hören, wenn Bonnie und MöpMöp grasend über die Wiese des Erdlingshofes zogen. Die eine sagte »möpmöpmöp«, worauf die andere ein paar beruhigende »rororos« grunzte. Und das immer wieder im Wechsel. Stundenlang. Bis die Mägen voll waren und nach dem gemeinsamen Mahl zur Entspannung eng an eng gekuscheltes Ruhen auf dem Tagesplan stand.

Nicht nur eine ähnliche Notlage oder besondere Situation, sondern auch verbindende Interessen im Leben beflügeln also das Entstehen von Freundschaft. Das kann man auch bei uns Menschen sehr schön beobachten, wenn wir als Jugendliche oder junge Erwachsene das »Nest« verlassen und in die Welt hinausziehen. Plötzlich müssen wir uns in der Welt alleine zurechtfinden, müssen Geld ausgeben und sparen lernen, dafür sorgen, dass Butter und Klopapier im Haushalt vorhanden sind, pünktlich zur Arbeit oder in der Vorlesung erscheinen und termingerecht Lernstoff bewältigen und Prüfungen absolvieren. Verlassen Kinder das Elternhaus zum ersten Mal und machen an einem neuen Ort, weit weg von Mama und Papa, eine Ausbildung oder studieren, sind sie damit aber nicht alleine. Sie treffen an der Uni oder der Berufsschule auf Gleichaltrige in exakt der gleichen Lebenssituation und mit ähnlichen Interessengebieten – kein Wunder, dass Universitäten als Partnerbörse für Freundschaften und Liebesbeziehungen gelten! Gleiche Lebenssituation, gleiche Interessen und schon ein bisschen Erfahrung mit dem Freundschaftschließen – wichtige Gründe, warum gerade in dieser Lebensphase häufig lebenslange Freundschaften entstehen.

Ähnlichkeit: Persönlichkeit und »Werte«

Dass Bonnie nicht aussieht wie MöpMöp oder die Krähe Wolle wenig Ähnlichkeit mit einem Hund hat, ist für andere Tiere also kein Hindernis für das Entstehen einer sozialen Beziehung. Bonnie und MöpMöp waren zwar beide in der gleichen Situation: allein zu sein. Aber auch das reicht noch nicht aus, damit aus sehr unterschiedlich aussehenden Tieren dicke Freunde werden können. Denn dass sich zwischen zwei Individuen unterschiedlicher Arten eine innige, freundschaftliche Beziehung entwickelt, nur weil sie ihre Kindheit zusammen verbracht haben, ein Gehege oder eine Notlage teilen oder in einem Haus unter menschlicher Obhut zusammenleben, ist trotzdem nicht selbstverständlich. Es fehlt noch ein Baustein zum Freundesglück, und das ist der große Zufall – für Menschen, die an Schicksal glauben, die richtige Fügung –, im passenden Moment auf die passende Persönlichkeit zu treffen, die sich gleichzeitig mit uns annähern und öffnen möchte. Denn auch Charaktereigenschaften und so etwas wie »innere Werte« müssen ja zusammenpassen. Wenn sie nicht Bonnie und MöpMöp gewesen wären, sondern charakterlich andere Schwein- und Gans-Individuen, hätte keine so enge Verbindung entstehen können, auch nicht in dieser außergewöhnlichen Situation des Alleinseins im Tierheim und mit den gleichen sozialen Vorlieben.

Auch bei erwachsenen Menschen verlangt die Entstehung einer Freundschaft, dass die Persönlichkeiten sich dem anderen gegenüber öffnen, sonst fällt es schwer, Vertrauen aufzubauen. Gemeinsame »innere, weltanschauliche Grundsätze« sind ein Bestandteil von Freundschaft, der besonders von Menschen als Grund für ihre tiefe freundschaftliche Verbindung häufig betont wird. Aber lässt sich dieses Paradigma auch auf Tiere wie Schwein und Gans, Wolf und Rabe oder Zwergotter und Hund übertragen?

Natürlich haben Benny und Pikachu niemals nächtelang über die aktuelle Weltpolitik oder die Philosophie Adornos diskutiert und trotz Differenzen im Detail gemeinsame Wertevorstellungen feststellen können. Aber sie haben im Gegenüber einen ähnlichen Sinn für Humor erkannt, der dazu geführt hat, dass man miteinander in Kontakt kam und schließlich einen ganz eigenen Spielstil miteinander entwickeln konnte, dessen Basis die Freude am Albernsein und dessen Folge ein tiefes gegenseitiges Vertrauen war. Vielleicht sollten wir es als eine »ähnliche innere Erwartungshaltung an die Welt« bezeichnen, die dazu führt, dass man sich sympathisch ist, sich mag, annähert – und vielleicht intensiv anfreundet.

Wie geht Denken ohne Worte?

Und wer behauptet, dass unbedingt die Formulierung von abstrakten Gedanken Voraussetzung sein muss für einen gemeinsamen Wertekanon? »Denken« ist eine hochkomplexe Angelegenheit, die mehr als nur ein Sprachzentrum voraussetzt. Es erfordert zusätzlich das schwierige Zusammenspiel vieler Gehirnbereiche, das in ganz ähnlicher Funktionsweise auch bei anderen Tierarten als der Spezies »Mensch« vorhanden ist. Marc Bekoff erklärt sich die Vorstellung tierischen Denkens ohne Worte so, dass es auch bei uns »Eingebungen nichtsprachlicher Art« gibt, was uns eine Vorstellung davon geben könnte, wie die Vorstufe von Gedanken aussieht. Gedanken können wir Menschen uns oft nur mit dem Transportmittel Wort vorstellen, aber tatsächlich erleben auch wir Reflexionen oder Erinnerungen auf anderen Ebenen. Wenn wir zum Beispiel der »Kleinen Nachtmusik« von Mozart lauschen, dann löst das Hören der Melodie wahrscheinlich in uns allen ähnliche Gefühle aus. Gefühle, die vermutlich auch Mozart selbst beim Komponieren bewegt haben könnten und die er als Tonfolge in seinem Inneren hören konnte, bevor er sie auf dem Notenpapier verewigte. Diese »nichtsprachliche« Information in Form von berührenden Tonfolgen, die vor Jahrhunderten in ihm entstanden sind und aufgeschrieben wurden, infizieren bis heute Millionen Menschen mit seinen Empfindungen von damals, und ich behaupte, dass die Mehrheit, mich eingeschlossen, die Musik einfach nur genießt, ohne sich Gedanken über den exakten tonalen Aufbau des Stückes zu machen.

Selbst wenn Tiere wie MöpMöp und Bonnie nicht dazu in der Lage sein sollten, ihre besondere Freundschaft zu reflektieren, werden sie eine ähnliche Grundstimmung, eine Art »Geisteshaltung« im Gegenüber wahrnehmen, die dazu führt, dass man sich gleichzeitig annähert, ganz ähnlich, wie wir das auf einer Party machen würden, wenn wir auf eine tolle Gesprächspartnerin treffen. Und auch wenn man ein eigentlich griesgrämiger Hund wie Happy ist, der plötzlich sein Herz einer kleinen frechen Krähe öffnet und mit ihr mehr Nähe zulässt, als er je einem Artgenossen erlaubt hat, könnte das an einer mit dem Verstand schwer zu fassenden Zuneigung liegen, die man eben manchmal zu einem anderen Wesen empfindet – egal, wie dieses aussieht, und selbst wenn es sich wirklich sehr anders verhält.

Freundschaft erfordert also das glückliche Zusammentreffen der richtigen Persönlichkeiten am gleichen Ort mit einer ähnlichen Grundstimmung, damit ein starkes Zusammengehörigkeitsgefühl entstehen kann, das sich echte Freundschaft nennen kann. Puh, das klingt kompliziert! Zum Glück ist der Beginn von neuen Verbindungen oft einfach und passiert eher nebenbei. Doch bestimmte Gemeinsamkeiten sorgen dafür, dass aus neuen Bekannten beste Freunde werden können.

Ist Freundschaft wirklich selbstlos?

Ich persönlich habe sehr unterschiedlich intensive Beziehungen zu Menschen und Tieren. Und manchmal, ich gebe es zu, bin ich zu Personen in meinem weiteren Umfeld auch freundlich, weil ich die Erfahrung gemacht habe, dadurch später Vorteile haben zu können. Der Psychologe Eisenberg hat mein Vorgehen bereits 1982 als »positiven, aber potenziell egoistisch motivierten Akt« enttarnt (Eisenberg et al., 1983). Die Engländer würden netter sein und mir zurufen: »Kind is clever!«

Die Briten sind Botschafter der Höflichkeit, sie haben die

Freundlichkeit zum gängigen Umgangston erhoben. Die Philosophie, die dahintersteht, ergibt für alle Beteiligten viel Sinn. Denn wenn wir gerne nett zu anderen sind, dann auch ein bisschen, weil wir hoffen, dass man dann zu uns nett ist. Damit wir alle gemeinsam besser durchs Leben kommen. Nebenbei macht es ja auch Spaß, freundlich zu sein, das Leben nicht zu ernst zu nehmen und viel zu lächeln. Es löst also positive Gefühle aus, in mir, im Gegenüber, und ich bin mir ziemlich sicher, dass diese Freundlichkeit gegenüber Menschen in meinem Umfeld auf Gegenseitigkeit beruht, nach dem Motto: »Eine Hand wäscht die andere« und »Das Leben macht mehr Spaß, wenn wir freundlich sind!«. Das ist Nettigkeit mit direktem Nutzen durch Wohlfühlen, aber auch Aussicht auf Vorteile in der Zukunft. Dafür sollten wir uns also nicht schämen. Aber ist diese Form der »Kosten-Nutzen-Rechnung« auch ein Antriebselement in Tierfreundschaften? Sind solche versteckten, »egoistischen« Motive auch bei Beziehungen zwischen verschiedenen Arten zu finden?

Altruismus in Tierfreundschaften

Um wieder beim Beispiel unserer Gänsefreundin MöpMöp zu bleiben: Sie hat ziemlich wahrscheinlich nicht damit aufgehört, der schlafenden Bonnie die borstige Schweinehaut zu knibbeln, weil diese dabei grunzend ihr Wohlgefallen kommuniziert hat – ganz ähnlich, wie das eine andere Gans gemacht hätte, nur eben mit anderen Lauten. Zugrunde liegt hier das Bedürfnis, Zärtlichkeit und damit Vertrautheit zu demonstrieren, Nähe zuzulassen und erfreut annehmen zu können. Doch erwartet MöpMöp dafür eine Gegenleistung? Wohl eher nicht, denn vom scharfen Gebiss eines Schweins geknibbelt zu werden, würde sich für eine Gans nicht gut anfühlen, sondern ihr eher einen schnellen und sicheren Tod bescheren. Die Liebkosungen geschahen als Bestätigung von MöpMöps tiefer Zuneigung gegenüber ihrer Freundin und waren wohl frei von Erwartungen einer Gegenleistung.

Diese »altruistischen«, also selbstlosen Verhaltensweisen werden im Tierreich eigentlich nur gegenüber Verwandten oder Artgenossen gezeigt. Aber woher soll eine Gans wie MöpMöp wissen, wie viel Prozent ihrer Gene sie mit einem Gruppenmitglied teilt? In familiär organisierten Löwen- und Wolfsrudeln ist die Wahrscheinlichkeit ziemlich groß, dass es sich bei Welpen um Verwandte handelt – deshalb verwundert es nicht, dass sich nicht nur die Eltern, sondern auch ältere Geschwister in der Pflege und Verteidigung der Jungtiere oft aufopferungsvoll engagieren. Dieses fürsorgliche Verhalten ist demnach nicht wirklich selbstlos; immerhin verringert man durch das Beschützen bei Gefahr, Hervorwürgen von Nahrung oder Abschlecken kleiner praller Bäuchlein, um die Verdauung anzuregen, die Welpensterblichkeit und sorgt dadurch für die Weitergabe wenigstens ein paar der eigenen Gene in die Zukunft, sollte man vielleicht selber nie zum Zuge kommen.

Warum also hat MöpMöp mich so mutig von Bonnie vertrieben, als ich versucht habe, mich der schlafenden Sau zu nähern? Sie zeigte dabei eine Entschlossenheit, die ich lieber nicht auf die Probe stellen wollte und mich dezent zurückgezogen habe. Eine nahe Verwandtschaft zwischen den beiden kann mit ziemlicher Sicherheit ausgeschlossen werden – wozu also all diese Sorgen und das Engagement für dieses andersartige Individuum einer weit entfernten Tierklasse?

Eine Vermutung könnte sein, dass die beiden durch den hohen Grad an Vertrautheit schlichtweg vergessen haben, dass sie nicht miteinander verwandt sind. Bei uns Menschen würden wir sagen, es ist uns egal, denn wie heißt es so schön: »Freunde sind die Familie, die wir uns selber aussuchen.« Und tatsächlich unterscheiden sich die Bindungen zu guten Freunden auch bei uns Menschen in der Intensität oft nicht von der zu Familienmitgliedern. Einem guten Freund in einer Notlage hilft man, selbstverständlich sind wir füreinander da. Genauso, wie man sich für seine kleine Schwester, den großen Bruder, die Cousine oder den Onkel ins Zeug legen würde, sollte er oder sie mal Hilfe brauchen.

Flexible Formen von Freundschaft und Loyalität in sozialen Gruppen

Das System der Bindung ohne familiären Bezug kann man überall im Tierreich antreffen, bei Wellensittichen genauso wie im Ozean bei den Belugawalen. Es wird »Fission-Fusion-System« genannt, übersetzt: »Auseinandergehen und wieder Zusammenschließen«. Tierarten leben auf unterschiedlichste Art und Weise in Gruppen sozial zusammen. Manche bilden Familiengruppen, wie es bei Menschen und Wölfen üblich ist, andere leben im Harem um ein Männchen wie bei den Meerschweinchen oder als von Weibchen angeführte Gruppe wie bei den Tüpfelhyänen, wieder andere mischen sich immer wieder neu, unabhängig vom Verwandtschaftsgrad. Wellensittiche bilden in Australien große Schwärme, pflegen aber innerhalb dieser großen Gruppe eine Paarbeziehung und zumindest in Gefangenschaft weitere intensive Beziehungen zu einzelnen Individuen, die nicht unbedingt mit ihnen verwandt sein müssen. Doch nicht nur in der Luft und auf der Erde, auch im Wasser bilden Tiere Freundschaften, die sich nicht auf enge Verwandte beschränken. Delfine haben »beste Freunde«, mit denen sie oft lebenslang in Verbindung bleiben, Belugas entscheiden saisonal, in welchem Gruppengefüge sie leben möchten. Dabei wird weder das eine noch das andere Bindungsgeflecht bevorzugt, vielmehr sind die Grenzen und Dynamiken oft fließend. Ein interdisziplinäres Team um den Meeresbiologen Greg O'Corry-Crowe hat das soziale Netzwerk der weißen Wale sowohl molekulargenetisch als auch mithilfe von Feldstudien genauer unter die Lupe genommen (O'Corry-Crowe, 2020). Dabei beobachtete er Belugas an ihren unterschiedlichen Aufenthaltsorten, an den Küsten Kanadas, Russlands und Alaskas. Er dokumentierte das Verhalten und entnahm parallel Gewebeproben, um den Verwandtschaftsgrad der unterschiedlichen Gruppenmitglieder erkennen zu können. So konnten er und sein Team feststellen, dass die Größe der Gruppe von wenigen Exemplaren bis zu mehreren hundert Tieren und auch die Zusammensetzung der Gruppe variieren kann. Doch normalerweise bevorzugen die weißen Riesen die Gesellschaft bestimmter Individuen – und das müssen, konnte die Studie zeigen, anders als bei anderen Walarten nicht unbedingt direkte Familienmitglieder sein. Orcas zum Beispiel bevorzugen das Leben im »Clan«; dabei gesellen sich um Mütter und ihre Kälber ein paar ältere Söhne und Töchter, die oft lebenslang zusammenbleiben. Belugas sind fremden Artgenossen gegenüber anscheinend aufgeschlossener; hier schwimmen die Tiere nicht nur mit Verwandten im Verband, sondern auch mit nicht verwandten »Freunden«. Diese wechselnden Verbindungen treten zum Beispiel zur Paarungszeit auf, wenn sie plötzlich in riesigen Schwärmen mit mehr als tausend Individuen unterwegs sind.

Eine etwas mildere Form des variablen sozialen Zusammenlebens kann man bei Schimpansen beobachten – hier ist die Gruppengröße überschaubarer und setzt sich auch aus nahen

Verwandten, Freunden und Bekannten zusammen. Aber auch sie finden sich zu verschiedenen Anlässen in unterschiedlicher Gruppenzusammenstellung. Junge Männer bilden Koalitionen und »hängen zusammen ab«, Mütter gehen gemeinsam auf Futtersuche und teilen sich die Aufsicht über die Kinder, mit anderen wird geruht – immer mit den bevorzugten Partnern für genau diese soziale Situation, und manchmal ist eine beste Freundin oder ein bester Freund überall mit von der Partie.

Dieses flexible System von »Fission and Fusion« gleicht unserem modernen menschlichen Lebensalltag – denn auch wir pflegen unterschiedliche Beziehungen zu Menschen, je nach Situation kann sich die Zusammensetzung unserer sozialen Begleitung ändern. Wir haben Sandkastenfreunde, Studienfreunde, Sportkameraden oder nette Kollegen, mit denen wir viel Zeit verbringen – oft einen Großteil des Tages. Natürlich gehen wir nach Feierabend noch gerne ein Bierchen zusammen mit Arbeitskollegen trinken, aber am liebsten verbringen wir den Abend mit anderen Personen unseres Lebens, mit sehr vertrauten Menschen aus dem Freundes- und Familienkreis. Mit manchen dieser besten Freunde gehen wir am liebsten ins Kino, mit anderen tanzen wir die Nächte durch, wieder andere suchen wir auf, wenn wir tiefgehende Gespräche führen möchten. Unser soziales Beziehungssystem ist also extrem flexibel. Und das ist auch gut so, denn Forscher*innen sehen einen Zusammenhang zwischen der Fähigkeit eines Individuums, in mehreren Gruppen aktive soziale Beziehungen pflegen zu können, und dem Gefühl von »sozialem Vertrauen«, also sich in der Gesellschaft allgemein wohlzufühlen. Dabei kann für Psycholog*innen und Soziolog*innen die Größe eines Freundesnetzwerkes ein guter Hinweis dafür sein, dass wir ein gutes soziales Sicherheitsgefühl haben, uns also gerne und ohne Stress im öffentlichen Raum bewegen (Seeman & Berkman, 1988).

Die Erklärung für das Phänomen ist einfach, denn wenn wir viele Menschen kennen, dann fühlen wir uns beim Gang durch die Stadt wohler. Wir freuen uns, bekannte Gesichter im Getümmel zu entdecken, und nehmen uns gerne Zeit, spontan zusammen einen Kaffee trinken zu gehen. Durch dieses Netz an vielfältigen Beziehungen fühlen wir uns im Leben angekommen und an dem Ort, an dem wir leben, gut aufgehoben.

»Soziale Isolation ist das Haupt-Gesundheitsrisiko unserer Zeit«, sagt die amerikanische Psychologin und Bestsellerautorin Susan Pinker. Sie beschäftigt sich in ihrem Buch mit dem Thema Lebenslänge und Lebenszufriedenheit und analysiert dazu viele aktuelle Forschungen. Ihr Fazit fällt bestechend simpel aus: Wie lange wir leben, wird fast gar nicht davon beeinflusst, wie gesund wir uns ernähren oder ob wir Sport treiben. Die effektivste Vorsorge für eine lange Lebensdauer besteht darin, ein sehr sozialer Mensch zu sein (Internet-Suche: The strongest predictor of how long you'll live)! Je mehr wir am Tag mit anderen reden und uns sozial austauschen, desto wohler fühlen wir uns und desto größer ist die Wahrscheinlichkeit, dass wir lange leben (Holt-Lunstad et al., 2010)!

Kein Wunder, dass Haustiere als Faktor für Gesundheit bei anderen Studien immer so gut abschneiden. Es gilt als gesellschaftlich akzeptabel, mit Haustieren zu reden. Durch ihr Dasein steigern sie die Rate an täglichen sozialen Kontakten beträchtlich, wir haben durch sie Gesprächsstoff, kümmern uns, empfangen Zuneigung, geben sie zurück. Wie gut, dass nichtmenschliche Tiere vergleichbare Bedürfnisse haben, denn auch sie streben danach, Beziehungen einzugehen, und zwar ziemlich oft auch mit Tieren, die anders aussehen als sie selbst. Je mehr sich unsere sozialen Bedürfnisse dabei gleichen, desto besser sind wir und andere Tiere in der Lage, uns miteinander auszutauschen und tiefe Verbindungen zueinander einzugehen.

Doch die tollsten Beziehungspartner sind Freunde, mit denen man möglichst viele Überschneidungspunkte hat. Diese »Super-Freunde« können ein Cousin oder ein ehemaliger Kommilitone aus Mexiko sein, während wir selbst aus Berlin kommen. Oder wir sind ein Otter, und unsere beste Freundin ist ein Yorkshire-Terrier. Der Verwandtschaftsgrad spielt keine Rolle, die gemeinsame Geschichte, Werte und Passung müssen einfach stimmen. Die Fähigkeit, einzelne besondere Freundschaften zu führen, aber auch soziale Beziehungen in verschiedenen Gruppen aufbauen und pflegen zu können, ist also bei mehreren gruppenlebenden Tierarten vorhanden und schenkt uns Menschen sowie vielen anderen Arten ein Gefühl von Wohlbefinden, Stabilität und Sicherheit – und hält uns bis ins hohe Alter gesund und glücklich.

Selbst-Zivilisierung hat uns nett gemacht

Die soziale Aufgeschlossenheit gegenüber nicht verwandten Individuen und die Fähigkeit, viele verschiedene soziale Kontakte zu pflegen, haben wir uns aber erst im Laufe unserer Entwicklungsgeschichte erworben. Ein aktives und abwechslungsreiches Leben in mehreren Gruppen ist evolutionsbiologisch betrachtet für uns Menschen wohl eher eine junge Erfindung. Dass wir wie Wellensittiche und Belugas zwischen verschiedenen Konstellationen von losen Bekanntschaften, Familienmitgliedern und dicken Freunden wechseln können, liegt daran, dass wir uns besonders innerhalb der letzten 100 bis 30 000 Jahre einer Art »Selbstdomestikation« unterzogen haben. Durch die Zähmung der ersten Haustiere und später das Leben in Dörfern mussten wir uns immer kooperativer und freundlicher verhalten. Schon als Jäger und Sammler fingen wir damit an, Pläne für die Zukunft zu machen und Tiere nicht sofort töten und essen zu wollen, wenn sie direkt vor unserer Nase standen. Stattdessen mussten wir anfangen, planvoll vorzugehen, mussten uns mit ihren Bedürfnissen beschäftigen, damit sie überleben und sich bestenfalls sogar in unserer Nähe vermehren konnten. Unsere Vorfahren mussten für die Haustierhaltung also damit anfangen, das Verhalten einer anderen Art wahrzunehmen und zu interpretieren. Die neuen Herausforderungen waren nicht leicht zu bewältigen, denn in diesen fernen Zeiten mussten sie nicht nur lernen, mit immer mehr Menschen an einem Ort zusammenzuleben, zu kooperieren und sich auszutauschen, sondern sie mussten auch in der Lage sein, Bedürfnisse anderer Arten zu erkennen und sich daran angepasst zu verhalten.

Mit der Sesshaftigkeit war von unserer Spezies also eine große Zunahme sowohl an Bedürfnisaufschub als auch sozialer Kompetenz gefordert. Das ist wohl ein Grund, warum die Bereiche des »sozialen Gehirns« bei uns heute so gut mit der Großhirnrinde vernetzt sind und warum wir zu höheren Empfindungen wie Schuldgefühlen und Scham fähig sind. Nicht verschwiegen werden sollte an dieser Stelle aber auch, dass im Zuge der Sesshaftwerdung die großen Massaker der Menschheit ihren Anfang nahmen. Mit dem Leben in Hütten und Dörfern vermehrte sich der Mensch explosionsartig und begann, sich um Ressourcen und Gebiete, später über Glaubensfragen zu streiten - mit grausamsten Auswüchsen (siehe Kotrschal, 2019).

Co-Evolution von Hund und Mensch?

Einige Wissenschaftler*innen gehen noch weiter und sehen in der Domestizierung des Hundes als erstes Haustier eine wichtige Initialzündung für den Zivilisierungsprozess des Menschen. Hunde lebten nach neueren Untersuchungen wahrscheinlich schon vor weit über 30 000 Jahren an unserer Seite, also zu einer Zeit, in der wir noch lange als Jäger und Sammler durch die Steppen zogen. Die Entstehungsgeschichte von Hunden und Menschen könnte miteinander verknüpft sein und bei beiden Arten neurobiologische, psychologische und ökologisch Entwicklungen angestoßen haben. Das Zusammenleben sah damals mit Sicherheit ziemlich anders aus als heute – die »Protodogs« waren keine Kuscheltiere und Spielpartner. Eher landeten sie im Steinzeittopf, und zwar besonders dann, wenn sie sich zu ängstlich oder zu aggressiv verhielten. Ganz ohne die Kenntnis genetischer Vererbungslehre übten unsere Vorfahren dadurch eine Selektion in Richtung Zahmheit aus, die zu wichtigen Wesensveränderungen beim Hund geführt hat.

Doch nicht nur die Protodogs mussten sich verändern. Unsere Ahnen werden früh erkannt haben, dass die Nähe und Loyalität von Hunden sehr nützlich und sogar lebensrettend sein kann, zum Beispiel bei der Warnung vor Gefahren. Mit einem Überfall eines verfeindeten Clans musste immer gerechnet werden, er stellte wahrscheinlich eine gute Gelegenheit dar, um gebärfähige Frauen zu entführen und männliche Konkurrenten aus dem Weg zu schaffen. Ein Szenario, das die kleinen Gruppen wahrscheinlich durch Wachablösungen zu verhindern versuchten. Wie gut, wenn sie Hunde bei sich hatten, denn Ohren und Nasen der »Protodogs« waren bestimmt schon damals unseren bescheidenen Sinnesleistungen haushoch überlegen. Das Frühwarnsystem auf vier Pfoten wird unseren Vorfahren früh als positiver Nebeneffekt der Gegenwart von Protodogs aufgefallen sein und viele Übergriffe verhindert haben.

Das Zusammenleben mit diesen noch wolfsartigen Hunden erforderte von Menschen also zum ersten Mal eine Einfühlung in eine andere Art, um von ihren Sinnesleistungen profitieren zu können. Menschen werden deshalb immer häufiger freundliche Protodogs in ihrer Nähe geduldet und mit Nahrungsresten gefüttert haben. Mit den Jahrhunderten rückten Mensch und Hund immer näher zusammen, die Kooperation wurde ausgefeilter, sie fingen an, zusammen zu jagen oder Herden zu hüten. Der Hund, so die Hypothese einiger Verhaltens- und Evolutionsbiolog*innen, könnte dabei unsere Fähigkeit zur Empathie, zu planbarem Verhalten und Kooperation und damit die Entstehung weiterer kognitiver Fähigkeiten beim Menschen gefördert haben – es kam zu einer »Co-Evolution von Hund und Mensch« (vgl. Schleidt & Shalter, 2003; Jung & Pörtl, 2018), die letztlich der Haltung weiterer Haustiere den Weg bereitete.

Ist der Mensch ein Kosmopolit oder Clanmitglied?

Durch unser Zusammenleben mit anderen Tieren und das Loslösen aus dem Leben in kleinen, personell überschaubaren »Clans« mussten wir also Fähigkeiten entwickeln, grundsätzlich sozial offener und flexibler zu sein. Doch die klare Unterscheidung zwischen engen Blutsverwandten und Fremden, zu denen man auch grausam werden könne, sei ursprünglich kennzeichnend für unsere Vorfahren gewesen, meint der Leiter der Konrad Lorenz Forschungsstelle, Kurt Kotrschal (Kitchenham, 2014, S. 82). Dieses schlummernde Erbe der Vorfahren könnte erklären, warum viele Menschen noch heute in der Lage sind, im Umgang mit anderen Tieren eine so klare Grenze zwischen Haus- und Nutztieren zu ziehen. Denn einerseits halten wir Hunde und Katzen als geliebte Familienmitglieder, nehmen aber andererseits in Kauf, dass hochsoziale Tiere wie Kühe und Schweine als »Nutztiere« unter grausamen Bedingungen leben und sterben müssen. Dass wir in der Lage sind, diese ethisch höchst zweifelhafte Unterscheidung zwischen »bester Freund Fellnase« und »Grillwürstchen« zu machen, könnte der uralten Neigung unserer Vorfahren entstammen, deutlich zwischen Vertraut und Fremd zu trennen, aber natürlich vor allen Dingen durch entsprechende Sozialisierung bedingt sein, denn einen guten Freund isst man schließlich nicht.

Diese Tendenz zur Abgrenzung eines geliebten »Inner Circle« nach außen könnte auch eines von vielen Erklärungsmodellen liefern für das historisch wiederkehrend zu beobachtende Erstarken extremistischer politischer Strömungen und von Fremdenfeindlichkeit. Besonders in Zeiten sozialer Unsicherheit wie zum Beispiel der Weimarer Republik oder aktuell angesichts von bevorstehenden Fluchtbewegungen aufgrund von Krieg und Klimawandel fangen Menschen damit an, sich wieder in einer klar definierten Gruppe, heute häufig in Form von »Filterblasen« in sozialen Netzwerken, wohlzufühlen und sich den ungewissen Gefahren der Welt gegenüber abgrenzen zu wollen.

Wenn Menschen sich in ihren Ressourcen bedroht sehen, egal ob die Bedrohung real ist oder nur gefühlt, scheint für manche die Zugehörigkeit zu einer eigenen Gruppe, die sich gegenseitig in ihrer Einstellung gegenüber der Welt bestärkt, wieder an Bedeutung zu gewinnen. Einige Menschen könnten dazu neigen, die von ihnen als rar empfundenen Ressourcen für sich und ihre »nächsten Clanmitglieder« schützen zu wollen - und fangen an, nicht mehr empathisch und freundlich, sondern ablehnend zu sein gegenüber anderen, die ihrer Meinung nach »nicht dazugehören«.

Tatsächlich ist dieses Phänomen der ressourcenabhängigen Freundlichkeit und Toleranz gegenüber Fremden überall dort zu beobachten, wo Tiere Gruppen bilden und Zugang zu Futter aufteilen müssen. Jane Goodall wurde bei ihren Feldstudien 1974 zu ihrem eigenen Entsetzen Zeugin eines brutalen Krieges zwischen zwei benachbarten Schimpansengruppen. Die Gründe waren wohl vielschichtig; es ging um Territorialgrenzen, aber auch persönliche Animositäten, die in einer regelrechten Fehde bis hin zur Auslöschung der anderen Gruppe reichten. Der Umgang mit den Gegnern erinnerte sie an den Umgang mit »Beute«, als wenn die Nachbarn einer anderen Spezies angehören würden (De Waal, 2005, S. 185).

Gruppenzusammenhalt und Abgrenzung können sich gut anfühlen

Einen besonders hohen Grad an sozialer Organisation erreichen häufig räuberisch lebende Gruppentiere wie Löwen, Wölfe oder Orcas, weil für die Jagd ein hohes Niveau an individuellem Kennen, Kooperation und Kommunikation erforderlich ist. Aber auch Elefanten und Schweine etablieren feste soziale Ordnungen.

Wie erfolgreich eine Gruppe von Wölfen, Hunden, Orcas oder Löwen bei der Suche nach Nahrung, der Verteidigung von Jungtieren oder des Territoriums als Team funktioniert, wird stark vom Gruppenzusammenhalt beeinflusst. Das produktive Arbeiten als Team erfordert eben einen guten Klassengeist – und den erreicht man als Menschen durch eine gemeinsame Gesinnung, als soziales Wesen durch viel positiven sozialen Austausch und gutes gegenseitiges Kennen.

Verhaltensbiolog*innen haben sich mit dem Thema während jahrelanger Freilandbeobachtungen an Rudeln oder Gruppen verschiedener Spezies immer wieder auseinandergesetzt und sind auf klassische Gemeinsamkeiten gestoßen, die sich wie folgt zusammenfassen lassen: Ein guter Gruppenzusammenhalt wird in Tiergruppen durch einen respekt- bis liebevollen Umgangston beeinflusst.

»Sozialpositive« Verhaltensweisen nennen Ethologen die Tendenz, mit dem Rudelmitglied nicht nur auf die Jagd zu gehen, um satt zu werden, sondern in der Freizeit zusammen zu liegen, zärtlich miteinander zu sein und vor allen Dingen auch zusammen zu spielen. Damit wir als Gruppe also erfolgreich überleben können, ist der soziale Zusammenhalt entscheidend. Freundlich sein macht dabei besonders erfolgreich, wie der russische Verhaltensbiologe Andrej Poyarkov bei seinen spannenden Beobachtungen zu Konflikten unter Streunern feststellen konnte (Kitchenham, 2020). Er studierte über mehrere Jahre kriegerische Auseinandersetzungen von Straßenhunden auf dem Campus der Universität Moskau. Die Populationsdichte war damals in den Achtzigerjahren sehr hoch, deshalb musste das begehrte Gebiet aufgeteilt werden, was zu regelmäßigen Kämpfen führte. Da diese Auseinandersetzungen im Verlauf, ihrer Steigerung an Aggressionsbereitschaft, der regelmäßigen Unterbrechung und Weiterführung zwischen verschiedenen Gruppen gleiche Kennzeichen aufwiesen wie kriegerische Auseinandersetzungen bei Menschen, bezeichnet Poyarkov diese Konflikte als »Kriege« der Streuner.

Doch er konnte nicht nur in der Kriegsführung Parallelen zu sozialen Dynamiken bei uns Menschen entdecken; spannend war auch, dass im Verlauf eines Krieges nicht die Gruppengrößen der beteiligten Parteien, sondern der interne Zusammenhalt darüber entschied, ob ein Rudel siegreich aus dem Konflikt hervorging oder nicht. So beschreibt er zum Beispiel eine Gruppe von fünf Individuen um den Rüden Pegash, der sich im Alltag oft despotisch und wenig freundlich den anderen Hunden seiner Gruppe gegenüber verhielt. Ganz anders war der Umgangston in der Gruppe um Sir – sie bestand nur aus ihm, einer Hündin und einem wahrscheinlich gemeinsamen Sohn. In friedlichen Zeiten wurde in dieser kleinen Gruppe viel miteinander gekuschelt, sich gegenseitig beknabbert und eng beisammengelegen. Obwohl die Gruppe nur drei Köpfe zählte, konnten sie sich wiederholt erfolgreich gegenüber Pagesh und seiner Fünfertruppe durchsetzen, der bei Angriffen weniger Rückhalt durch seine Gefährten bekam. Die vertraut und zärtlich miteinander agierenden Hunde zeigten nämlich eine beeindruckende »Choreografie« beim Angriff: Sie liefen Körper an Körper geschlossen auf Eindringlinge zu und konnten durch diesen Auftritt andere Hunde immer stark beeindrucken und so auf Abstand halten.

Warum die Nazis leider erfolgreich waren

Ein fester interner Zusammenhalt wird also begünstigt durch als positiv empfundene soziale Interaktionen, die so sehr beflügeln, dass man es gemeinsam auch mit einem überlegenen Gegner aufnehmen kann. Diese Loyalität äußert sich in gegenseitiger Unterstützung und sorgt für einen starken Auftritt als Gemeinschaft. Eine Erkenntnis, die sich schön auf unseren Joballtag übertragen lässt, denn auch hier geht maximale Produktivität in einer Firma meistens einher mit einer fröhlichen Stimmung am Arbeitsplatz.

Auf das Wissen um die Kraft des internen Zusammenhalts haben auch die Nationalsozialisten in Deutschland gesetzt. Sie nahmen früh gezielten Einfluss besonders auf die junge Generation und begannen damit, den Wertekanon und das Gemeinschaftsbild zu formen und den eigenen Willen auszulöschen. Die Kinder wurden durch eine Vielzahl an Aktivitäten ihren Eltern entfremdet, durch die zwangsweise Aufnahme in manipulative Institutionen wie die Hitlerjugend oder dem Bund deutscher Mädel schufen sie verbindende Erlebnisse bei Ausflügen und in Trainingslagern, die der jungen Generation das Gefühl gab, einer besseren Klasse anzugehören und hinter der Gemeinschaft als Individuum zurückstehen zu müssen. Zusammenhalt als Volk war damals das höchste Gut - eine mögliche Erklärung, warum so viele Menschen diese derart menschenverachtende, zerstörerische Ideologie lange Zeit vorbehaltlos und mit Feuereifer unterstützten - was die »Gruppe« zumindest für einige Zeit nach außen sehr stark erscheinen ließ. Parallel dazu wurde vom »Führer« vorgelebt, was wir im weiter oben beschriebenen Umgang mit Nutztieren im Vergleich zu Haustieren beobachten können: Auf Postkarten inszenierte sich Adolf Hitler gerne medienwirksam als naturverbundener Tierfreund, in Zeitungen zeigten ihn viele Fotos als freundlichen Onkel im Kreise - meist blonder - Kinder. Parallel dazu führten er und seine Parteifreunde einen an Grausamkeit mit meinem Verstand nicht fassbaren Vernichtungskrieg gegen politische Gegner, Homosexuelle, verschiedene Ethnien und töteten während des Holocaust über sechs Millionen jüdische Menschen, vom Baby bis zum Greis. Die scharfe Abgrenzung zu dem, was er als »sein Volk« definierte, und unwertem, störendem Leben sollte uns nicht nur erschrecken und

wachsam machen. Auch aufgrund der grausamen Vernichtungs-
kriege der vergangenen Jahrzehnte müssen wir uns vor Augen
halten, dass diese Fähigkeit im Menschen lebt und durch psy-
chologisch geschickte Manipulation geweckt werden kann: klar
abzuspalten, mit wem wir uns verbrüdern und wen wir grausam
und frei von Mitgefühl verdammen oder töten, weil er unsere
Überzeugungen oder unser Aussehen nicht teilt.

Zwei Seelen in der Menschenbrust

Doch auch wenn dieses Erklärungsmodell für unsere bis heute
vorhandene Tendenz zur sozialen Kategorisierung und Begeisterung für den Anschluss an »Gruppen« spannend ist, so gibt es
laut einer kürzlich formulierten Hypothese des amerikanischen
Verhaltensbiologen Brian Hare eine weitere Eigenschaft, die
kennzeichnend für unsere Spezies sein soll. Für Hare ist nicht
das Bedürfnis nach Abgrenzung gegenüber anderen der wichtigste Wesenszug des Menschen, sondern unsere im Zug der
Selbstdomestikation entstandene und stark ausgeprägte Fähigkeit zur Freundlichkeit. Dieses Persönlichkeitsmerkmal sei hilf-
reich gewesen, damit das Leben im Kreis mehrerer Menschen
auf engem Raum gelingen konnte. Es war parallel zur Entstehung von Dörfern und kleinen Städten zunehmend soziale
Aufgeschlossenheit und Toleranz gefragt, um gut miteinander
auszukommen - zumindest innerhalb der eigenen Stadtmauern
oder Landesgrenzen. Demnach konnten sich die freundlichen
Exemplare in unseren frühen Gesellschaften immer mehr
durchsetzen, sodass sich auch die »freundlichen« Gene vermehr-
ten. Hares spannende Hypothese lautet deshalb: Nicht unsere
fittesten und egoistischsten, sondern unsere *freundlichsten* Vor-

fahren konnten sich in der Domestikationsgeschichte des Homo sapiens durchsetzen! Laut dieser Hypothese könnte der freundliche Wesenszug beim Menschen der Motor für die Entwicklung der überaus erfolgreichen »Spezies moderner Mensch« gewesen sein (Hare, 2017).

Es hat dieser Hypothese Hares zufolge also eine »interne Selektion« für einen gepflegten und offenen Umgang miteinander gegeben, die es uns schließlich ermöglicht hat, unsere starke Abneigung gegenüber gruppenfremden Artgenossen zu überwinden, uns flexibel in mehreren Gruppen zu bewegen und immer mehr Freunde zu finden.

Es gibt bei uns Menschen also sowohl die Tendenz zur Abgrenzung als auch zur Offenheit. Welche sich durchsetzen kann während unserer individuellen Entwicklung, wird auch durch unsere Persönlichkeit, aber vor allem durch Erlebnisse mit unserem kulturellen und persönlichen Umfeld beeinflusst. Doch die Selektion auf freundliches Verhalten hat dazu geführt, dass für uns Menschen die Abgrenzungen zu »anderen« immer mehr verschwimmen, denn nicht wenige von uns suchen gezielt und genießen nicht nur die Freundschaft zu Artgenossen, sondern mit wachsender Begeisterung auch zu ganz anderen Spezies (mehr zu Brian Hares Hypothese »Selektion der Freundlichsten« siehe Abschnitt »Freundlichkeit – das Geheimnis unseres Erfolges« im Kapitel »Mensch-Tier-Freundschaften«).

Verschiedene Freundschaftsformen

Es gibt also sowohl im Tierreich bei unterschiedlichen Tierklassen als auch bei uns Menschen verschiedene Formen von Freundschaft, Bekanntschaft und flexiblen, wechselnden Gruppenzusammensetzungen, zwischen denen sich ein Individuum bewegen kann. Wir Menschen und unsere Haustiere legen durch genetische Veränderungen dabei eine höhere soziale Toleranz an den Tag, als unsere noch lebenden oder ausgestorbenen »Wildformen« es wahrscheinlich praktizieren konnten. Doch unabhängig davon, ob es sich um domestizierte Tiere wie Gans MöpMöp und Schwein Bonnie oder um Wildtiere wie Pikachu, Sher Khan, Baloo und Leo handelt – wir alle teilen das Bedürfnis, sozial zu sein.

Wie Freunde uns stark, gesund und klug machen

Dieses gemeinsame Bedürfnis nach sozialem Rückhalt und Vertrautheit von Vögeln bis hin zu Säugetieren ist keine neue Erkenntnis. Schon der griechische Philosoph Aristoteles (384–322 v.Chr.) hatte eine ziemlich klare Vorstellung davon, was Freundschaft ausmacht. Für ihn war sie lebenswichtig – für alle Menschen, egal ob Frau oder Mann, reich oder arm, jung oder alt – und dabei schloss er die Tiere explizit mit ein (siehe Denworth, 2020). Den Menschen beschrieb er dabei sehr fortschrittlich als »soziales Tier«, für das Freundschaft die schönste Form des Zusammenlebens darstelle. Der griechische Philosoph war mit seinen Thesen also seiner Zeit und bis heute manchen unserer Zeitgenossen schon weit voraus. Doch Aristoteles hat nicht alle Freundschaften in einen Topf geworfen – für ihn gab es verschiedene Formen von Freundschaft, in denen es auch nur ums Vergnügen oder einen direkten Nutzen gehen konnte.

Natürlich gefällt uns diese Aussicht auf »Profit«, den wir aus einer Freundschaft ziehen können, nicht wirklich. Dieser »Nutzen« widerspricht unserer Vorstellung von wahrer Freundschaft, die aus dem Gefühl heraus agiert und nicht berechnend ist. Und das ist gut so und sollte theoretisch auch so sein. Wenn ich mir für meine Freunde Zeit nehme, weil sie gerade in einer verfahrenen Situation stecken und um ein Gespräch bitten, dann denke ich nicht an eine mögliche Gegenleistung in der Zukunft, sondern fühle Mitleid und das Bedürfnis zu helfen. Schon für Aristoteles war die »perfekte Freundschaft« eine stabile Bindung zwischen Individuen, die nur auf gegenseitiger Wertschätzung beruhte. Dabei hat man nicht seinen persönlichen Vorteil im Blick, sondern das Wohlergehen des befreundeten Partners liegt einem wirklich am Herzen (vgl. Ricken, 1988, S. 193). Man verbringt wichtige Momente des Lebens zusammen, teilt Gefühle und besondere Erlebnisse. Aber auch wenn wir diese Erwartung gar nicht haben wollen und uns nur aus Freude und Zuneigung unserem Freund gegenüber selbstlos verhalten, können wir vielleicht irgendwann im Leben viel von wahren Freunden profitieren - ganz ohne es explizit zu planen. Nämlich dann, wenn das Leben es einmal nicht so gut mit uns meint. Um echte Krisen zu überstehen, ist man auf wirklich beste Freunde angewiesen.

Es gibt also ein artübergreifendes Bedürfnis nach sozialem Rückhalt, Sicherheit und Unterstützung durch Freunde, die nicht mit uns verwandt sein müssen. Aber könnten Kühe, Pferde, Menschen oder Wildscheine nicht auch allein oder nur mit dem Partner oder den eigenen Kindern gut durchs Leben kommen?

Anders als bei Soziolog*innen und Psycholog*innen hatte das Phänomen der Freundschaft bei Biolog*innen lange Zeit einen eher schweren Stand. Denn was genau ein wahrer Freund für den Einzelnen von uns ist, lässt sich schwer messen. Biolog*innen suchen aber nach überprüfbaren Daten und besonders gern nach dem »Nutzen«, den eine Verhaltensweise für das Individuum und die Art haben könnte. Das Phänomen der Freundschaft ist zwar im gesamten Tierreich weit verbreitet, aber der Vorteil für das Überleben ist in dieser Beziehungsform nicht so schnell zu erkennen wie bei den engen Bindungen, die wir zu unseren Eltern, Kindern oder Partnern eingehen. Die ergeben offensichtlich viel Sinn für unser Leben, denn Eltern helfen uns, groß zu werden, und mit einem starken Partner an unserer Seite können wir uns gegenseitig absichern und vielleicht auch erfolgreich Nachwuchs großziehen. Zu Freunden aber haben wir eine besondere Art der Beziehung, die scheinbar nicht lebensnotwendig erscheint.

Lebensbegleiter Freund

Kinder werden groß, wollen und sollen irgendwann eigene Wege gehen. Partnerschaften sind zwar wichtig für unser seelisches Wohlbefinden, aber sie unterliegen Alltagszwängen und halten auch nicht immer ewig. Ein guter Freund dagegen begleitet uns bestenfalls durchs Labyrinth des Lebens, er ist eine Art Lebensbegleiter, der an vielen wichtigen biografischen Stationen präsent war. Er hat den »Blick von oben« auf unser Leben, und genau deshalb kennt er uns so gut, sieht uns direkt in die Seele und hält uns ehrlich den Spiegel vor. Ähnlich wie ein Hund oder eine Katze, die durch viele Stationen des Lebens an unserer Seite war. Dieses Zusammensein an wichtigen Eckpunkten der Biografie schafft Verbindung; dazu kommt bei Haustieren das von Tierhalter*innen oft beschriebene »Verstehen ohne Worte«. Zum Glück wurden in den letzten Jahren in verschiedenen wissenschaftlichen Disziplinen viele Studien durchgeführt, die sich das Phänomen der Freundschaft genauer angesehen und mit wissenschaftlichen Methoden analysiert haben.

Alte und viele Freunde sind am besten

Viele und dauerhafte Freundschaften werden von Soziolog*innen und Psycholog*innen als besonders wertvoll für das eigene Wohlbefinden betrachtet. Und wenn man alte Freundinnen wie MöpMöp und Bonnie in ihrem Alltag auf dem Erlingshof beobachtet, wird deutlich, warum: Es ist die Selbstverständlichkeit im Umgang, das Verstehen ohne Worte. Nur enge Freunde sind wirklich in der Lage zu wissen, wer wir sind und was wir brauchen. Sie bieten uns emotionale Unterstützung, Mitgefühl, wenn es uns nicht gut geht, aber auch handfeste Hilfe, um Krisen zu überwinden, zum Beispiel bei der Wohnungssuche oder beim Wändestreichen. Dabei scheint die Häufigkeit, mit der wir unsere besten Freunde sehen, zumindest am Anfang, in der Entstehungsphase der Freundschaft, einen großen Einfluss auf die Intensität der Beziehung und auf unser Wohlbefinden zu haben (Haines et al., 1996). Menschen, die wie die Belugawale in der Lage sind, sich in verschiedenen Freundeskreisen zu bewegen, scheinen dabei ein größeres soziales Sicherheitsgefühl zu entwickeln. Das könnte daran liegen, dass ein abwechslungsreiches Freundesgeflecht mehr Lösungen für verschiedene Herausforderung im Leben bieten kann, sowohl im Bereich sozialer Unterstützung als auch in Bezug auf praktische Hilfe.

Freundschaft zu verschiedenen Persönlichkeiten schenkt uns also ein emotionales Wohlgefühl, stärkt unsere Psyche und macht uns fit fürs Leben. Soziale Unterstützung durch Freunde und einen großen Kreis an Kontaktpersonen im Alltag – das hat auch eine amerikanische Studie als besonders gesundheitsförderlich identifiziert. Juliane Hol-Lunstad, Professorin für Psychologie und Neurowissenschaften, hat sich dabei zwar nicht explizit mit dem Thema Haustiere befasst, sondern allgemein geschaut, welche Faktoren dazu führen, dass wir länger leben. Die Ergebnisse ihrer Untersuchung könnten aber verstehen helfen, warum Haustiere so eine gesundheitsfördernde Wirkung auf uns entfalten. Sie analysierte zusammen mit ihrem Team insgesamt hundertachtundvierzig Studien, in denen 308 849 Menschen nach ihren Lebensgewohnheiten befragt worden waren, und machte anschließend eine Datenanalyse. Sie glich die erhobenen Daten zu den Lebensgewohnheiten mit der Sterblichkeitswahrscheinlichkeit ab und konnte feststellen, dass soziale Kontakte das beste Mittel zu sein scheinen, besonders alt zu werden (Holt-Lunstad et al., 2010). Keine noch so ausgewogene Ernährung oder (der Verzicht auf) das Gläschen Wein am Abend hatte demnach den gleichen Effekt, den gute Freunde und viele Kontakte im Alltag auf unsere Gesundheit haben können! Auf der Rangliste der wichtigsten Faktoren standen auf Platz zwei enge Freunde und Beziehungspartner. Also Menschen, die für uns da sind, die helfen, wenn wir in Not sind, oder einfach nur mit uns zusammen feiern, wenn es etwas zu feiern gibt. Auf Platz eins aber sind zusätzlich zu diesen wichtigen Bindungspersonen in unserem Leben noch die Personen unseres Alltags zu finden. Also zum Beispiel Postbot*innen, Gemüsehändler*innen, die anderen Hundehalter*innen und Hunde, die wir täglich auf unseren Gassigehrunden treffen, oder der nette Mann an der Kasse im Supermarkt.

Freunde sind Stresspuffer und
halten uns dadurch gesund

Dass eine Vielzahl an tierischen und menschlichen Freunden auf unsere Gesundheit einen großen Einfluss haben kann, lässt sich schon aus dem vorigen Kapitel ableiten. Ohne sozialen Rückhalt sind wir auf uns allein gestellt, und das ist keine gute Option: Menschen und nichtmenschliche Tiere ohne Bindungspartner sind stressanfälliger, schneller krank und sterben früher (Myers, 2000). Das bedeutet, möglichst mehrere und unterschiedliche gute Freunde helfen dabei, fit, gesund und glücklich zu bleiben, trotz des oft stressigen Lebens. Denn sie schenken Sicherheit. Die Sicherheit, nicht alles allein schaffen zu müssen und bei Frust und Stress Unterstützung und Trost zu erfahren. In einer Vergleichsstudie haben die Soziologinnen Mariska van der Horst und Hilde Coffé von der Universität Amsterdam die Erkenntnisse rund um die positiven Wirkungen von Freunden auf Stressempfinden und Wohlgefühl zusammengefasst. Dabei wird deutlich, dass besonders ein großer Freundeskreis und ein häufiges Treffen guter Freunde einen positiven Einfluss auf unsere Gesundheit haben (van der Horst & Coffé, 2011).

Die Gewissheit der Rückendeckung beruhigt uns, lässt uns das manchmal aufreibende Leben mit all seinen Herausforderungen leichter ertragen – aber es ist ein Prinzip der Gegenseitigkeit und entspringt damit einem artübergreifenden Bedürfnis nach Stressreduktion durch soziale Sicherheit. Mit diesen Bedürfnissen finden sich Freunde auf der ganzen Welt, unabhängig von Alter, Geschlecht und eben manchmal auch Spezies. Soziale Instabilität und ungeklärte soziale Beziehungen sorgen dagegen für eine starke Ausschüttung von Stresshormonen, und das kann langfristig das Immunsystem schwächen.

Bei Säugetieren gibt es ein ausgeklügeltes Stresssystem, das es uns ermöglicht, mit Herausforderungen im Leben gut umgehen zu können. Dieses »vegetative Nervensystem« regelt, zumeist unbemerkt im Hintergrund, lebenswichtige Organfunktionen, ohne dass wir darauf bewusst Einfluss nehmen müssen - es funktioniert »autonom«, kann also wenig von unseren Gedanken beeinflusst werden. Da gibt es zum einen das Nervensystem im Darm, zum anderen die Nervensysteme »Sympathikus« und »Parasympathikus«, die sich ergänzend gegenüberstehen.

Die »sympathischen« Nerven dienen dazu, uns in Alarmbereitschaft zu versetzen, den Kreislauf anzukurbeln und die Sauerstoffzufuhr in den Organen zu verstärken, die wir für eine schnelle Flucht benötigen. Die Muskeln können dann schnell und effektiv reagieren, wir aktivieren Kräfte, von denen wir vielleicht gar nicht wussten, dass wir über sie verfügen. Wir sind von null auf hundert reaktionsbereit, ohne genau zu analysieren, was gerade passiert. Der Sympathikus dient also der Erregung unseres Körpers, was zuweilen nützlich und sogar lebensrettend sein kann: Wir denken beim Knacken des Astes über uns nicht lange nach, sondern rennen los, so wie es auch ein Pferd oder Wildschwein machen würde.

Die Handlungskette ist die gleiche, weil das dahinter stehende System gleich funktioniert: Auf einen Schreck hin sendet das Gehirn über den Sympathikus Impulse an das Nebennierenmark, das sofort Adrenalin freisetzt. Dieses Hormon erhöht den Blutdruck und die Herzschlagfrequenz; gleichzeitig werden durch den Ausstoß von Cortisol Energiereserven aktiviert, und der Körper wird dadurch in eine erhöhte Leistungs- und Reaktionsbereitschaft versetzt. Das ist der Grund, warum wir meistens überleben, statt von Ästen erschlagen zu werden. Andere

Körperprozesse, wie zum Beispiel die Darmtätigkeit, werden gleichzeitig gedrosselt, es findet also eine Konzentration auf die wirklich überlebenswichtigen Funktionen statt. Das Aktivieren des sogenannten »Fliehen oder Kämpfen« (»Flight or Fight«)-Mechanismus kann also lebensrettend sein. Stressreaktionen sind deshalb alles andere als eine schlechte Erfindung der Evolution, sondern sehr sinnvoll.

Auch zum erfolgreichen Lernen gehört ein bisschen Stress. Werden wir mit einer schwierigen Aufgabe konfrontiert, empfinden diese Herausforderung aber als positiv, dann schüttet unser Gehirn eine kleine Prise Cortisol aus, die uns in einen erhöhten Aufmerksamkeitsstatus versetzt und dadurch unsere Aufnahmefähigkeit steigert. Wird nach der Konzentration die Aufgabenlösung von einem Erfolgserlebnis gekrönt, dann kommt es zur Ausschüttung des Lernbotenstoffs Dopamin, der uns ein kleines, aber feines Glücksgefühl beschert. Die Kombination von Cortisol plus Dopamin ist eine gute Sache, denn diese Botenstoffe sorgen dafür, dass wir den Lernerfolg positiv bewerten und schneller abspeichern.

Freude am Nervenkitzel

Die Freude am Nervenkitzel ist auch der Grund dafür, warum sich Tier- und Menschenkinder zum Kummer ihrer Eltern gerne spielerisch in halsbrecherische Situationen begeben. Solche »Mutproben« werden von Verhaltensbiolog*innen auch »Training für das Unerwartete« genannt. Was sich so ernst anhört, macht großen Spaß und trainiert die Nerven; deshalb klettern Schimpansenkinder zu hoch auf Bäume und müssen von ihren Müttern gerettet werden, bezahlen eigentlich vernünftig wirkende Menschen viel Geld fürs Bungee-Jumping aus schwindelerregenden Höhen oder rutschen Krähen vereiste Dächer hinunter. Eine Nebelkrähe ist zum Internetstar geworden, weil sie dabei gefilmt wurde, wie sie einen Bierdeckel als Schlitten benutzt hat und damit auf einem Dach gerodelt ist (Suchbegriff: Krähe fährt Schlitten). Immer wieder ist zu sehen, wie sie sich oben am Dachfirst auf dem Pappteil in Position bringt, rutscht und sich danach unten ihr »Spielzeug« schnappt, hoch auf das Dach fliegt und gleich noch mal rutscht - immer und immer wieder.

Solche waghalsigen Manöver machen Tieren, Kindern und jung gebliebenen Erwachsenen ganz offensichtlich Spaß. Aber nebenbei passiert im Gehirn wie immer viel, denn waghalsige Aktionen schulen das Stresssystem, die Körperkontrolle, und die kleinen Abenteurer testen ihre persönlichen Möglichkeiten aus. Das »Training für das Unerwartete« dient also wahrscheinlich dazu, die Körperkontrolle zu verbessern und die Überwindung von Ängsten zu üben. Im »echten« Leben können diese Erfahrungen einen positiven Effekt auf den Umgang mit unerwarteten Stresssituationen haben - unser Stresssystem wird fit gemacht für alle Eventualitäten des Lebens.

Doch neben all diesen positiven Wirkungen von leichtem Stress oder einer Prise Nervenkitzel auf unsere Körperwahrnehmung und unser Lernen kann Stress natürlich auch krank machen: immer dann, wenn Tiere oder Menschen dauerhaft unter Belastung stehen, weil zum Beispiel zu viele Individuen auf zu engem Raum leben, sie keine Individualdistanz einhalten, keine natürlichen Verhaltenselemente mehr zeigen und nicht zur Ruhe kommen können. Auch wenn Tiere oder Menschen nie wissen, was als Nächstes passieren wird, weil der Alltag und die Beziehungspartner chaotisch und nicht planbar sind oder es überhaupt gar keinen Beziehungspartner gibt, der einem in stressigen Situationen emotionale oder praktische Unterstützung anbietet, dann findet die Stressbelastung dauerhaft auf hohem Niveau und ohne Chance auf Pause statt. Die erhöhte Konzentration von Adrenalin und Cortisol belastet das Herz-Kreislauf-System, behindert Lernen, hält uns in der Nacht wach und macht uns dadurch affektiv handelnd und seelisch und körperlich krank. Stress und Einsamkeit gelten als häufige Verursacher von depressiven Verstimmungen und Angstzuständen.

Der Parasympathikus und gute Freunde bringen Entspannung

Zum Glück hat die Evolution uns und viele andere Arten nicht nur auf die Idee gebracht, uns zum Schutz vor Einsamkeit mit einem guten sozialen Netz und vielen Freunden zu umgeben, sondern schon sehr früh einen Gegenspieler zum Sympathikus entwickelt. Der »Parasympathikus« wird wie ein guter Freund aktiv: Er tut alles, um uns nach Aufregung schnell wieder zu beruhigen und in den Normalzustand zurückzuführen. Erst wenn wir uns in Sicherheit gebracht haben und den dicken Ast begutachten, der fast auf unserem Kopf gelandet wäre, sind wir in der Lage zu begreifen, was eben fast geschehen wäre, und können damit anfangen, die Situation zu analysieren. Grund für die Rückkehr unseres Verstandes ist die Ausschüttung von Botenstoffen, die beruhigend wirken und dafür sorgen, dass wir unser Gehirn wieder besser nutzen können. Nur wenn wir entspannt sind, werden wir aufnahmefähig – sind wir gestresst und fühlen uns in einer Situation nicht wohl, sind wir zu »Luxus-Verhaltensweisen« wie Lernen oder Spaßhaben nicht in der Lage. Stattdessen konzentrieren wir uns auf eine genaue Beobachtung der Situation, jederzeit bereit zu fliehen oder sonst wie aktiv zu werden.

Unser Parasympathikus hilft also dabei, uns möglichst schnell in den physiologischen Normalzustand zurückzuführen, damit wir wieder normal funktionieren können. Doch es gibt noch einen wichtigen Katalysator, der diesen Prozess beschleunigen kann: ein guter Freund! Eng nebeneinander auf dem Sofa sitzen, Taschentücher reichen bei Liebeskummer oder in den Arm nehmen, wenn es mit der Beförderung im Job doch nicht geklappt hat – diese Berührungen und die Zuwendung sorgen dafür, dass wir uns entspannen und gleich viel besser fühlen. Zuwendung und Fürsorge haben wir als Kinder von unseren Eltern erfahren – im Erwachsenenleben übernehmen diese Aufgabe hoffentlich ein liebevoller Partner oder gute Freunde. Sie können wie Eltern dafür sorgen, dass das Bindungshormon Oxytocin ausgeschüttet wird und es uns bald besser geht. Das kleine Peptid mit der großen Wirkung ist immer auf Vorrat in der Hypophyse vorhanden und wird auf Zuwendung und gute Erlebnisse hin ausgeschüttet. Je mehr Oxytocin und andere Wohlfühl-Botenstoffe durch unseren Kreislauf strömen, desto ausgeglichener und entspannter fühlen wir uns. Die Wirkung von Anteilnahme durch Freunde ist deshalb grandios: Sie stärkt nicht nur die Bindung innerhalb der Freundschaft, sondern senkt zusätzlich unseren Blutdruck und gibt uns das Gefühl, den Stolpersteinen des Lebens besser ausweichen oder nach einem schmerzhaften Fall schneller wieder auf die Beine kommen zu können.

Diesen heilsamen und beruhigenden Effekt entfaltet Freundschaft auch bei anderen Spezies. Nicht nur wir Menschen, auch Tiere beruhigen sich nach Konflikten gegenseitig, trösten sich untereinander und senken dadurch das Stressempfinden. Ein Vorreiter bei der Beschreibung von Mitgefühl war neben Marc Bekoff der niederländische Zoologe Frans de Waal. Er beobachtete viele Jahre lang das Verhalten einer großen Schimpansengruppe im Primatenpark Arnheim. Dabei konnte er Zeuge werden, wie die Individuen nach Konflikten mit Gruppenmitgliedern von Freunden getröstet wurden. Oft suchten auch die Kontrahenten nach dem Streit wieder Kontakt zueinander, umarmten und versöhnten sich. Eigentlich wollte der damals noch junge Zoologe ursprünglich aggressive Auseinandersetzungen in der Primatengruppe studieren. Doch sehr bald fing er an, sich viel mehr für die positiven Interaktionen der Tiere zu interessieren. Wie viele Forscher*innen seiner Zeit realisierte er, dass ein Großteil der gezeigten Verhaltensweisen dazu diente, Konflikte zu vermeiden oder Kontrahenten zu besänftigen – und dass beschädigende Kämpfe in funktionierenden Gruppen so gut wie nie vorkamen.

De Waal verlagerte also schon bald seinen Studienschwerpunkt auf die Erforschung von Versöhnungs- und Beruhigungsverhalten der großen Menschenaffen (De Waal & Roosmalen, 1979). Heute fallen in seinen Vorträgen ständig Begriffe wie Empathie und Moralempfinden (im Internet zum Beispiel bei Ted Talks: Frans de Waal, Moralisches Empfinden bei Tieren). Zum Glück für uns! Denn er hat im Laufe seines Forscherlebens hierzu fantastische und spannende Bücher geschrieben, die uns viel über die Gründe unseres eigenen Verhaltens – oder zum Beispiel des Verhaltens merkwürdig agierender amerikanischer Präsidenten – verraten können.

Doch nicht nur Säugetiere, auch Vögel haben Strategien entwickelt, um sich nach Konflikten wieder zu versöhnen. So konnten die österreichischen Forscher*innen um Thomas Bugnyar auch bei Raben beobachten, dass befreundete Tiere nach Streitereien gezielt den Kontakt zueinander suchten und freundlich interagierten. Dies zeigt, dass es bei Vögeln wie den monogam lebenden Raben zusätzlich zur Paarbeziehung auch Freundschaften gibt, die den Tieren Vorteile wie Unterstützung in sozialen Situationen und Wohlgefühl schenken können.

Damit dieser Nutzen trotz kurzzeitiger Meinungsverschiedenheiten erhalten bleibt, zeigen auch die schwarzen Vögel das Bestreben, sich wieder gut zu verstehen. Dass auch hochsoziale, in Familiengruppen lebende Tiere wie Wölfe nach Konflikten den Kontakt zueinander suchen, ist nicht sehr verwunderlich. Besonders berührend zu sehen war für Wolfsforscher*innen jedoch, dass hier die »Gewinner« häufig gezielt den Kontakt zum unterlegenen Partner suchten, um ihn aktiv zu beruhigen. Dies zeigt, dass es beim Kontaktsuchen um Versöhnung und Beruhigung geht, die ja das Ziel im Hintergrund hat, den Gruppenfrieden langfristig sicherzustellen. Die Kontaktaufnahme zur Beruhigung oder zum »Trost« scheint das Wohlbefinden der Tiere zu steigern: Sie entspannen sich zusehends. Durch das anteilnehmende Kontaktsuchen kann das seelische Gleichgewicht von Gruppenmitgliedern wiederhergestellt werden – bei uns und anderen Tieren (Cordoni & Palagi, 2008; Cafazzo et al., 2018). Als schöner Nebeneffekt ist zu erwarten, dass solch eine einfühlsame Anteilnahme wie bei uns Menschen auch die Bindung zum Freund verstärken wird.

Freunde machen klug

Doch nicht nur bei Konflikten erleben wir Stress, auch Prüfungssituationen können uns viele Nerven kosten. Wie gut, wenn man hier einen Freund an der Seite hat, denn verschiedene Studien haben gezeigt, dass wir mit einem vertrauten Menschen an unserer Seite bessere Leistungen erbringen können – das gilt sowohl für Menschen als auch für Hunde.

Forscher*innen verlassen sich dabei heute nicht mehr nur

auf Aussagen der Versuchsteilnehmer*innen zu ihrem subjektiven Wohlbefinden oder dem Beobachten von Verhalten. Sie haben neue Möglichkeiten, um dem tatsächlichen Stresserlebnis auf die Spur zu kommen. Zusätzlich zur Beobachtung und Auswertung von Fragebogen messen sie in Stress-Studien bei Menschen oder Tieren den Herzschlag und den Gehalt des Stresshormons Cortisol im Blut, Urin oder Speichel. Die Ergebnisse zeigen, dass es auch hier die Anwesenheit von wichtigen Beziehungspartnern ist, die am besten dabei helfen kann, Ruhe und den Überblick zu bewahren. Der Puls steigt nicht so hoch, die Stresshormon-Werte bleiben im erträglichen Bereich.

Mit einer sicheren Bindung zu ihren Eltern sind beispielsweise kleine Kinder besser in der Lage, eine knifflige Aufgabe zu lösen. In einer Studie aus den Siebzigerjahren wurden achtundvierzig Zweijährige zuerst in ihrem Bindungsverhalten zur Mutter untersucht. Dabei wurde deutlich, dass es unterschiedlich stabile Bindungen gab, und die Forscher*innen wollten feststellen, ob diese verschiedenen Bindungstypen einen Einfluss auf die Fähigkeit zur Aufgabenlösung haben könnten. Das Ergebnis zeigte, dass »sicher gebundene Kinder« enthusiastischer und hartnäckiger waren und besser und erfolgreicher bei der Aufgabenlösung kooperieren konnten (Matas et al., 1978). Das zeigt, wie sehr die Gegenwart eines wertvollen Bindungspartners uns in unseren Leistungen beflügeln kann.

Ähnliches gilt auch für Hunde: Ein Forscher*innen-Team aus Österreich hat den Prüfungsversuch mit Kleinkindern nachgestellt und Hunden eine Apparatur gezeigt, bei der man durch Manipulation mit der Pfote an eine Belohnung kommen konnte (Horn et al., 2013). Auch hier gab es unterschiedliche Bedingungen: Mal war der Besitzer vor Ort und verhielt sich ermunternd oder still, mal musste der Hund die Aufgabe ganz allein bewältigen. Auch hier zeigte sich ein deutlich positiver Einfluss durch die Anwesenheit des »besten Freundes«. Sobald der Mensch dabei war, zeigten sich die Hunde sehr motiviert, den Futterautomat zu knacken. Waren sie allein, sank diese Begeisterung bei vielen Hunden gegen null; die meisten konnten die Aufgabe nicht lösen. Diese Beispiele zeigen, wie uns Bindungspartner zu Höchstleistungen motivieren können - Eltern und Freunde verleihen eben Flügel, sie helfen uns dabei, den Herausforderungen im Leben gelassener zu begegnen.

Leo, Sher Khan und Baloo: beste Freunde in guten wie in schlechten Tagen

Ein gutes Beispiel dafür, wie wichtig Freunde in prekären Lebenssituationen und für ein lebenslanges Wohlgefühl sein können, zeigt die rührende Freundschaft des Bären Baloo mit dem Tiger Sher Khan und dem Löwen Leo (siehe Abschnitt »Drei tierisch beste Freunde fürs Leben« im Kapitel »Empathie entwickeln, Freunde werden«). Das Trio - alle drei waren viel zu früh von den Müttern getrennt worden - wurde gemeinsam in einem Gehege unter miserablen Bedingungen gehalten, bis sie entdeckt und befreit wurden und in »Noah's Ark«, einer Tier-Rettungsstation in Georgia, aufgenommen wurde.

Doch waren die drei wirklich Freunde oder handelte es sich nur um eine erzwungene Lebensgemeinschaft, ein Beisammensein sozusagen aus der Not heraus? Natürlich waren die Bedingungen für das Zueinanderkommen nicht natürlich, so wie es häufig bei in Gefangenschaft lebenden Tieren der Fall ist. Doch da sie schon in frühem Alter nur sich gegenseitig hatten, entwickelte sich tatsächlich eine stabile Bindung, die man wohl als tiefe Freundschaft bezeichnen darf. In freier Wildbahn leben

Eine geringe körperliche Distanz, gemeinsame Futtersuche und Kontaktlaute – alles Hinweise auf eine stabile Bindung zwischen Gans und Sau.

Wenn Bonnie schläft, döst MöpMöp neben ihr – aber passt auch auf, falls sich ein ungebetener Gast nähern sollte.

Gemeinsame Interessen und Aktivitäten stärken die Bindung – wie ein erfrischendes Bad im Pool an heißen Tagen.

Begrüßungszeremonien sind weitverbreitet im Tierreich – so bestärken wir uns gegenseitig in unserer Zuneigung. Ronja kneift die Augen zu, weil Hugos Schnabel vielleicht doch etwas härter als eine Hundenase ist.

Hugo könnte überall hinfliegen – aber er wählt die Bank als Ruheplatz aus, unter der Ronja im Schatten Schutz vor der Sonne gesucht hat.

Auch unter freiem Himmel bleiben Uhu und Hund
freiwillig in der Nähe voneinander.

Unter freiem Himmel hält sich Otter Pikachu sehr nahe bei Yorkshire Hündin Benny auf – sie schenkt ihm Sicherheit beim ersten Erkundungsrundgang durch den Zoo, der einmal sein Zuhause werden soll.

Vorsichtig wird meine Hand auf Bissfestigkeit ausgetestet –
auf ein Quieken reagiert Otterwelpe Pikachu sofort und
passt die Beißstärke meiner empfindlichen Haut an.

Im Raufspiel liegt mal der eine, mal der andere unten – nur
muss mit Otterjungtier alles in doppelter Geschwindigkeit ablaufen.
Benny passt sich an und hat Spaß.

Liebe vermehrt sich – Fifi war auf ganz ähnliche Weise fürsorglich und
liebevoll mit ihren Kindern, wie ihre Mutter Flo es mit ihr als Kind gewesen war.

Kontaktaufnahme im Gesichtsbereich ist meist der erste Schritt, um sich kennen und verstehen zu lernen. Besonders, wenn Tiere jung sind, gelingt das Freundschaftschließen über Artgrenzen hinweg schneller, weil wir in dieser Lebensphase noch »sozial offener« sind.

Eine der wenigen dokumentierten spielerischen Interaktionen zwischen verschiedenen Arten in freier Wildbahn: der »Beutestreit« um das T-Shirt zwischen einem Braunbären und einem Wolf.

Innerhalb weniger Wochen bewegte sich die junge Krähe nicht nur ohne Angst zwischen den Hunden, sondern war auch in der Lage, je nach Persönlichkeit unterschiedlich mit ihnen umzugehen.

Happy ist eher wenig an anderen interessiert, doch bei Wolle war alles anders –
die junge Krähe durfte sich sehr nahe bei ihm aufhalten und
sogar gemeinsam mit ihm interessante Dinge begutachten.

War ein Hund vom Naturell her eher vorsichtig und schüchtern, dann hatte Wolle
großen Spaß am Erschrecken, denn nur bei diesen Persönlichkeitstypen schnappte er
frech nach der Rute.

Wölfe und Raben, die dicht beieinander ihren Rendevouzplatz und
Horst haben, gehen nicht nur oft gemeinsam auf die Jagd, sondern interagieren
auch in ihrer »Freizeit« sozial freundlich und vertraut miteinander.

Der blinde Friesenhengst Sil mit seinem »Blindenpferd« Spike,
der ihm als Weidegefährte die Augen ersetzt und Sicherheit schenkt.

Eine ganz besondere Hund-Mensch-Bindung
konnte ich zwischen Hazel und Nina erleben –
die Hündin ging äußerst vorsichtig und einfühlsam
auf die körperlichen Einschränkungen von Nina ein.

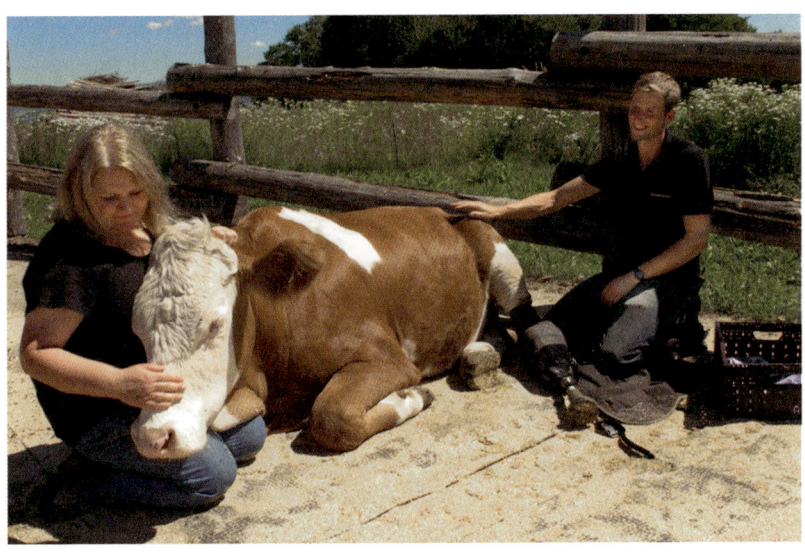

Durch die Amputation des Hinterbeins hat Nico durch Johannes und Birgit
besonders viel Zuwendung erfahren. So konnte eine Beziehung entstehen,
die von tiefem Vertrauen und liebevoller Nähe gekennzeichnet ist.

Adoptionen sind besonders im menschlichen Zuhause und besonders oft durch Hunde zu beobachten. Dass eine Hündin Milch bildet, um ein Kätzchen zu säugen, kommt allerdings sehr selten vor.

Apple und Curry verbindet auch nach der Entwöhnung eine besonders vertrauensvolle Beziehung, was auch durch das Kontaktliegen deutlich wird.

Im Spiel wird deutlich, wie vertraut sich Hund und Katze sind: Hier liegt Curry auf dem Rücken und präsentiert dem Hund vertrauensvoll ihren Bauch, während sich die Labradorhündin mit den Tatzen ins empfindliche Gesicht greifen lässt.

Eigentlich sind Leoparden Nahrungskonkurrenten, deshalb werden Jungtiere oft von Löwinnen getötet. Hier konnte eine sehr seltene Szene fotografisch dokumentiert werden: ein artübergreifendes Säugen zwischen zwei eigentlich konkurrierenden Arten.

Die Wirbelsäulenverkrümmung hat wahrscheinlich dazu geführt, dass der große Tümmler den Anschluss an seine Gruppe verloren hat. Die Pottwale haben seine Nähe nicht nur geduldet, sondern auch sozial freundlich mit ihm interagiert.

Bären und Tiger als Einzelgänger, sie gehen eigene Wege, sobald sie erwachsen geworden sind. Hier hinderten die Gehegezäune sie daran, die kleine Patchworkfamilie zu verlassen. Aber das schien dem Trio keine großen Probleme zu bereiten. Es kam zwar gelegentlich zu kurzzeitigen Interessenkonflikten, zum Beispiel wenn Sher Khan spielen wollte, Baloo aber keine Lust hatte. Dann wurde kurz und eindeutig kommuniziert, dass der Bär seine Ruhe wollte – und danach war wieder alles in Ordnung. So lebten die drei nicht nur friedlich, sondern vor allen Dingen bis zuletzt mit sehr viel Freude aneinander zusammen. Diese Harmonie wurde deutlich durch die Zuneigung, die sie häufig demonstrierten. Sie ruhten meistens zusammen auf Lieblingsplätzen, fraßen in direkter Nähe zueinander, alberten und rauften herum, schmusten oder leckten sich zärtlich gegenseitig ab. Sie verhielten sich zeitlebens ein bisschen so wie Jungtiere, die niemals erwachsen geworden waren.

Für die verlängerte Kindheit gab es neben der vertrauten Dreisamkeit zwei Gründe: Zum einen müssen sich Tiere in Gefangenschaft nicht um ihr Auskommen sorgen, sie leben im »Luxus«. Luxus und Sorgenfreiheit können zu Langeweile und stereotypem Verhalten führen. Lebt man aber in einem abwechslungsreichen Umfeld und vor allen Dingen mit viel sozialer Ansprache, so wie es bei diesem außergewöhnlichen Trio der Fall war, dann kann die Sorgenfreiheit auch andere Kräfte freisetzen: erhöhte Toleranz, Gelassenheit und Spielfreude – nicht nur in der Kindheit, sondern ein Leben lang.

Toleranz und Aufgeschlossenheit fallen jungen Tieren, wie wir im vorigen Kapitel sehen konnten, besonders leicht, denn sie kommen nicht nur mit einer hohen Lernmotivation, sondern auch mit einem sehr aktiven »emotionalen Zentrum« auf die Welt. Dadurch sind sie zum einen besonders aufgeschlossen allen Erscheinungen der Welt gegenüber und zum anderen besonders lernfähig. Genau das ist es, was wir an Tierkindern so niedlich finden: Sie reagieren staunend auf alles, was für uns normal oder sogar langweilig ist, nähern sich tollpatschig und neugierig und fallen dabei oft auf die Nase. Sie stolpern durch die Welt und lernen durch Versuch und Irrtum, sich in ihr zu orientieren und richtig zu benehmen. Sie trainieren im Spiel miteinander, mit Gegenständen oder von der Mutter mitgebrachter verletzter Beute ihre Motorik, werden immer geschickter und wendiger. Erst in der Pubertät entwickelt sich durch Umstrukturierungen im Gehirn eine zunehmend skeptische Einstellung gegenüber vertrauten und fremden Erscheinungen; alles wird noch mal auf den Prüfstand gestellt und neu wahrgenommen. Deshalb ist diese Phase der neuronalen Umbauarbeiten unter dem Schädeldach Heranwachsender häufig geprägt von Distanzierung, Streit und Abnabelung gegenüber dem gewohnten sozialen Umfeld – ein wichtiger Prozess, der häufig den Übergang in die Selbstständigkeit und schließlich das Abwandern oder bei uns den Auszug aus dem Elternhaus einläutet.

Haus- und Zootiere können diesen Schritt nicht von allein gehen. Sie sind angewiesen auf eine verständnisvolle, aber klare Führung durch diese aufregende und schwierige Zeit und auf Pflegepersonen, die erkennen, wann Konstellationen nicht mehr passen und die Individuen notfalls getrennt werden müssen. Leo, Baloo und Sher Khan hatten, bevor sie bei einer Razzia entdeckt und in Sicherheit gebracht wurden, in einer sensiblen Phase der Entwicklung nur sich gegenseitig. Das hat dazu geführt, dass sie das Verhalten und die Lautäußerungen des jeweils anderen lesen, richtig interpretieren und zu beantworten gelernt haben, sodass das Gegenüber sie versteht und so darauf reagiert, wie man es gern hätte. Sie hatten also »eigene Umgangsformen« entwickelt, die für alle drei verständlich waren. Das fiel ihnen leicht, weil sie als soziale Wesen über ähnliche Gehirnstrukturen und Hormonsysteme (siehe Einleitung) und als Jungtiere über ein starkes Bedürfnis nach Familienanschluss und Sicherheit verfügten. Dieses Bedürfnis und die Fähigkeit zur feinen Kommunikation miteinander haben dafür gesorgt, dass ihre Freundschaft nicht nur die schwierige Phase der Pubertät, sondern ihr ganzes Leben überdauert hat.*

Bindung beflügelt:
Woran wir gute Freundschaften erkennen können

Die starke Vertrautheit der drei wurde besonders im Spiel deutlich: Sie kamen sich gegenseitig mit den Gesichtern ganz nahe, begaben sich im Raufspiel in wechselnde Beute- und Angreifer-Positionen, ließen sich plump aufeinander fallen und nahmen Stellungen ein, in denen man sich gegenseitig sehr leicht hätte verletzen können. Das ist aber in all den Jahren nie passiert. Durch das enge Zusammensein von klein auf haben Löwe, Bär und Tiger gelernt, ihre unterschiedlichen Kräfteverhältnisse aneinander anzupassen, haben einen eigenen Spielstil und eine Art eigene »Sprache« für die Kommunikation miteinander entwickelt.

Das spielerische Präsentieren der Kehle oder des Bauches findet sich überall im Tierreich, wo unter Freunden oder Geschwistern ausgelassen gespielt wird. Wenn sich die Spiel-

---

* In den letzten Jahren sind »Leo« und »Sher Khan« leider verstorben, Bär »Baloo« hält jetzt alleine die Stellung. Aber 15 Jahre lang waren sie unzertrennlich und brauchten einander zum Glücklichsein.

partner dabei in verletzliche Positionen begeben, dann machen sie das zum einen aus großem Vertrauen zum Gegenüber, zum anderen aber auch, um die Spiel- oder Kuschelfreude wachzuhalten. Das Präsentieren empfindlicher Körperstellen oder das hingebungsvolle Unterwerfen ohne Angst vor Ausnutzung der angreifbaren Position wirkt wie ein Anzünden des Freundes mit der Lust zu spielen. Diese Positionierung, in der man sich klein und angreifbar macht, dient dazu, das Gegenüber zu einem spielerischen Angriff zu motivieren. Wie weiter oben schon beschrieben dient diese »Handicap Position« oft dazu, ein Spiel oder eine zärtliche Interaktion oft am Laufen zu halten und durch die vertrauensvolle Hingabe so richtig schön albern werden zu können.

Freunde oder Bekannte?

Von außen betrachtet kann man bei diesen Interaktionen mit einem etwas geschulten Blick sehr schön erkennen, ob es sich hier um wahre Freundschaft handelt oder um eine neue Bekanntschaft. Kennzeichen sind die Gelassenheit, das große Vertrauen und häufig ein synchrones Verhalten. Besonders durch Letzteres lassen sich richtig gute Freunde schnell identifizieren.

Stellen Sie sich einmal vor, Sie seien Verhaltensforscher und würden sich und Ihre Freunde abends am Küchentisch beobachten, vielleicht nach dem Genuss von ein, zwei Gläsern Rotwein. Zu dieser Stunde des Tages sitzt man sich nicht mehr mit kerzengeradem Rücken gegenüber und hält mit spitzen Fingern das Glas. Dann wird sich stattdessen meistens über die Tischplatte gelehnt und wild gestikuliert, man redet, diskutiert lauter, traut sich Dinge zu sagen und Witze zu machen, die einem in Gegenwart von Kollegen oder weniger vertrauten Personen wahrscheinlich niemals über die Lippen kommen würden. Parallel zu dieser kommunikativen Ausgelassenheit können Sie als »Hobby-Menschenverhaltensforscher« wahrscheinlich in diesen Momenten die sogenannte »Verhaltensanpassung«, also Synchronisation beobachten. Vor unseren Augen findet ein sich ständig spiegelndes Mimikspiel und Gestikulieren der Akteure am Tisch statt! Das passiert besonders in emotionalen Momenten, zum Beispiel wenn sich gute Freundinnen über die neuesten Eskapaden der doofen Kollegin in Rage reden oder wenn alte Südfranzosen im »Café du Midi« am Marktplatz seit vierzig Jahren immer um 16 Uhr ihr erstes Gläschen Wein trinken, dabei still die Umgebung beobachten und das Geschehen lässig kommentieren. Lehnt sich dabei einer von beiden im Stuhl zurück, macht es ihm sein bester Freund mit großer Wahrscheinlichkeit wenig später nach. Lässt dieser sich dann wiederum nach einer gewissen Zeit nach vorne auf seine Schenkel fallen, sitzt der andere ebenfalls bald in ähnlicher Position.

Was wir hier beobachten können, ist Synchronisation, Hingabe, Offenheit – die wir nur mit echten Freunden zeigen. Nur ihnen gegenüber haben wir so viel Vertrauen, dass wir ihnen unser wahres Gesicht ohne Angst offenbaren. Aber das besonders Spannende für einen Verhaltensforscher ist: In der Tierwelt können wir das, was ich eben beschrieben habe, ganz ähnlich entdecken! Die italienische Ethologin Elisabetta Palagi hat zum Beispiel Hunde beim Spiel beobachtet und konnte feststellen, dass vertraute Freunde am schnellsten und intensivsten, ausgelassensten und längsten miteinander spielten und sich ständig im Verhalten synchronisierten. Dabei begaben sie sich in Positionen, in denen sie ihre empfindlichsten Körperteile präsentierten – und genossen es sogar, wenn ihr »Best Buddy« sie herzhaft in die Kehle biss und übertrieben knurrte - herrlich! Sie vertrauten sich eben zu hundert Prozent (Palagi et al., 2015). Eine andere Studie mit Hunden und ihren Besitzern konnte zeigen, dass auch sie sich in ihrem Verhalten synchronisieren: Sie entwickeln einen individuell aufeinander abgestimmten »Spielstil« (Horowitz & Hecht, 2016) und bewegen sich im öffentlichen Raum synchron. Bleibt der Mensch stehen, verharrt auch der Hund - verändert er die Bewegungsrichtung oder -dynamik, schließt sich der Hund an; geht der Mensch schneller, erhöht auch der Hund das Tempo (Duranton, 2017). Auch bei Bonnie und MöpMöp konnte ich beobachten, wie sie sich ständig im Verhalten synchronisierten - wollte die Sau ruhen, legte sich die Gans dazu, und ihr fielen langsam die Augen zu. Nach der Siesta wurde dann gemeinsam gegrast oder ein erfrischendes Bad im Pool genommen.

Mit vertrauten Bindungspartnern und Freunden zeigen wir also gerne eine Synchronisation von Verhalten. Wahrscheinlich, weil sich paralleles Verhalten gut anfühlt, wir uns dabei unsere Gefühle und Ideen spiegeln und so den Kontakt zueinander halten können. Diese Synchronisation ist, wie uns das Beispiel von Bonnie und MöpMöp oder Menschen und ihren Hunden zeigt, auch artübergreifend möglich und wird die gleichen Effekte auf die Beziehung haben. Mit synchronisierten Verhaltensweisen bestätigen Tiere sich aber nicht nur gegenseitig ihr Vertrauen und ihre gute Beziehung zueinander, sondern senden auch ein starkes Signal nach außen. Mit synchronisierten und hingebungsvollen Aktionen wie dem »Kehlbiss« bei Hunden im Spiel, der Wiederholung von Gesten beim Sprechen abends am Bartresen und dem Nebeneinander-Grasen von Bonnie und MöpMöp demonstrieren wir unmissverständlich das starke Band, das uns verknüpft - und bestätigen uns durch die gemeinsame Aktion gegenseitig unsere Bindung.

Freunde sind Glückspakete

Schon beim Entdecken von guten Freunden im Menschengetümmel erleben wir ein kleines Glücksgefühl: Ihr Anblick erfreut uns, in ihrer Gegenwart fühlen wir uns einfach wohl. Wohlgefühl ist natürlich eine sehr subjektive Wahrnehmung; wir wissen nicht wirklich, ob das Gegenüber Glück ähnlich empfindet wie wir. Aber da das Bestreben nach sozialen Kontakten so weit im Tierreich verbreitet ist, wird sich Freundschaft für alle gut anfühlen. Ansonsten würden wir sie nicht alle so erstrebenswert finden. Und das Schöne ist: Unser Gefühl wird von guten Freunden sofort gespiegelt. Auch sie lachen und freuen sich, wenn wir uns sehen. Genau wie der Hund, der uns überschwänglich begrüßt, auch wenn wir nur kurz den Müll runtergebracht haben. Sich wiedersehen und sich darüber freuen, das ist eine Verhaltenszeremonie, die wir mit vielen anderen sozial lebenden Tieren teilen. Tiere reiben dabei ihre Körper aneinander, schnuppern sich ab, junge Hunde lecken älteren die Schnauzenwinkel und vollführen einen freudigen Slalomtanz, erwachsene Menschen drücken sich aneinander und küssen sich die Wangen. Dadurch befeuern wir unser Glücksgefühl gegenseitig – wir freuen uns an- und übereinander: ein herrlicher Kreislauf, der uns durchs Leben trägt. Mit dieser Freude an Freundschaft finden sich Freunde auf der ganzen Welt, ganz unabhängig von Herkunft, Alter, Geschlecht und eben manchmal auch Spezies – aber alle machen eins dabei: sich gegenseitig glücklicher.

Mensch-Tier-Freundschaften

Diese Beziehung zwischen verschiedenen Arten ist am häufigsten anzutreffen, meistens initiiert vom Menschen, indem er sich ein Tier »anschafft«. Aber warum ist die Bindung an einen tierischen Kumpel für viele von uns so wichtig?

In meiner frühen Kindheit hatte unsere Labradorhündin Maxi zweimal Welpen: einmal, als ich gerade anfing zu laufen, und dann noch einmal, als ich ein Kleinkind von drei Jahren war. In dieser Zeit teilte ich das Haus, den Garten und meinen liebsten Schlafplatz im Hundekorb mit ungefähr zehn blonden und schwarzen Hundegeschwistern, zwischen denen ich krabbelte beziehungsweise zwei Jahre später herumlief. Wahrscheinlich wusste ich damals noch nicht so genau, ob ich selbst ein Hunde- oder Menschenkind war, der Unterschied war mir aber bestimmt auch herzlich egal. Ich kam jedenfalls nach Aussage meiner Eltern mit beiden Spezies gleich gut zurecht, fühlte mich sozusagen gut aufgehoben in beiden Gesellschaftsformen.

Aus dieser Zeit sind mir nicht nur ein Haufen niedliche Fotos und lustige Erzählungen meiner Mutter erhalten geblieben, sondern auch eine Langzeitwirkung auf mein Leben. Bis heute brauche ich die albernen Gesichter, das Schnarchen und den Geruch von Hunden um mich herum, um glücklich und ausgeglichen zu existieren. Das Schlafen in der Wurfkiste zwischen atmenden, zuckenden und quiekenden Hundekörpern hat mir gezeigt, was besonders schön im Leben ist: zu einer anderen Art eine so innige Beziehung zu haben, dass man zu ihrem Leben wie selbstverständlich dazugehört. Ohne Hunde halte ich es deshalb nur ein paar Tage aus; sehr schnell schleichen sich Entzugserscheinungen bei mir ein. Die äußern sich darin, dass ich mich stark nach muffigem Fellgeruch sehne und anfange, wildfremde Menschen anzusprechen, die Hunde an der Leine an mir vorbeiführen. »Das ist ja ein hübscher Kerl«, höre ich mich sagen und weiß im selben Moment, wie peinlich das auf andere wirken kann, weil ich es ja selbst so oft erlebe.

Verheerend ist diese Frühprägung aber nicht nur wegen der Sucht nach Fellgeruch und feuchten Nasen, sondern auch, weil mich Hunde im Alltag natürlich einschränken. Die Summe, die ich im Laufe meines Lebens in Futter, Versicherungen und Tierarztrechnungen statt meiner Altersvorsorge investiert habe, möchte ich lieber gar nicht wissen. Spontan am Wochenende wegzufahren, gönne ich meinen hundelosen Freunden von Herzen, für mich ist das aber kaum möglich, da die Organisation eines Hundesitters eine lange Vorlaufzeit braucht. Besonders im Herbst und Winter wünschte ich mir manchmal, dass ich den ganzen Tag einfach im Haus verbringen könnte, ohne vor die Tür zu müssen. Aber das geht nicht, weil meine Hunde schnuppern, laufen, etwas erleben – und kacken möchten.

All das ist aber natürlich nur die halbe Wahrheit über verheerende Frühprägungsfolgen. Fakt ist auch, dass ich durch die ständige Bewegung an der frischen Luft fast nie krank bin und viele meiner besten Freunde dort draußen durch die Spaziergänge mit unseren Hunden kennen- und lieben gelernt habe. Durch Hunde und die vielen anderen Tiere in meinem Leben bleibe ich auf vielen Ebenen mehr in Bewegung, mein Leben ist reicher an schönen Augenblicken, ich habe noch mehr zu lachen als ohnehin schon – was viel zu meinem täglichen Lebensglücksgefühl beiträgt. Und eigentlich immer, wenn ich mich am Sonntag selbstmitleidig aufgerafft und es bei Schietwetter nach draußen geschafft habe, finde ich es plötzlich wunderbar, im Regen spazieren zu gehen. Die Welt gehört dann nämlich nur mir und meinen Hunden. Wer sonst als wir verrückten Tierhalter*innen geht bei so einem Wetter schon vor die Tür?

Aber ist die Bereicherung durch Haustiere wirklich so wertvoll, dass sie all die Einschränkungen aufwiegt? Wieso haben so viele von uns ein so starkes Bedürfnis nach Nähe zu nichtmenschlichen Tieren, dass sie schwitzend palettenweise Hundefutter und Katzenstreu nach Hause tragen oder ihren Feierabend mit Stallausmisten verbringen? Woher kommt der hohe Stellenwert, den Haustiere im Leben von vielen Menschen haben?

Anfänge der Haustierhaltung

Es ist noch gar nicht so lange her, da gab es in westlichen Gesellschaften keine Tierpensionen, Kleintierpraxen, Hundekindergärten, Reit- oder Hundeschulen, sondern unsere heute so sehr geliebten Hunde, Katzen und Pferde führten ein oft elendes Dasein. In den Städten zogen magere Klepper viel zu schwere Kutschen oder »Karrenköter« schwer beladene Fuhrwerke durch die holprigen Straßen der vorindustriellen Zeit. Ihr jämmerliches Leben fand meist ein brutales Ende, wenn die Kräfte nachließen, und sie wurden umgehend »ersetzt«. Von Entwurmung, Flohmittel, Tierarztbesuchen oder gar Welpenspielstunden hatten ihre Besitzer noch nichts gehört, der Hund oder das Pferd hatte zu funktionieren. Sie waren keine Kuscheltiere, um deren Seelenleben oder artgerechte Haltung man sich Gedanken machte – machen konnte. Die Kollegen dieser Karrenhunde und Kutschenpferde, die auf dem Land lebten, durften ein bisschen

mehr Freiheit genießen, lernten Weiden zum freien Galoppieren kennen oder konnten als Hund beim Schafehüten oder Hof-
bewachen ein bisschen mehr ihre arteigenen Bedürfnisse befriedigen. Doch auch diese Tiere waren meistens noch keine
Lebensbegleiter für ihre Besitzer, sondern »Nutztiere«, wie wir
es heute noch von Kühen oder Schweinen aus der industriellen
Massentierhaltung oder aus Ländern mit geringerem Lebens-
standard kennen. Haustiere waren auch bei uns vor gar nicht
allzu langer Zeit reine Arbeitsgeräte, die nützlich waren bei der
Bewältigung bestimmter Aufgaben und mit Resten vom Tisch
gefüttert wurden, um weiter zu funktionieren.

Eine besondere Stellung von Hunden oder Pferden konnte
man ungefähr ab dem 17. Jahrhundert zuerst in der Oberschicht
verorten, in der schon früh besonders die ersten Rassehunde als
Statussymbole gehalten wurden. Kleine Schoßhunde bewach-
ten pflichtbewusst den Schoß adliger Damen, große Jagdhunde
gingen mit dem Schlossherrn auf die Jagd und genossen am Hof
häufig ein höheres Ansehen als so mancher Mensch. Doch diese
Tiere waren Einzelfälle; die Mehrheit der Hunde, Katzen oder
Pferde hatte Aufgaben zu erfüllen und wurde nicht zum Vergnügen oder als Prestigeobjekt gehalten.

Erst mit fortschreitender Industrialisierung konnten immer
mehr Hunde und Katzen nach und nach die Sofas in Wohn-
zimmern für sich erobern. »Haustierhaltung« war aber sehr lange Zeit dem Bürgertum vorbehalten und galt als Symbol eines
besonders edlen und gebildeten Gemüts. Auf Familienporträts
von Malern aus dieser Zeit steht der spielende kleine Hund auf
dem Teppich als Sinnbild für die geistige Bildung und Vollkom-
menheit einer Familie, die sich mit der Haltung und Platzierung
des Hundes in der Mitte der Kinderschar deutlich nach oben
zum dekadenten, seichten Adel und nach unten zur Arbeiter-
schicht abgrenzen wollte.

Erst mit Beginn des 20. Jahrhunderts konnten es sich immer mehr Menschen finanziell erlauben, einen Hund oder eine Katze zu halten - oft war mit der Haltung aber immer noch die Hauptfunktion als Mäusefänger oder Wachposten im Garten verbunden. Der Luxus einer Haltung von Hund oder Katze rein zum Spaß an der Freude setzte in Deutschland erst langsam ungefähr ab dem Wirtschaftswunder vermehrt ein - plötzlich gab es Hundefutter, sogar Hundekekse und schließlich auch Katzenfutter zu kaufen, dicht gefolgt von Spielzeug und den ersten Erziehungsratgebern.

Kurz nach dem Zweiten Weltkrieg, im Jahr 1947, haben ein paar geschäftstüchtige Tierfutterhersteller stark an die Tierliebe der Zukunft geglaubt und den »Zentralverband der Zoologischen Fachbetriebe« gegründet. Sie lagen mit ihren Prognosen richtig; seitdem wird von dieser Vereinigung jährlich akribisch die Entwicklung der deutschen Heimtierhaltung in Zahlen festgehalten. Die Sehnsucht nach Verbrüderung mit einem Tier scheint danach ständig anzuwachsen. Lebte im Jahr 2011 noch in 36 Prozent aller Haushalte ein Tier, so hatten 2019 bereits 45 Prozent der deutschen Wohnungen einen tierischen Mitbewohner (ZZF, 2011, 2020). Entsprechend steigen die Ausgaben der Privathaushalte für Tierbedarf. »Nimmt man alle betroffenen Wirtschaftsbereiche zusammen, bewirkt Deutschlands Heimtierhaltung schätzungsweise jährliche Umsätze und damit eine gesamtwirtschaftliche Nachfrage in Höhe von über 10,7 Milliarden Euro. Davon durch Hundehaltung circa 5,6 Milliarden (= 52 Prozent) und durch Katzenhaltung knapp 3,9 Milliarden Euro (= 36,5 Prozent). Damit verbunden sind circa 210 000 Vollzeitarbeitsplätze (...)«, fasst Prof. Dr. Renate Ohr die Ergebnisse ihrer 2019 veröffentlichten Studie zur ökonomischen und sozialen Bedeutung der Heimtierhaltung in Deutschland zusammen (Ohr, 2019, Seite 4).

Wer in der Heimtierbranche Fuß fassen kann, egal ob Hundetrainer*in, Futtermittelhersteller*in, Tierpensionsinhaber*in oder Tierärztin/-arzt, dem/der ist also eine sichere Zukunft gewiss. Denn heute wimmelt es überall von Katzen, die durch Vorgärten streifen, Kleintieren, die in großen Gehegen mit speziell angefertigtem Mobiliar gehalten werden, oder Hunden, die überall dort anzutreffen sind, wo sich ihre Besitzer gerne aufhalten: im Park, im Bus, im Fernzug, im Urlaub auf Mallorca oder in der Einkaufszone. Eng mit einem Tier zusammenzuleben, ist heute so normal, wie Kinder zu haben. Haustiere sind in unserer Gesellschaft ein fester Bestandteil des Alltagsverständnisses.

Zunehmende Entfremdung
von der Natur

Parallel zur Entwicklung der zunehmenden ökonomischen Freiheit und einem Leben im Luxus war es uns also möglich, nichtmenschliche Tiere als Familienmitglieder sehen zu können. Gleichzeitig damit kann paradoxerweise eine zunehmende Entfremdung von der Natur und dem Leben der Tiere beobachtet werden. So konsumieren viele Tierhalter*innen ohne moralische Bedenken Fleisch aus der industriellen Massentierhaltung und denken gleichzeitig ernsthaft darüber nach, ein einzelnes Minischwein im vierten Stock eines Mehrfamilienhauses zu halten. Dieser Fall hat mich zu Beginn meiner Tätigkeit als Moderatorin erst schockiert. Nach vielen ähnlichen Anfragen von Menschen mit Haustierwunsch wurde mir aber klar, dass es sich hier nicht um Einzelfälle, sondern um ein weit verbreitetes Phänomen handelte. Denn Tiere werden immer häufiger nicht mit ihren arteigenen Bedürfnissen wahrgenommen, sondern Menschen orientieren sich an Vorbildern aus den sozialen Netzwerken. Die Fotos, die sie dort sehen, übertragen sie dann auf ihr eigenes Leben. Wenn also George Clooney auf seinem Anwesen mit einem Minischwein posiert, dann möchte man als deutsches Pärchen auch eines halten, egal wo und wie.

Ich gebe zu, am Anfang hatte ich die starke Vermutung, dass die beiden nur ins Fernsehen wollten. Aber ihr Wissensdurst und ihre Aufgeschlossenheit meiner Beratung gegenüber waren zu meiner Überraschung wirklich groß. Ich war gerührt und fassungslos zugleich, denn sie zeigten mir ihre frisch renovierte, moderne Wohnung, das sündhaft teure Designersofa und die edle Wandtapete. Und dann stolz das kleine Katzenklo, das sie als Schweine-WC vorgesehen hatten. Über die Frage, wie ein Schwein mit seiner Körperstatik und einem Endgewicht von bis zu 100 Kilogramm die Treppen in den vierten Stock schaffen und sein ausgewachsenes, wahrscheinlich ziemlich großes Gesäß über dem kleinen Klo platzieren sollte, hatten sie sich ebenso wenig Gedanken gemacht wie über die arteigenen Bedürfnisse nach dem Leben in einer Rotte mit mehreren Artgenossen. Besonders die große Leidenschaft zum Wühlen mit dem Rüssel war ihnen nicht bewusst. Sie hatten keine Ahnung, dass Schweine zehn Stunden am Tag auf der Suche nach leckeren Würmern, Wurzeln und Aas den Boden durchwühlen möchten.

Es war schwer, sich vorzustellen, dass sie sich nicht vorher hatten denken können, wie das Leben in geschlossenen Räumen voller Möbel aus Schweineperspektive wahrgenommen würde. Aber ich konnte von den beiden etwas sehr Wichtiges lernen, denn sie zeigten mir zum ersten Mal, wie groß die Entfremdung von Tieren bei meinen eigenen Artgenossen werden kann, wenn der Kontakt zu nichtmenschlichen Tieren im bisherigen Leben weitgehend gefehlt hat. Das Erlebnis zeigte mir aber auch, dass trotz der Entfremdung immer noch ein starkes Bedürfnis vorhanden sein muss, mit einem Tier sein Leben und den Wohnraum teilen und auch Einschränkungen hinnehmen zu wollen (mal abgesehen davon, dass ich in diesem Fall den alten Hund einer gehbehinderten Nachbarin zum täglichen Gassigehen vermittelt habe).

Funktionen von Haustieren

Natürlich kann die Motivation, mit einem Tier leben zu wollen, sehr komplex sein. Wir können Tiere als Statussymbol sehen, weil »George Clooney doch auch ein Minischwein/die Influencerin diesen süßen afrikanischen Weißbauchigel/der Nachbar den eindrucksvollen Akita Inu aus dem Film mit Richard Gere hat«. Doch die Vermutung liegt nahe, dass neben dem durchaus menschlichen Bedürfnis nach Abgrenzung (erinnern Sie sich an die Motive zur Hundehaltung der Oberschicht im frühen 18. Jahrhundert ...) es noch andere Motivationen für Tierliebe gibt. Könnte es nicht zum Beispiel sein, dass uns ein natürliches Bedürfnis nach einem Leben mit Tieren innewohnt? Immerhin ist Haustierhaltung zumindest in unserem Kulturkreis nicht auf eine bestimmte gesellschaftliche Schicht beschränkt, sondern in allen Teilen der Gesellschaft werden Hunde, Katzen, aber auch andere Kleintiere oder Exoten gehalten. Wenn so viele Menschen ein Tier haben wollen, müssen tierische Begleiter doch wichtige Funktionen für unser Wohlbefinden erfüllen - und falls ja, welche könnten das sein?

Tiere, die uns vertrauen und uns überallhin folgen, aber trotzdem ihre arteigenen Verhaltensweisen zeigen, könnten es uns ermöglichen, uns wieder der Natur zugehörig zu fühlen. Sie wirken wie eine Eintrittskarte in eine andere Welt, die wir irgendwann aus den Augen verloren haben und der wir uns mithilfe eines Tieres wieder nahe fühlen können.

Ein besonderer Brückenbauer, der uns zurück in die Natur begleitet, ist zum Beispiel das Pferd. Ein großes Tier wie das Pferd zu zähmen, sein Vertrauen zu gewinnen und auf seinem Rücken reiten zu dürfen, katapultiert uns gefühlt direkt ins Paradies. Wir erleben vom starken Rücken dieses Freundes auf vier Hufen Wald, Äcker und Wiesen, gewinnen eine neue Perspektive auf die Welt von dort oben, jagen zusammen über Stoppelfelder oder schlagen Wege durchs Unterholz ein. All das geschieht im Einklang mit dem großen Wesen, das uns im Optimalfall vertraut und sogar seine Herde verlässt, um mit uns zusammen allein durch die Gegend zu streifen. Diese Form von Beziehung zu einem Fluchttier wie dem Pferd aufbauen zu können, ist für viele Reiter ein sehr erfüllendes Erlebnis, für das sie viel Zeit in Ausbildung, Pflege und Betreuung investieren.

Doch die Faszination der Pferdes ist nicht neu; die edlen, wilden Tiere übten schon in der Frühzeit der Menschheitsgeschichte eine starke Anziehungskraft auf uns aus. Auf Höhlenmalereien wie in der Grotte Chauvet in Südfrankreich sind sie bereits vor mehr als 30 000 Jahren als Kohlezeichnungen auf Stein liebevoll detailliert verewigt worden, damals noch als verehrte Beutetiere. Erst viel später, um 4000 v. Chr., wurden sie gefangen, gezüchtet und nach und nach domestiziert.

Mit der Entdeckung des Pferdes als Reit- und Ackergaul konnte es dann zu einer regelrechten kulturellen Revolution des

Menschen kommen, weil Pferde vieles möglich machten. Sie beschleunigten unsere Entwicklung und das Erkunden neuer Gebiete, denn Menschen konnten sich von nun an viel schneller fortbewegen, Waren transportieren, Felder bestellen und Kriege gewinnen. Natürlich sind die Folgen der gezielten Selektion auf bestimmte körperliche Merkmale oder Wesenseigenschaften auch am Pferd nicht spurlos vorbeigegangen. Die jahrtausendelange Zucht zeigt sich bei Pferden nicht nur im vielfältigen äußeren Erscheinungsbild der unterschiedlichen Rassen, sondern wie andere Haustiere auch sind sie im Laufe der Zeit zahmer und aufgeschlossener geworden und haben parallel Fähigkeiten entwickelt, die nicht nur das Zusammenleben und -arbeiten, sondern auch Freundschaft zu anderen, ursprünglich feindlichen Arten wie uns Menschen, aber auch zu Hunden (siehe Abschnitt »Alberne Pferde- und Hundekumpels« im Kapitel »Empathie entwickeln, Freunde werden«) leichter möglich machen.

Leben sie von klein auf eng mit Menschen zusammen, dann sind sie zum Beispiel ähnlich wie Hunde in der Lage, Signale wie den Fingerzeig als kommunikativen Hinweis zu deuten. In einer Studie der Universität Budapest zeigten und schauten Menschen lang anhaltend auf einen von zwei Eimern, in dem Apfelstücke lagen. Dieser Hinweis war für die Pferde ausreichend, um daraus richtig auf den Aufenthaltsort der beliebten Leckerei zu schließen (Maros, 2007). Die zwanzig getesteten Pferde demonstrierten also die Fähigkeit zur Kommunikation mit einer Spezies, die sich auf zwei Beinen stehend ziemlich anders fortbewegt oder verhält als ihre Artgenossen. Pferde sind demnach in der Lage, aus unserer Gestik und Haltung Informationen für sich selbst zu gewinnen. Dies ist auch ein wichtiger Grund, warum eine klare Körpersprache im Umgang mit Pferden so eine große Bedeutung für die gelungene Kommunikation zwischen Mensch und Pferd hat und Basis einer vertrauensvollen Bindung.

Adriana & Sil, das blinde Pferd

Doch was ist, wenn ein Pferd diese Körpersprache bei uns und seinen Artgenossen nicht mehr sehen kann, weil es – als Fluchttier! – auf seinen Sehsinn verzichten muss? Kann ohne dieses für Pferde so wichtige Sinnesorgan überhaupt noch Kommunikation mit Menschen oder anderen Pferden oder gar Reiten in der Natur stattfinden? Und ist das überhaupt noch ein würdiges Dasein für ein Lebewesen, das artbedingt so stark auf Orientierung im Raum durch Sehen setzt? Diese Fragen beschäftigten mich sehr, kurz bevor ich Adriana und ihren blinden Hengst Sil bei Dreharbeiten für das VOX-Format *Tierisch Beste Freunde* kennenlernen durfte. Natürlich hatte ich mich durch das Ansehen von Bildern und Videosequenzen darauf vorbereitet, dass der Friesenhengst keine Augen mehr hat. Aber der Anblick der leeren Augenhöhlen beeindruckte mich dann doch im allerersten Moment – mir wurde schlagartig bewusst, wie stark wir Menschen mit Pferden über die Augen kommunizieren und was für eine große Bedeutung sie besonders im Moment der Kontaktaufnahme zwischen Mensch und Pferd haben.

Augen seien die Fenster zur Seele, heißt es bei Hildegard von Bingen. Besonders in den Augen von Pferden scheint uns dieser Blick ins Innere eines anderen, manchmal wild und unbezwingbar anmutenden Lebewesens möglich zu sein. Über die Augen vermitteln Pferde viel über ihre innere Gestimmtheit: Sie reißen sie weit auf in Panik, schließen sie halb, wenn sie entspannt sind, schauen uns aufmerksam an, wenn wir zum ersten Mal zu ihnen auf die Weide kommen. Im Zusammenspiel mit Ohren, Nüstern und restlicher Körpersprache sind sie ein wichtiger Informationsübermittler, um ein Pferd richtig verstehen, uns angepasst an seine Stimmung verhalten und so eine Verbindung zu ihm aufbauen zu können. Auch wenn Pferde aufgrund ihrer

Größe für viele Menschen respekteinflößend wirken – der Anziehungskraft ihrer großen, dicht bewimperten, ausdrucksstarken Augen kann sich wohl kaum jemand entziehen. Sie sehen uns direkt an und überprüfen, wer wir sind – und ob wir vertrauenswürdig sind. Davon fühlen wir uns wiederum emotional stark angesprochen, da wir Menschen ebenfalls viele Informationen über Augenkontakt aufnehmen und aussenden. Diese Augen fehlten Sil, weil er trotz Einsatz der modernen Tiermedizin nach einer langwierigen Augenentzündung beide Sehorgane kurz nacheinander verloren hatte.

Aber dieser Verlust der Sehkraft war schon einige Jahre her, und nach dem ersten Schock haben sich Adriana und Sil in der Zwischenzeit gut damit arrangiert. Sie sind ein paar Jahre sogar noch erfolgreich auf Dressur-Turnieren gestartet! Doch seit ein paar Monaten genießt Sil jetzt seinen Ruhestand und trainiert mit Adriana nur noch zum beiderseitigen Vergnügen. Die Blindheit ist für beide längst zur Normalität geworden, und damit war das leichte Befremden im ersten Moment wohl einseitig bei mir zu verorten, denn Sil schien keine Sorge zu haben, dass er mich nicht gut genug kennenlernen könnte. Er senkte seinen riesigen Kopf, schob die weichen Nüstern in meine geöffneten Hände und atmete meinen Geruch tief ein. Intuitiv erzählte ich ihm, wie schön es sei, ihn zu treffen, und wie hübsch er ist. Zu meiner Stimme konnte ich seine Ohren beobachten, die sich wie kleine Satellitenschüsseln in meine Richtung drehten und die Intonation und wahrscheinlich auch mein Geschlecht aufgrund der Stimmhöhe analysierten. Er machte sich ein eigenes Bild von mir – und befand mich schließlich für vertrauenswürdig. Dazu beigetragen haben sicher die Möhren, die mir das Filmteam mitgegeben hatte und die ich ihm anschließend reichte. Vorsichtig suchte er mit seinen großen Lippen das Ende der Wurzel und biss am Ansatz des Wurzelgrüns kräftig zu – ohne ein einziges Mal meine Fingerkuppen mit dem Gemüse zu verwechseln. Ähnlich wie ein Mensch, der seine Sehkraft verloren hat, hatte Sil im Laufe der Jahre anscheinend gelernt, sich mehr auf andere Sinne zu verlassen: seinen Tast-, seinen Hör- und Geruchssinn. Doch er musste sich nicht nur auf Adriana und sich selbst verlassen – bei der Umstellung hat ihm auch ein Artgenosse geholfen, der ihm zur Seite gestellt wurde und ihm seitdem viel Sicherheit schenkt.

Dieser Kumpan ist der Tinker-Wallach Spike, der natürlich auch etwas von den Möhren abbekommen, aber viel gieriger zugegriffen hat als Sil bei der Begrüßung. Zu jeder Bewegung seines Halses klingelte eine kleine Kuhglocke, die er an einem Halsband trug. »Das Läuten gibt Sil Sicherheit, denn er weiß, dass Spike in seiner Nähe ist«, erklärte mir Adriana. Spike ist als Weidebegleiter für Sil zu einer Art »Blindenpferd« geworden, was viel Sinn ergibt, wenn man sich mit der Verhaltensbiologie von Pferden beschäftigt. Da sie Fluchttiere sind, gibt ihnen die Gegenwart von Artgenossen Sicherheit, weil mehr Augen herannahende Feinde schneller entdecken können. Fehlt einem Pferd das Augenlicht, dann kommt dieser Funktion von Artgenossen neben dem sozialen Kontakt noch mehr Bedeutung zu. Spike war für Sil deshalb viel mehr als nur ein Freund, er war seine Lebensversicherung!

Kein Wunder also, dass Spike dabei sein musste, als Adriana mit dem gesattelten Sil zu der Weide ging, auf der sie mir zeigen wollte, wie die Kommunikation zwischen einem blinden Pferd und seiner Reiterin funktioniert. Ich führte den etwas übergewichtigen Spike an der Seite von Sil, der es offensichtlich kaum erwarten konnte, mit Adriana zu arbeiten. Während Spikes größtes Interesse darin bestand, möglichst viele Grasbüschel am Wegesrand zu erhaschen, fokussierte sich Sil sichtbar auf das Läuten der Glocke auf seiner rechten und Adriana zu seiner linken Seite. Ihre Gegenwart weckte in ihm deutlich eine positive Erwartungshaltung. Er tänzelte, legte noch einen Schritt zu, konnte es kaum erwarten, endlich am Übungsplatz anzukommen. Dort war es meine Aufgabe, Spike beim Grasen zu begleiten, während Adriana mit Sil die Bahn entlanggaloppierte, die Zirkel wechselte, ihn steigen oder Piaffen laufen ließ.

Mir jagte ein Schauer nach dem anderen über den Rücken. Nicht wegen Sils leerer Augenhöhlen, an die hatte ich mich längst gewöhnt. Nein, es war das sprichwörtlich blinde Vertrauen, das dieses Pferd seiner Reiterin entgegenbrachte. Sie zeigte Sil mit Schenkel- und Zügelhilfen, welchen Weg er einschlagen und welches Tempo er laufen sollte. Und er reagierte sofort, nicht gestresst, sondern begeistert von der gemeinsamen Arbeit. Ohne ein Anzeichen von Angst, dass sie ihn auf seinem Weg in Gefahr bringen und er stolpern oder gegen einen Gegenstand rennen könnte.

Wer die Pferdesprache lesen kann, erkennt ziemlich schnell, ob ein Pferd Freude an der Arbeit hat oder unter Zwang agiert. Ohrenstellung, Körpersprache und Laute - sie alle sind deutliche Hinweise auf das Innenleben. Eng nach hinten anliegende Ohren signalisieren Stress oder Angriffsbereitschaft, dreht das Pferd die Ohren beim Reiten jedoch einzeln nach hinten, dann versucht es die Stimme und Stimmung des Reiters einzufangen. Die Ohren waren bei Sil ständig in Aktion - das lag auch daran, dass Adriana ganz bewusst ihre Stimme nutzte, um ihn über die nächsten Aktionen und Handlungen zu informieren. »Achtung« zum Beispiel bedeutete, dass jetzt gleich eine Berührung folgen würde - wie das Auflegen der Satteldecke beim Aufsatteln. Während des Reitens gab sie ihm parallel zu ihren taktilen Hilfen über Waden oder Zügel ebenfalls zusätzlich Information über Worte.

Dass Pferde ähnlich wie Hunde im Laufe ihres Lebens einen Wortschatz erwerben können, ist längst bekannt. Denn die Fähigkeit, über unterschiedliche Lautfolgen miteinander zu kommunizieren und ihnen Bedeutungen zuzuschreiben, ist nicht nur uns Menschen vorbehalten. Viele sozial lebende Tiere zeigen ein großes Repertoire von Lauten und Intonation, mit der sie sich gegenseitig über ihre Stimmung und Absichten informieren. Deshalb verwundert es nicht sehr, dass viele Haustiere im Zusammenleben mit Menschen in der Lage sind, nach einer gewissen Zeit auf Wörter richtig zu reagieren. Grundsätzlich kann man sagen, dass Wörter zu nutzen zwar eine menschliche Erfindung ist, aber die neuronalen Prozesse, um sie zu verstehen, nicht einzigartig menschlich sind (vgl. Andics et al., 2016). Deshalb macht es auch viel Sinn, wenn wir im Umgang mit unseren Tieren Sprache gezielt zur Kommunikation einsetzen - besonders natürlich bei »Sprachgenies« wie den vielen Papageienarten und Hunden, aber auch bei Pferden. Eine wachsende Bedeutung kommt der Sprache in der Kommunikation mit blinden Tieren zu, die sich mehr auf den Hörsinn verlassen müssen als ihre sehenden Artgenossen.

Diese harmonische Interaktion über den gezielten Einsatz von Stimme und taktilen Körpersignalen war berührend zu beobachten bei Adriana und Sil; sie demonstrierten mir zum Abschluss noch ihre Bodenarbeit, bei der sich Sil bis auf die Seite legte und still liegen blieb, während Adriana ihren Kopf auf seinen glänzend schwarzen Hals legte und sie so zusammen verharrten - voller Vertrauen und ganz entspannt. Ein blindes Pferd und seine Besitzerin - mehr Vertrauen kann ein Tier gegenüber seinem Menschen wohl kaum demonstrieren. Adriana hat es geschafft, Sil so viel Sicherheit zu geben, dass ihm sein Leben als Pferd weiter Spaß macht und dadurch lebenswert bleibt. Doch auch Adriana profitiert von dieser besonderen Beziehung zu Sil.

Er ist nicht nur ein Pferd, das sich reiten lässt und mit dem man zusammen die Natur erleben und sich ihr wieder zugehörig fühlen kann. Er hat ihr zusätzlich gezeigt, dass es sich lohnt, zu kämpfen und mit Geduld, Einfühlungsvermögen und Wissen um das Wesen von Pferden das scheinbar Unmögliche möglich zu machen.

Haustiere –
Mischwesen aus Kultur und Natur

Doch längst nicht alle Haustiere sind so gut erzogen wie Sil. Viele zeigen gerne ihre wilden Seiten und bringen damit ihre Besitzer in Erklärungsnot. Hunde springen zum Beispiel gerne in freudiger Erwartung mit ihren Kumpels durchs Unterholz. Wenn sie dabei großes Glück haben, schreckt vor ihnen ein verängstigtes Kaninchen auf und ergreift die Flucht – die Jagd kann beginnen! Natürlich versuchen die meisten Hundehalter*innen, verantwortungsvoll dieses Verhalten zu verhindern. Doch nicht wenige erleben heimlich ein kleines bisschen Jagdfieber mit und freuen sich an dem Anblick des elegant springenden oder dahinjagenden Hundes, der vom Beutefangfieber gepackt wurde. Oder wir beobachten fasziniert, wie der Stubentiger, mit dem wir vorhin noch eng zusammengekuschelt den *Tatort* geguckt haben, jetzt minutenlang regungslos gespannt vorm Mäuseloch verharrt, in Erwartung einer leckeren Beute. Unsere Tiere ermöglichen uns in diesen Momenten, heimlich mitzuerleben, was das Tier noch erleben darf – wir aber nicht mehr als zivilisierte Geschöpfe.

Zusammengefasst bedeutet das: Wir teilen mit Tieren zwar unser Haus, kaufen ihnen eigene Möbel und teures Spezialfutter. Aber sie führen immer noch ein wildes Eigenleben, streifen nachts wie Katzen durch die Nachbargärten und töten immer noch gerne selber Beutetiere. Die Zucht von Hunderten Tierrassen – besonders bei den Hunden, aber dasselbe gilt auch für viele Katzen, Kaninchen und Pferde – hat die Entstehung von Mischwesen aus Kultur und Natur ermöglicht. Sie sehen sehr verschieden aus und erfüllen unterschiedliche Bedürfnisse. Doch unter dem teilweise exotischen bis extremen Erscheinungsbildern schlummert weiterhin der Wolf, das Wildpferd oder ein kleiner Tiger, immer bereit, wieder mit uns auf die Jagd zu gehen, uns zu beschützen oder das Überleben der Familie zu sichern.

Unsere Haustiere bilden damit die ideale Verbindung zur Natur, der sich viele Menschen heute schmerzhaft entfremdet fühlen. Wahrscheinlich versetzt uns das Leben im Wohlstand und frei von der Angst vor der Natur in die Lage, uns wieder nach ihr sehnen zu können. Kein Wunder, dass die meisten Befürworter der Rückkehr des Wolfes nicht vor Ort direkt am Wolfsgebiet, sondern in Großstädten leben. Es ist schon fast ein romantisches Naturgefühl, das viele Menschen pflegen – eine, wie es der Psychologe Ralph Sichler nennt, »Neo-romantische Sehnsucht« nach Re-Vereinigung mit der Natur (Seel, Sichler & Fischerlehner, 1993, S. 178). Auch für Konrad Lorenz, den berühmten Vater der vergleichenden Verhaltensforschung, war besonders dieses Verlustgefühl der Zugehörigkeit zur natürlichen Welt der Schlüssel zum Verständnis unserer Tierliebe: Es sei gerade die Sehnsucht nach Rückbindung an die Natur, die uns dazu veranlasse, einen Hund zu halten (vgl. Lorenz 1998).

Diese Sehnsucht scheint immer stärker zu werden: Der Trend geht nicht nur zu immer mehr Hunden und Katzen in einem Haushalt (vgl. Ohr, 2019), sondern auch Hühner, Schafe und Ziegen gelten als neue Lieblingstiere vieler Menschen und werden immer häufiger in Vorstadtgärten gehalten. Doch ist die Suche nach der Nähe zu Tieren und Natur vielleicht auch angeboren? Immerhin zeigen besonders kleine Kinder ab einem sehr frühen Alter eine große Faszination für alles Lebendige - und bei ihnen kann ein Entfremdungsprozess noch mit ziemlicher Sicherheit ausgeschlossen werden.

Die Hypothese der »Biophilie« von Edward Wilson

Die amerikanische Psychologin Judy de Loache hat die Begeisterung kleiner Kinder für Enten im Teich, Hunde auf der anderen Straßenseite und Ameisen, die über ihren Weg krabbeln, genauer untersucht. Dazu präsentierte sie Kleinkindern technische Spielfiguren wie zum Beispiel Autos, Züge und Häuser. Oder Tiergestalten wie eine Katze, einen Esel oder einen Hund. Das Ergebnis: Die Kinder fanden die Fahrzeuge zwar auch durchaus spannend, interessierten sich aber viel stärker für die Tierfiguren (De Loache, 2011). In späteren Entwicklungsphasen, so konnte Judy de Loache ebenfalls beobachten, verändert sich die Beziehung von Kindern zu Tieren stetig. Im Grundschulalter von sechs bis neun Jahren hatten Kinder »Lieblingstiere«; in der Zeit vom 10. bis 13. Lebensjahr weicht diese starke emotionale Verbindung zu einzelnen »Tierfavoriten« dann einem eher sachlichen Interesse, und das Faktenwissen über die Tierwelt nimmt an Bedeutung zu. Deshalb werden Kinder in dieser Lebensphase zu Experten für »Dinosaurier« oder die Pflege und das Reiten von Pferden, mit denen Erwachsene oft schwer mithalten können.

Einer der ersten Forscher, die sich dem Phänomen der

Natur- und Tierliebe intensiv gewidmet haben, war der Evolutionsbiologe Edward Wilson. 1984 formulierte er seine Gedanken zur »Biophilie«-Hypothese, die bis heute diskutiert und laufend überprüft wird (Wilson, 1984). »Biophilie« bedeutet übersetzt »Liebe zur Natur«, und diese Liebe ist nach Wilson nicht unerklärlich, sondern schlicht eine angeborene Eigenschaft des Menschen. Uns alle eint demnach ein starkes Bedürfnis nach Verbindung mit der Natur. Ganz egal, wo wir auf der Welt leben – laut der Hypothese der Biophilie möchten wir zur uns umgebenden natürlichen Umwelt dazugehören, ein Teil von ihr sein, uns mit ihr verbinden. Tatsächlich wird das Thema nicht nur in der Biologie und Psychologie, sondern auch in der Kunst gerne aufgegriffen, zum Beispiel von Caspar David Friedrich. Der Maler aus der Zeit der Frühromantik stellt der Wildheit und Grausamkeit, aber auch Schönheit der Natur den betrachtenden Menschen zur Seite. Der steht zwar immer außen und sieht sich die Szenerie an, scheint aber dennoch dazuzugehören.

Die Sehnsucht, wieder ein Teil dessen sein zu können, was uns schön, manchmal aber auch grausam und unkontrollierbar erscheint, und gleichzeitig die scheinbar unüberwindbare Distanz durch die erfolgte Zivilisierung zu erleben, zeigt das Dilemma, in dem wir Menschen seit unserer Sesshaftwerdung zunehmend stecken. Die von Judy de Loache erforschten Kinder haben uns gezeigt, wie sie in ihren Entwicklungsphasen vom staunenden Klein- zum Schulkind diesen Zivilisierungsprozess im Schnelldurchlauf wiederholen. Auch bei ihnen lässt sich mit jedem Lebensjahr die zunehmende Entfremdung und Versachlichung der Natur beobachten, die wir Menschen durch den über Jahrtausende andauernden Zivilisierungsprozess erlebt haben. Das nach Wilson universelle Streben nach Kontakt mit der uns umgebenden natürlichen Umwelt stammt also von unseren Vorfahren, die als Jäger und Sammler in einer sehr engen Abhängigkeit und damit auch Verbindung zu Tieren, Pflanzen, Jahreszeiten und Wetter gelebt haben.

In dem Buch *Gefährten, Konkurrenten, Verwandte* schreibt der Verhaltensforscher Kurt Kotrschal, dass unsere Ahnen ihre Beziehung zu Tieren noch viel spiritueller erlebt hätten: »Sie glaubten an die Beseeltheit der Natur, sprachen den Tieren Eigenschaften wie Klugheit, Kraft und Mut zu.« (Kotrschal, 2009) Diese Annahme eines natürlichen, kulturübergreifenden Bedürfnisses nach Verbindung mit der Natur wurde in den letzten Jahrzehnten von unterschiedlichen Fachbereichen mit verschiedenen Herangehensweisen untersucht. So hat ein internationales Team von Forscher*innen aus Singapur, Zürich und Brisbane die Hypothese der Biophilie mit modernen Mitteln unter die Lupe genommen. Sie untersuchten mithilfe einer Fotoanalyse Bilder von Landschaften, Bäumen, Blumen oder Tieren, die in sozialen Medien wie Facebook oder Instagram gepostet worden waren (Chang et al., 2020). Dabei bewegte sie vor allem die Frage, welche Bedeutung der Natur in verschiedenen Lebenssituationen beigemessen wird und ob sich das Naturerlebnis von Land zu Land unterscheidet. Insgesamt 31 534 Fotografien wurden dafür analysiert, die in hundertfünfundachtzig Staaten zu bestimmten sozialen Anlässen wie Hochzeiten, Urlaub oder Freizeit in den sozialen Medien online gestellt worden waren.

Zwei spannende Dinge konnten die Wissenschaftler*innen dabei entdecken: Erstens, dass Fotos mit Tieren und Naturaufnahmen besonders häufig während der Freizeit aufgenommen werden - sie scheinen also für optimale Erholung zu stehen. Und zweitens schien es interessanterweise einen Zusammenhang mit der grundsätzlichen Lebenszufriedenheit des Landes, aus dem der Urheber des Fotos stammte, und der Anzahl der online gestellten Naturfotos zu geben. Je glücklicher die Menschen sich fühlten, desto häufiger wurden Fotos mit Wald, Tieren, Pflanzen, Wasser oder Landschaften aufgenommen und präsentiert.

Dieses Ergebnis deckt sich mit der Vermutung, dass wir uns gerade wegen unseres zunehmenden Sicherheits- und Wohlgefühls wieder nach Rückverbindung mit der Natur sehnen. Die Forscher*innen meinen, einen globalen Nachweis gefunden zu haben, dass eine hohe Lebenszufriedenheit eng mit der Sehnsucht nach einem Leben mit Tieren und Natur verbunden ist. Dieses Ergebnis könnte ein weiterer Hinweis dafür sein, wie Natur auch oder gerade heutzutage als Sinnbild für ein positives Lebensgefühl bei Menschen steht.

Eine weitere Studie von Psycholog*innen aus Kanada aus dem Jahr 2014 konnte bei einer Analyse von Persönlichkeitsfaktoren, Geschlecht, Alter und Gesundheit bei Menschen feststellen, dass Personen, die sich stark mit der Natur verbunden fühlten, ihr Leben als besonders glücklich wahrnahmen (Capaldi et al., 2014). Diese Verbindung zur Natur bewusst als bereichernd zu erleben, könnte auch einen Effekt auf Gesundheit und Produktivität im Job haben, wie eine Studie aus den USA untersucht hat (Yin et al., 2019). Dazu ließen die amerikanischen Forscher*innen dreißig Teilnehmer*innen in einer virtuellen 3-D-Brille drei Versionen einer Arbeitsumgebung erleben. Diese war entweder neutral gehalten, zeigte ein aufgeräumtes, modernes weißes Büro, das nur mit Büromöbeln ausgestattet war, oder der Raum wurde mit Pflanzen und großflächigen Naturbildern an den Wänden ergänzt. Parallel wurden der Blutdruck, die Herzschlagrate, die Variabilität der Herzschlagrate und die Leitfähigkeit der Haut der Probanden gemessen. Die Leitfähigkeit der Haut kann Mediziner*innen viel über das individuelle Stresserleben von Menschen verraten: Ist sie nämlich sehr hoch, dann ist der Mensch gestresst. Ist die Haut dagegen entspannt, dann leitet sie elektrischen Strom weniger gut. Vor und nach der

virtuellen Simulation wurden bei den Probanden Tests durchgeführt, in denen ihre Reaktionszeit und Kreativität überprüft
wurde. Das Ergebnis zeigte, dass Menschen mehr Einfallsreich-
tum und eine bessere Stressbelastbarkeit an den Tag legen, wenn
sie sich in einer »natürlicheren« Arbeitsumgebung aufhalten.
Auch diese Studie scheint also den Kerngedanken der Biophilie
zu stützen, dass wir Erscheinungen der Natur als positiv wahrnehmen, sie suchen und uns in ihr wohlfühlen.

Womit wir wieder bei der Aussage von Lorenz sind, dass
Tiere die idealen Transporter darstellen, um uns der Natur wieder nahe fühlen zu können. Und das könnte offenbaren, dass wir
uns danach sehnen, trotz Marsmissionen, Wolkenkratzerbau
und Nutzung des Internets immer noch irgendwie zum großen
Ganzen zu gehören.

Machen Haustiere
glücklich und gesund?

Wir Haustierhalter*innen werden diese Frage sofort mit »Ja, natürlich!« beantworten. Denn die positiven Effekte auf Fitness
und Wohlbefinden liegen für uns ja auf der Hand: Wer täglich
den Stall ausmistet und reiten geht, fühlt sich nicht nur fit, sondern auch gut aufgehoben - gemeinsam mit dem Pferd fühlt
man sich der Natur viel näher, und mit der Stallgemeinschaft
verbindet man viele schöne wiederkehrende Erlebnisse im Jah-
resverlauf. Heu wird eingefahren und gelagert, Weiden neu ein-
gezäunt oder von Unkraut befreit, gemeinsame Wanderritte un-
ternommen. Die Hundehalter*innen unter uns lernen über den
Hund ständig neue Menschen kennen und bleiben dadurch im
regen Austausch mit ihrer Umwelt, was besonders von älteren

oder allein lebenden Menschen meist als sehr angenehm empfunden wird. Dazu kommt die Nähe, die uns das Tier schenkt – es macht eben einen großen Unterschied, ob man am Abend nach einem langen Arbeitstag allein in seiner Wohnung steht oder von zwei liebesbedürftigen und futterhungrigen Katzen laut schnurrend begrüßt wird. Besonders die Besitzer von Hunden und Weidetieren sind gezwungenermaßen ganzjährig bei Wind und Wetter draußen unterwegs, was sicher auch die Immunabwehr stimuliert. Kurzum, das Zusammenleben mit einem Tier, das Kümmern, Bewegen, Sich-Sorgen und die gemeinsamen Erlebnisse machen einfach glücklich! Und wer glücklich ist, ist gesund – das klingt doch alles total logisch. Oder nicht?

Die Frage lässt sich tatsächlich nicht so einfach beantworten, wie es zuerst scheinen mag, denn sie gleicht ein wenig der Frage danach, wer zuerst vor Ort war, die Henne oder das Ei. Könnte es nicht zum Beispiel auch sein, dass Menschen, die schon von vornherein gesünder und aktiver sind, eher dazu neigen, mit einem Haustier leben zu wollen? In den letzten dreißig Jahren haben einige Studien den Einfluss von Haustieren auf die Gesundheit untersucht, aber viele haben gerade diesen Faktor nicht berücksichtigt. Sie konnten zum Beispiel zeigen, dass die Überlebenswahrscheinlichkeit nach einem Herzinfarkt bei Menschen größer ist, die ein Tier zu Hause hatten, im Vergleich mit einer Gruppe, die ohne Katze oder Hund lebte (Friedmann 1995). Oder dass die Gegenwart eines Haustieres während Stresssituationen sogar beruhigender wirken kann als die Präsenz von Freunden – jedenfalls reagierten Frauen in einer amerikanischen Studie mit einem signifikant niedrigeren Blutdruck und weniger Herzschlagreaktion auf Stresssituationen, wenn sie ihre Tiere statt Freunden dabeihatten (Allen, 1991). Laut einer anderen Studie gehen Senioren, die mit Haustieren leben, seltener zum Arzt (Siegel, 1990), und der gleiche Autor konnte feststellen, dass Haustierhalter*innen, die an Aids erkrankt waren, mit weniger depressiven Verstimmungen zu kämpfen hatten als Aids-Patienten ohne Tier an ihrer Seite (Siegel, 1999).

Im Vergleich mit Menschen ohne Tierfreundschaft hatten in diesen und anderen vergleichbaren Studien die Haustierhalter*innen in punkto Fitness und Wohlbefinden fast immer die Nase vorn. Aber um ausschließen zu können, dass es sich bei diesen Personen vielleicht grundsätzlich um die aktiveren Persönlichkeiten mit einem gesünderen Lebensstil gehandelt hat, schon bevor sie sich ein Tier anschafften, müssten andere Studien durchgeführt werden. Studien, die einen Längsschnitt durch die Gesellschaft gewährleisten, über mehrere Jahre laufen und gleich mehrere relevante Aspekte beleuchten. Es müsste also eine Menschengruppe, die einen guten Querschnitt durch die Gesellschaft darstellt, über einen längeren Zeitraum begleitet und in ihren Lebensgewohnheiten erfasst werden. Erst daraus könnten dann Rückschlüsse auf Effekte zum Beispiel der Hundehaltung auf die Gesundheit gewonnen werden.

Langzeitstudien über die Wirkung von Haustierhaltung

Das Ergebnis so einer Studie wurde zum Beispiel im Jahr 2017 von einer Forschergruppe aus Uppsala, Schweden veröffentlicht (Mubanga, Fall et al., 2017). Insgesamt 3,4 Millionen schwedische Bürger im Alter zwischen vierzig und achtzig Jahren nahmen an der über zwölf Jahre laufenden Untersuchung teil. Auf diese Weise konnten durch Online-Fragebögen gesundheitsrelevante Daten erfasst werden, die unter anderem mit dem Besitz von Hunden abgeglichen wurden. Speziell interessierten sich die skandinavischen Forscher*innen dafür, ob es ein erhöhtes oder niedrigeres Risiko gab, einen Herzinfarkt zu bekommen oder früher zu sterben. Das Ergebnis: Die hier ermittelten Hundehalter*innen hatten ein deutlich geringeres Herzinfarkt- und Sterberisiko in dem untersuchten Zeitraum. Auch Forscher*innen aus China, Deutschland und Australien konnten in einer Längsschnittstudie zeigen, dass die Haltung von Haustieren, aber besonders die Hundehaltung, dazu führt, dass Menschen seltener zum Arzt gehen und auch tatsächlich gesünder sind (Headey, 2008 & 2011). Haustiere könnten also einen direkten positiven Effekt auf unser Wohlbefinden und Stresserleben haben.

Wissenschaftlich unter die Lupe genommen hat das auch die Pharmakologin Karen Allen von der State University New York mit ihrem Team. Sie setzte Menschen gezielt kontrollierten Stresssituationen aus, interessierte sich dabei aber vor allem für Patienten, die unter hohem Blutdruck litten. Hier wollten die Forscher*innen überprüfen, welchen Effekt die soziale Unterstützung durch Haustiere und eine Medikamentengabe auf den Blutdruck haben könnten. Neunundvierzig Menschen wurden zu Hause und im Arztzimmer mentalem Stress ausgesetzt; parallel wurde geschaut, wie Herzschlag und Blutdruck der Patienten darauf reagierten. Vor Beginn der Gabe eines blutdrucksenkenden Medikaments gab es keinen Unterschied zwischen Haustierhalter*innen und Nicht-Haustierhalter*innen – so konnte eine grundsätzlich bessere Verfassung der Haustierbesitzer von vornherein ausgeschlossen werden. Erst danach bekamen alle Probanden das Medikament – und wurden anschließend erneut mit stressigen Situationen konfrontiert. Nach der Einnahme des Medikaments unterschied sich der Blutdruck in beiden Gruppen plötzlich signifikant – das Mittel wirkte bei allen Patienten, aber diejenigen, die zu Hause ein Haustier hatten, reagierten viel geringer auf die Stresssituationen als Menschen, die nur das Medikament bekommen hatten. Daraus schließen die Forscher*innen, dass ein ACE-Hemmer einen positiven Effekt auf den Blutdruck erzielt, die soziale Unterstützung durch ein Haustier aber die Wirkung des Medikaments stark steigern kann, sodass der Mensch stressigen Situationen gelassener begegnet.

Wenn wir ein starkes soziales Netzwerk haben, uns jeden Tag viel austauschen und mit unterschiedlichen Menschen reden können, dann ist das die beste Medizin! Und genau hier kommen unsere tierischen Freunde ins Spiel, denn sie sind immer für uns da, haben stets ein offenes Ohr, freuen sich über den Kontakt mit uns und bringen uns als Hunde oder Pferde raus an die frische Luft und in Kontakt mit noch mehr anderen Menschen. Genau diese Extraportion soziale Unterstützung, die Tierhalter*innen genießen dürfen, könnte den wichtigen Unterschied ausmachen zu Menschen, die diese Ansprache nicht haben. Dieser soziale Puffereffekt könnte erklären, warum sich, wie andere Studien gezeigt haben, Tierhalter*innen nach Krankheiten schneller erholen oder seltener zum Arzt gehen – und eventuell auch länger leben.

Andersherum:
Machen wir unsere Haustiere
glücklich und gesund?

Doch eine gute Freundschaft sollte immer für beide Seiten positive Effekte auf das gute Lebensgefühl und die Gesundheit haben. Spannend ist deshalb die Frage, ob nicht nur Tiere unser Wohlbefinden und unsere Gesundheit beflügeln, sondern ob das Ganze auch umgekehrt funktioniert. Wie eng das psychologische und physiologische Zusammenspiel zwischen Mensch und Tier werden kann, legen die spannenden Studien der Wiener Verhaltensbiologin Iris Schöberl und ihres Teams nahe, die sich in mehreren Versuchen mit dem gemeinsamen Auftritt von Hund und Besitzer in stressigen Situationen befasst und ihn auf mehreren Ebenen beleuchtet hat.

Ein besonders großer Vorteil guter Freunde ist ja, wie wir schon oft gesehen haben, die wunderbar beruhigende Unterstützung in stressigen Situationen. Nach dem Motto »Zusammen ist man stärker als allein« können Partner und Freunde dabei helfen, herausfordernde Momente im Leben besser zu überstehen. Um zu untersuchen, wie Hund und Mensch sich dabei gegenseitig unterstützen können, ließ Iris Schöberl hundertzweiunddreißig Besitzer und ihre Hunde zwei verschiedene Situationen erleben. Erst eine positive, in der die Hundebesitzer mit ihrem Hund spielen sollten. Und dann den sogenannten »Strange Situation Test«, in dessen Verlauf merkwürdige Dinge geschehen, über die auch der Besitzer vorher nicht Bescheid weiß. So kommt zum Beispiel ein Mann mit weitem Mantel und großem Hut in den Raum, in dem sich Hund und Halter aufhalten, und geht bedrohlich auf die beiden zu.

In diesen »herausfordernden Situationen« wurde genau wie in der Spiel-Situation das Verhalten von Hunden und Menschen gefilmt und mit dem Ausstoß des Stresshormons Cortisol abgeglichen, um mögliche Zusammenhänge bei den unterschiedlichen Hunde- und Menschenpersönlichkeiten zu untersuchen (Schöberl et al., 2017). Die Wiener Wissenschaftler*innen interessierte dabei konkret, ob es einen Zusammenhang geben könne zwischen den Persönlichkeitseigenschaften der beteiligten Individuen, ihrem Geschlecht – also Rüde oder Hündin mit Besitzer oder Besitzerin an ihrer Seite, dem allgemeinen Auftreten als Team und dem Stresserlebnis, gemessen in der Cortisolvarianz von Mensch und Hund.

Zusätzlich zu diesen beiden Parametern ließen sie die Besitzer deshalb Fragebögen zur eigenen und zur Persönlichkeit des Hundes sowie zur Bindungsqualität ausfüllen. All diese unterschiedlichen Untersuchungsergebnisse der hundertzweiunddreißig Teams wurden dann miteinander abgeglichen und ausgewertet. Spannend war, dass die »Cortisolvarianz« sehr viel darüber aussagte, wie gut oder schlecht es den Hunden und Menschen während der Versuche ging. Blieb der Gehalt an Cortisol konstant auf einem Level, dann hatten die Individuen Schwierigkeiten, sich während der stressigen Situation zu beruhigen, und sie brauchten länger, um wieder in ihren physiologischen Normalzustand zurückzufinden.

Anders war das bei den Persönlichkeiten mit einer starken Cortisolvarianz: Sie reagierten in Schreckmomenten natürlich mit einem Ausstoß großer Mengen des Stresshormons. Ganz schnell ging der Spiegel aber wieder nach unten, und die Hunde und Menschen zeigten wieder ein normales, ruhiges, gelassenes Verhalten.

Besonders spannend war das Ergebnis, wenn man sich die Werte der jeweiligen Teams anschaute: Die Cortisolvarianz glich sich signifikant zwischen Mensch und Hund eines Teams! Das bedeutet: Wer einen ausgeglichenen, stresskompatiblen Partner an seiner Seite hat, passt sich wahrscheinlich mit seinem Stresssystem diesem Partner an. Die Forscher*innen vermuten, dass die Persönlichkeit des Menschen hier einen größeren Einfluss auf diese Entwicklung des Stresssystems haben kann als die des Hundes. Vermutlich, weil Menschen für ihre Hunde in der Position einer »Elternfigur« stehen, an der man sich orientieren und lernen kann, wie man sich in bestimmten Momenten optimal verhält. Hat man dann das Pech, als Hund an einen Menschen mit labilem Stresssystem zu geraten, dann wird sich der Hund bald ähnlich schreckhaft in unvorhergesehenen, herausfordernden Situationen benehmen wie sein Mensch. Glück könnte dagegen der Hund haben, der vielleicht am Anfang seines Lebens mehr Pech hatte. Das Testergebnis der Wiener Forscher*innen könnte nämlich erklären, warum manche Hunde aus dem Tierschutz, die noch nicht viel lernen konnten oder sogar negative Erfahrungen mit Menschen machen mussten, sich an der Seite eines erfahrenen, liebevollen und gelassenen Hundehalters zu fantastischen Begleitern entwickeln können. Ein »Menschen-Freund«, der mit positiver Grundeinstellung durchs Leben geht, liebevoll und stark belastbar ist, an dessen Seite kann man sich sicher fühlen, in seiner Persönlichkeit entfalten und durch soziales Lernen von seinem aufgeschlossenen Verhalten profitieren.

Treuer Hund, unabhängige Katze?

Es gibt unzählige Geschichten von treuen Hunden, die unser Herz anrühren. Doch was ist mit Katzen und anderen Tieren - binden sie sich ähnlich eng an uns und werden sie in ihrer individuellen Persönlichkeitsentwicklung und Resilienz von ihren Besitzern ähnlich stark beeinflusst wie Hunde? Erst in den letzten Jahren haben Forscher*innen vermehrt angefangen, sich für das Innenleben von Katzen, ihre Sicht auf das Zusammenleben mit Menschen und ihre Bindungsbereitschaft an uns zu interessieren. Denn bis heute halten sich wacker verschiedene Mythen. So werden Katzen immer noch als Einzelgänger bezeichnet, die an einer tiefen Beziehung zu Menschen nicht ernsthaft interessiert seien. Die Verhaltensbiologie zeigt aber, dass Katzen gerne in sozialen Gruppen leben - sie sind zwar Einzeljäger, genießen ansonsten aber das Zusammensein mit Artgenossen oder ihren

Menschen. Trotzdem hält sich wacker das Vorurteil, Katzen hätten, wenn überhaupt, nur Interesse an unserer Fähigkeit zum Dosenöffnen. Und hin und wieder streicheln ist auch okay – ansonsten zögen Katzen es vor, in Ruhe gelassen zu werden.

Stony

Dass diese Sicht auf Katzen so pauschal nicht stimmt, ist mir spätestens seit dem Drehtag in einem Tierheim in Schleswig-Holstein klar, als wir einen Bericht über Stony drehen wollten. Stony war zwei Wochen zuvor in der Nähe eines Seniorenheims gefunden worden; sie war in keinem besonders guten Zustand und deshalb im Tierheim gelandet. Dort musste man ihr viele kariöse Zähne ziehen und sie wegen Unmengen von Parasiten behandeln. Doch obwohl es ihr mittlerweile vom tiermedizinischen Standpunkt aus gut ging, schien ihre Seele zu leiden. Sie verweigerte das Fressen und jeden Versuch einer sozialen Kontaktaufnahme. Sobald man die Käfigtür auch nur einen Spalt breit öffnete, ertönte ein tiefes Grollen, und das Tier drehte sich mit eng zurückliegenden Ohren mit dem Gesicht in Richtung der hinteren Ecke des Käfigs.

Wenn Katzen nicht mehr leben wollen, ziehen sie sich zurück und hören auf zu fressen – bei den Pflegekräften im Heim und auch bei mir schrillten also die Alarmglocken. Parallel dazu klingelte ständig das Telefon: Stonys Besitzer erkundigte sich nach ihrem Befinden. Er hatte eindeutig eine Alkoholerkrankung, doch er vermisste sein Tier und behauptete steif und fest, sie wäre normalerweise kuschelig und aufgeschlossen und würde gerne fressen. Diese Beobachtungen waren konträr zu denen, die wir im Tierheim machen konnten, deshalb hatte man ihm bislang die Rückgabe des Tieres verweigert – auch weil er offensichtlich nicht in der Lage war, sein Tier richtig zu pflegen. Nun war es richtig gepflegt, aber so unglücklich, dass das Tierheimpersonal Sorge hatte, die Katze würde nicht mehr lange leben. Im Gespräch versuchten wir zu ermitteln, was das Beste für das Tier sein könnte. Ich gab zu bedenken, dass der Mann ja großes emotionales Interesse an Stony zeigte. Warum könnten wir ihn nicht verpflichten, sie regelmäßig kostenlos zur Überprüfung ihrer Gesundheit ins Tierheim zu bringen, und ihm die Katze dafür wiedergeben? Dann könnten wir uns bei der Übergabe mit eigenen Augen vergewissern, ob sich Stony mit ihm anders verhalten würde als mit uns – und ihr so vielleicht das Leben retten.

Eigentlich hatten wir mittlerweile gar keine andere Wahl mehr, denn in der Zwischenzeit war Stony durch ihren Hungerstreik so schwach, dass sie sich aufgegeben hatte. Sie bedrohte uns nicht mehr und benutzte nicht mehr ihr Katzenklo. Wir schoben das lebensmüde Tier also in einen Transportkorb und fuhren zum Wohnsitz ihres Besitzers. Als wir einparkten, kam er schon aus der Tür gerannt. Wir öffneten die Autotür, und er lehnte sich hinein und rief: »Stony!« Daraufhin ertönte aus dem Inneren des Wagens ein zaghaftes »Miau?«, wirklich so, als würde sie fragen: »Bist du es wirklich, oder träume ich?« Ohne lange zu fragen, öffnete er den Katzenkorb und hob Stony heraus. Aufgrund unserer Erfahrungen mit ihr hatten wir Sorge, sie würde ihm das Gesicht zerkratzen. Stattdessen rieb sie ihr Gesicht an seinem, schnurrte, so laut sie konnte, und presste ihren Körper an ihn. Die beiden gingen in seine Wohnung, er holte Futter und füllte es in ihren Napf, und sie begann sofort gierig zu fressen.

An diesem Tag habe ich mich von dem Gedanken verabschiedet, Katzen könnten keine innige Bindung zu ihren Menschen aufbauen. Wir sollten Tierarten niemals pauschal irgendwelche Eigenschaften überstülpen. Wir haben es mit Individuen zu tun, Persönlichkeiten mit einer eigenen Geschichte. Natürlich bestimmten Gene bestimmte typische Verhaltensweisen einer Spezies. Wie sich das Tier aber entwickelt, hängt stark mit seinen Erlebnissen zusammen. Und wenn eine Katze von klein auf positive Erlebnisse mit Menschen macht und dann jahrelang bei einem liebevollen Besitzer lebt, dann bindet sie sich an diesen einen Menschen, der für sie unersetzbar werden kann. So unersetzbar, dass sie ohne ihn nicht mehr leben möchte.

Begrüßungszeremonien beruhigen und stärken die Bindung

Der Moment des Wiedersehens zwischen Stony und ihrem Menschen war ergreifend; diese Bilder der Innigkeit, der überschwänglichen Liebe zwischen der fast verhungerten Katze und dem Mann werde ich niemals vergessen. Sie haben mich gelehrt, dass man immer wieder neue Wege gehen können muss und niemals pauschal verurteilen darf – weder einen Menschen, der aufgrund seiner Erkrankung die Gesundheit seines Tieres nicht mehr so gut im Blick hat, noch die Katze, indem wir ihr die Fähigkeit zur engen Bindung an uns absprechen. Doch der Moment des Wiedersehens hat mir auch gezeigt, was für eine heilende Wirkung Begrüßungsrituale haben können. Mensch und Tier hatten seit Wochen unter extremem Trennungsstress gelebt. Durch die Berührung und die Zärtlichkeiten beim Wiedersehen haben sie gelacht, geschnurrt, und sofort war der kleine Katzenorganismus wieder zur Nahrungsaufnahme bereit! Diese Geschwindigkeit in der Rehabilitation lässt alle Psychopharmaka mit Sicherheit vor Neid erblassen. Doch welche Prozesse spielten sich im Hintergrund ab, dass es den beiden so schnell wieder besser ging?

Wenn wir uns an einen anderen binden, egal ob Mensch, Vogel oder Hund, dann wird, wie Sie hier ja schon öfter gelesen haben, schon beim Anblick dieses Partners das Glückshormon Oxytocin ausgestoßen. Das Hormon liegt immer auf Vorrat in der Hypophyse und wartet auf seinen Einsatz. In Stonys Fall genügte es, dass sie endlich die Stimme hörte und den passenden Menschen dazu sah, damit es in Massen ausgeschüttet werden konnte und sie in eine derart euphorische Stimmung versetzte, dass sie sich gleich wieder wohlfühlte und fressen konnte. Der gleiche Prozess wird bei ihrem Menschen stattgefunden haben. Bis zu dem Moment des Treffens waren aber beide ziemlich gestresst – Stony wusste ja nicht, wohin die Fahrt mit dem Auto ging, und hatte sich eigentlich schon aufgegeben. Ihr Mensch war mit Sicherheit aufgeregt, denn er wollte seine Katze unbedingt vom Tierschutzverein zurückbekommen. In der Folge wird der Organismus der beiden voller Stresshormone wie »Cortisol« gewesen sein. Die Stimmen, der Anblick und der Kontakt zum Bindungspartner hat dann das Oxytocin freigesetzt, das der Gegenspieler zum Cortisol ist, ihn verdrängt, die Wirkung auslöscht – sodass sehr schnell Freude und Entspannung eintreten können!

Sich begrüßen, sich umarmen, die Katze oder den Hund streicheln, wenn wir nach einer Abwesenheit zurückkommen, ist also ein Verhalten, das sich nicht nur gut anfühlt, sondern parallel den Stress reduzieren und dafür sorgen kann, dass wir uns sehr schnell wieder beruhigen. Besonders unter extremen Bedingungen wie bei Stony und ihrem Menschen zeigt sich diese wichtige Funktion der Begrüßungsrituale.

Wissenschaftlich untersucht wurde die Wiedersehensfreude zwischen Mensch und Tier zum ersten Mal von der schwedischen Tiermedizinerin Theresa Rehn (Rehn, 2014). Sie bat in einem Tierversuchslabor die Tierpfleger, ihre Pfleglinge, alles Hunde der Rasse »Beagle«, auf unterschiedliche Arten zu begrüßen, und maß parallel den Cortisolgehalt im Speichel der Tiere. Theresa Rehn entschied sich für Laborbeagle, weil in dieser Gruppe immer die ungefähr gleiche Beziehungsqualität der Tiere zum Menschen und identische Lebensbedingungen der Hunde gegeben waren, auch wenn die Situation für die einzelnen Tiere natürlich alles andere als ideal war.

Die Ergebnisse dieser Studie helfen uns jedoch dabei, zu erkennen, wie wichtig es ist, auf unser Herz und nicht auf veraltete Hundetrainertipps zu hören. Rehn teilte die Beagle in drei Gruppen auf und bat die Pfleger anschließend, die Tiere bei der Ankunft entweder zu ignorieren, sie nur verbal anzusprechen oder sich hinzuhocken, sie zu streicheln und mit ihnen zu sprechen. Durch den Vergleich des Cortisolgehaltes in diesen drei Gruppen wollte sie feststellen, ob die Abwesenheit oder Art einer Begrüßung einen Einfluss auf den Stresshaushalt bei den Hunden haben könnte. Zu Beginn war der Cortisolgehalt, wie zu erwarten, bei allen Tieren leicht erhöht, weil ihre menschliche Bezugsperson nicht vor Ort war. Doch nach der unterschiedlichen Rückkehrzeremonie unterschied sich der Gehalt des Stresshormons im Speichel signifikant: Die Gruppe, die nicht begrüßt wurde, brauchte lange, um wieder den Normalwert zu erreichen. Wurden die Hunde verbal begrüßt, dann gab es einen leichten Abfall, aber auch hier blieb die Hormonkonzentration noch lange erhöht. Nur bei der Gruppe, die körperlich berührt und verbal angesprochen wurde, war der Cortisolgehalt im freien Fall, und die Tiere fühlten sich physiologisch betrachtet schnell wieder besser.

Das Ergebnis zeigt mehr als deutlich, dass wir unsere Hunde begrüßen sollten, wenn wir nach Hause kommen - so wie wir es eigentlich auch intuitiv tun würden, hätten wir nicht in manchen Ratgebern gelesen, dass man das nicht machen soll. Wichtig ist natürlich, dass man ruhig begrüßt und nicht zu wild, sodass die Hunde nicht irgendwann total aufgekratzt vor einem durch die Luft springen. Aber Begrüßen an sich ist ein Ritual, das überall im Tierreich anzutreffen ist, wo Tiere in sozialen Gruppen leben, also beispielsweise unter Hunden, Pferden, Menschen und auch Katzen. Es dient dazu, Bindungen zu bestätigen und zu festigen - und funktioniert auch zwischen Bindungspartnern, die verschiedenen Arten angehören, wie diese Studie sehr schön gezeigt hat.

In einer anderen schwedischen Studie des gleichen Forscherteams wurden Kameras in den Wohnungen von Katzenbesitzern installiert, um das Verhalten der Katzen beim Alleinsein und bei der Heimkehr ihrer Besitzer zu beobachten. Dabei sollten die Menschen einmal dreißig Minuten und ein anderes Mal insgesamt vier Stunden von zu Hause fortbleiben. Während des Alleinseins konnten die Forscher*innen kaum Unterschiede im Verhalten der Tiere registrieren, die Katzen schienen kein Problem mit der Abwesenheit ihrer Bezugspersonen zu haben. Doch bei der Heimkehr unterschied sich das Begrüßungsverhalten je nach Dauer des Alleinseins sehr deutlich! Die Katzen schauten viel häufiger zu ihren Menschen, suchten mehr Kontakt und schnurrten viel mehr, wenn der Mensch vier Stunden statt einer halben Stunde fort gewesen war. Auch für Katzen ist der Besitzer also ein wichtiger Teil ihres sozialen Umfeldes, und es ist ihnen alles andere als gleichgültig, wie lange er weg ist (Eriksson et al., 2017).

Nicht nur unsere Haustiere sind für uns Menschen also wichtige Bindungspartner, dasselbe gilt auch umgekehrt. Wir können ihr Stressempfinden in aufregenden oder merkwürdigen Situationen reduzieren, und sie freuen sich über unsere Heimkehr vermutlich auf ganz ähnliche Weise, wie auch wir uns über das Wiedersehen freuen.

Doch ein weiterer wichtiger Aspekt kommt für uns Menschen in der Beziehung noch dazu: Die Haltung wird in den meisten Fällen von uns initiiert, indem wir uns das Tier ganz bewusst »anschaffen«. Sich für ein anderes Wesen verantwortlich zu fühlen, es versorgen zu wollen, aber auch von ihm Zeichen der Zuneigung zu empfangen – all das gehört, wie wir ja schon sehen konnten, zu den Grundbedürfnissen sozialer Lebewesen wie uns Menschen. Jeder von uns sehnt sich mehr oder weniger intensiv danach, andere zu lieben und von ihnen zurückgeliebt zu werden. Und für viele von uns ist dieses Bedürfnis nach Zusammensein nicht nur auf die eigene Spezies beschränkt, sondern wird auch auf andere Tierarten ausgedehnt. Zuneigung und Stressreduktion können eben nicht nur andere Menschen, sondern auch vertraute Tierfreunde schenken, deren Bedürfnisse an Beziehungen den unsrigen gleichen. Deshalb sind tierische Begleiter auch so gut darin, uns in schwierigen Phasen unseres Lebens zu unterstützen.

Glücksbringer auf vier Pfoten: Assistenzhunde

Ein wunderbares Beispiel dafür sind Assistenzhunde. Sie helfen ihren Besitzern nicht nur im Alltag, beispielsweise beim Bedienen eines zu hoch angesetzten Fahrstuhlschalters oder indem sie das Telefon holen. Fast noch wichtiger für ihre Menschen ist die hohe Ansteckungsgefahr, die von ihnen ausgeht! Wenn sie voller Lebensfreude albern über die Wiese hüpfen, fällt es wirklich sehr schwer, Grübeleien oder Sorgen um die Zukunft zu viel Raum zu schenken. Hunde, aber auch andere Tiere sind deshalb optimale Therapeuten, denn sie kitzeln unsere Lachmuskeln und bewerten uns nicht. Sie sind einfach da, erfreuen sich an uns und jedem neuen Tag, weil ja immer das Beste aus ihm gemacht werden könnte!

Nina & Hazel

Genau diese Sicht auf das Leben fiel Nina sehr schwer, als sie mit Anfang zwanzig realisierte, dass sie durch den fortschreitenden Verlauf ihrer Muskelerkrankung in naher Zukunft auf einen Rollstuhl angewiesen sein würde. Bis zu diesem Zeitpunkt hatte sie es durch ihren Willen und ihren ungebrochenen Optimismus geschafft, möglichst unabhängig zu bleiben, ein Studium zu absolvieren und so ihrer Erkrankung, der progressiven Muskeldystrophie, die Stirn zu bieten. Doch trotz aller Bemühungen spürte sie den stetigen Schwund an Kraft in ihren Muskeln, und das stürzte sie in eine Krise. Insgeheim ahnte sie schon lange, dass der Rollstuhl als Hilfsmittel für sie über kurz oder lang zum täglichen Begleiter werden würde. Doch die Vorstellung war für sie schwer zu ertragen: »Es erschien mir wie ein erneuter Sieg der Krankheit gegen mich, den ich nicht anerkennen wollte.« Ihrer Mutter gelang es damals zum Glück trotzdem, Nina zum Besuch der Reha Care, einer internationalen Fachmesse für Menschen mit Behinderung und Pflegebedarf, zu überreden, um sich dort u. a. die neuesten Rollstuhlmodelle anzusehen. Auf dieser Messe stießen die beiden Frauen durch Zufall auf eine Präsentation des Vereins »Vita Assistenzhunde e. V.«, und damit veränderte sich Ninas Leben für immer. »Da sah ich auf der Bühne Rollstuhlfahrer, die lachten und eindeutig Spaß am Leben hatten. Sie wirkten weder traurig noch einsam, sondern selbstbewusst und positiv. Sie erschienen mir ausgeglichen, zufrieden und irgendwie so *normal*. Diese Wahrnehmung wollte so gar nicht in mein damaliges Weltbild passen, das ich von ›Behinderten‹ hatte«, erinnert sich die heute Sechsunddreißigjährige. Doch nicht nur die Ausgeglichenheit der Rollstuhlfahrer, sondern besonders die Hunde beeindruckten Nina zutiefst. Sie präsentierten ihr ganzes Können, zeigten viele tolle Hilfestellungen und wirkten bei der Ausführung gleichzeitig so freudig, als hätten sie wirklich Spaß an ihrer Arbeit. »Das hat auch in mir sofort ein Gefühl von Zuversicht und Fröhlichkeit ausgelöst. In dem Moment wusste ich: Wenn ich den Rollstuhl akzeptieren muss, dann gelingt mir das besser mit so einem großartigen Hund an meiner Seite.«

Nina informierte sich ausgiebig über die Arbeit des Vereins, schrieb eine lange Bewerbung und bangte anschließend wochenlang, ob sie in die engere Auswahl für einen der begehrten Assistenzhunde kommen würde. Das Problem, das schon damals bestand: Die teure Ausbildung und Anschaffung eines Assistenzhundes wird weder von Krankenkassen noch anderen öffentlichen Stellen finanziell gefördert. Eine professionelle Assistenzhundeausbildung ist nämlich sehr aufwendig: Die Welpen müssen bei seriösen Züchtern ausgewählt und gekauft werden (manche Züchter spenden auch einen geeigneten Welpen), anschließend verbringen sie ihr erstes Jahr in Patenfamilien, bevor sie gezielt für die speziellen Bedürfnisse ihrer zukünftigen Besitzer trainiert werden. Im Laufe dieser oft mehr als drei Jahre andauernden Ausbildung und Zusammenführung von Mensch und Hund kommen Kosten in Höhe von ungefähr 25 000 Euro zusammen; auch danach noch werden die Teams ein Hundeleben lang weiter betreut. Vereine und Menschen mit körperlichen Einschränkungen sind deshalb auf Spenden angewiesen, denn die wenigsten Betroffenen können diese Summe aus eigener Tasche aufbringen. »Dabei würde ich jedem Menschen mit körperlichen und/oder emotionalen Beeinträchtigungen die Begleitung durch so einen wunderbaren Hund wünschen«, sagt Nina.

Sie spricht aus Erfahrung, denn ihre Hündin Emily hat sie nach der Zusammenführung über zwölf Jahre begleitet. »Sie hat mir gezeigt, wie schön das Leben ist und dass ich jeden Tag genießen und mir nicht so viele Sorgen um die Zukunft machen sollte.« Dieses Leben im Augenblick, die Freude an kleinen Dingen, die Lebenslust, kurz: was wirklich wichtig ist im Leben – das können Hunde uns am allerbesten zeigen, ist sich Nina sicher. Seit Anfang 2020 lebt sie mit ihrer neuen Assistenzhündin Hazel zusammen. Denn Emily ist 2019 verstorben, und nach einer Phase der Trauer konnte sie ihr Herz wieder öffnen und bei VITA die dreijährige schwarze Labradordame näher kennenlernen. Trotz der Traurigkeit über den Verlust von Emily ist der Funke zwischen Hazel und Nina sofort übergesprungen. Schon nach ein paar Wochen war für Hazel »ihre« Nina der wichtigste Mensch auf der Welt – und das, obwohl Nina ihr im Vergleich mit körperlich gesunden Menschen wenig bieten kann. Denkt man. Denn für Hazel zählt keine wilde Toberei auf der Wiese, sondern Vertrauen zu ihr und die besondere Verbindung zwischen ihnen. Deshalb ruht sie zu ihren Füßen, wenn Nina neuerdings das Atemgerät braucht, weil die Muskeln in ihrem Brustkorb immer schwächer werden und die Atmung sie zusehends anstrengt.

Beeindruckend dabei ist nicht nur, wie viel so ein Hund lernen kann, um seinem Menschen ein weitgehend selbstbestimmtes Leben zu ermöglichen, sondern vor allen Dingen, was Hazel von sich aus wahrzunehmen scheint und wie sie sich an die sich verändernden körperlichen Fähigkeiten von Nina immer wieder anpasst. Hazel ist ja mit ihren drei Jahren noch ein recht junger Hund, sie steckt voller Energie und könnte jederzeit weglaufen und »ihr Ding machen«. Doch sie zieht es vor, auf Spazierrunden so lange neben Nina am Rollstuhl zu laufen, wie die Verkehrslage dies erfordert. Obwohl Nina die Leine nicht wirklich halten kann, was Hazel mit Sicherheit weiß. Wenn Nina das Signal gibt, dass die Umgebung sicher ist und Hazel frei laufen darf, springt die Hündin ihr auf den Schoß. Dank Hazels Unterstützung schafft es Nina trotz deutlich eingeschränkter Handfunktion, ihre Hündin selbstständig abzuleinen. Dies gelingt ihr, indem sie mit nur einem Finger die Leine so festhält, dass Hazel mit einer vorsichtigen, sehr langsamen Kopfbewegung hinausschlüpfen kann. Anschließend wartet die schwarze Labradorhündin kurz, bis das Signalwort kommt, und rennt erst dann los. Von diesem Moment an, das weiß sie, ist *ihre* Zeit. Sie darf schnuppern, markieren, mit anderen frei laufenden Hunden Kontakt aufnehmen, Hund sein.

Wer wie ich das große Glück hat, Hazel und Nina einen Tag lang begleiten zu dürfen, der wird zutiefst bewegt aus dieser Begegnung nach Hause kommen. Wie in einer eleganten Tanz-Choreografie kann man ein fein aufeinander abgestimmtes Zusammenspiel von Hund und Mensch bestaunen, eine innige Gemeinsamkeit, in der jede Bewegung formvollendet ausgeführt wird, in der man füreinander da ist und doch jeder er selbst bleiben darf. Aber für den formvollendeten Auftritt von Teams wie Hazel und Nina gibt es ein Rezept, das für jeden Tierbesitzer ein hilfreicher Leitfaden zum Umgang mit dem Haustier sein kann.

Denn damit die junge Hündin und jeder andere Assistenzhund von VITA ihre wichtigen Aufgaben so grandios erfüllen können, wird in ihrer Ausbildung dafür gesorgt, dass sie selbst glücklich sein können. Dieser eigentlich simple Grundgedanke - nur wer selbst glücklich ist, kann langfristig auch glücklich machen - ist ein Grundprinzip der Ausbildung und sorgt dafür, dass die Tiere ihre Aufgaben mit so viel Freude ausführen. Die Hundeführer bei VITA e. V. lernen deshalb nicht nur, wie man seinem Hund »Kommandos« erteilt, sondern vor allen Dingen, dass die Hunde eine Auslastung brauchen und auch den Freiraum, Hund sein zu dürfen. Sobald die Leine oder das Kennungsdeckchen ausgezogen wird, hopst Hazel deshalb ausgelassen mit anderen Hunden über die Wiese. Oder sie zeigt beim Dummytraining, was für eine Energie, Leidenschaft und Zielstrebigkeit beim Suchen und Finden der Dummys in ihr steckt. Wie gebannt wartet sie neben dem Rollstuhl auf das Signal, welchen Dummy sie suchen und bringen darf, und rennt dann auf die Wort- und Pfeifsignale von Nina los. Doch nicht nur Hazel ist mit Leidenschaft dabei - auch Nina hat großen Spaß an dem gemeinsamen Hobby - und genau das verbindet die beiden auf einer ganz besonderen Ebene. »Diese Bindungsarbeit ist wichtig, damit wir im Alltag als Team so harmonisch funktionieren.« Ein fantastischer Ansatz und ziemlich sicher der Grund dafür, dass Hunde wie Hazel ihre Aufgabe mit so viel Freude und Ausgeglichenheit erfüllen.

Umso unverständlicher ist mir deshalb, dass die Politik bis heute die wichtige Unterstützung durch Assistenzhunde nicht anerkennt und entsprechend finanziell fördert. Das macht in Anbetracht dieser Eindrücke wirklich fassungslos. Wenn ein Hund wie Hazel in der Lage ist, die Lebensqualität eines Menschen mit körperlichen Einschränkungen so stark zu verbessern, ist die Weigerung, dies finanziell durch Gelder der Allgemeinheit zu fördern, ein Skandal, der endlich ans Licht der Öffentlichkeit gehört.

Doch nicht nur die täglichen Injektionen an Fröhlichkeit und Lebensfreude, die Bewegung an der frischen Luft oder die Nähe zum vertrauten Tier tun Nina und allen anderen Haustierhalter*innen gut. Auch die Kontaktaufnahme mit der Umwelt wird erleichtert, denn besonders im Kontakt mit Rollstuhlfahrern sind immer noch viele Menschen unsicher, wie man sich begegnen soll – ignorieren, über sie hinwegsehen? Oder anlächeln – aber könnte das nicht so aussehen, als hätte man Mitleid? In der Folge fühlen sich viele Menschen im Rollstuhl sozial isoliert. Ein freundlicher, gut erzogener Hund fegt solche Bedenken und Unsicherheiten schnell weg – auch weil es gesellschaftlich als akzeptiert gilt, über Hunde mit Fremden ins Gespräch zu kommen, ähnlich, als würde man nach der Uhrzeit oder dem Weg fragen. »Ist das ein Labrador, eine Hündin, wie alt ist sie, was kann sie alles?« sind die klassischen Aufhänger, um ins Gespräch zu kommen. Man wird »sichtbar«, die Scheu vor der Kontaktaufnahme nimmt ab – ein Lächeln oder Lob über den tollen Hund geht einem leichter über die Lippen und ermöglicht einen Kontakt auf Augenhöhe. Schon Studien aus den Neunzigerjahren haben die Wirkung von Assistenzhunden mit wissenschaftlichen Methoden untersucht und konnten zeigen, dass Assistenzhunde nicht nur einen positiven Einfluss auf das Wohlbefinden und Selbstwertgefühl ihrer Menschen haben, sondern auch die Integration von Rollstuhlfahrern in das alltägliche Leben mit Mitmenschen erleichtern können (vgl. Allen, 1999).

Besonders die Zunahme an Kontakten zu Fremden ist dabei ein wichtiger und wohltuender Effekt, nicht nur für Nina, sondern für viele Menschen auf ihren täglichen Gassirunden.

Flirtfaktor Hund

Meinen ersten eigenen Hund hatte ich als Studentin. Rupert war als sehr kleiner Welpe in dem Tierheim abgegeben worden, in dem ich damals als Spätschicht arbeitete. Obwohl er wie eine kleine schwarze Klobürste mit Knopfaugen aussah, verlor ich sofort mein Herz an ihn. Da ich damals noch allein lebte, war ich oft gezwungen, ihn heimlich im Rucksack mit in den Supermarkt zu nehmen, was manchmal entdeckt wurde und verständlicherweise nicht so gut ankam. Deshalb war ich froh, als mich einmal mein guter Freund Jörn begleitete, der vor dem Geschäft als Hundesitter mit Baby-Rupert auf meine Rückkehr wartete. Als ich nach etwa zwanzig Minuten wieder aus dem Laden kam, strahlte Jörn mich an und wirkte geradezu euphorisch. »Drei Mädchen haben mich angesprochen!«, rief er mir freudestrahlend entgegen. »Den Hund muss ich mir öfter mal ausleihen!« Zu der Zeit war ich noch ganz am Anfang meines Studiums und viel an der Uni, deshalb freute ich mich über jeden verantwortungsbewussten Hundesitter wie Jörn. Gleichzeitig weckte dieses Erlebnis sofort meinen Forschergeist, denn mein Fokus lag schon damals auf der Erforschung der Mensch-Tier-Beziehung. Ich nahm mir also fest vor, diese Anekdote irgendwann einmal wissenschaftlich zu überprüfen: Können Hunde wie Beschleuniger bei der Partnerfindung wirken?

Die britische Verhaltensbiologin June McNicholas von der Universität Warwick kam mir damit zuvor; sie hat Anfang der Zweitausender einige sehr spannende Untersuchungen zum Thema »Flirtfaktor Hund« durchgeführt (McNicholas & Collis, 2000). So ließ sie zum Beispiel einen Studenten oder eine Studentin mal mit, mal ohne Hund über den Universitätscampus laufen. Dabei verfolgte sie die Teams unauffällig und notierte akribisch, wie oft und von wem sie angesprochen wurden. Das

Ergebnis zeigte, dass besonders auf Frauen die Kombination »Mann & Hund« eine nahezu magnetische Wirkung zu haben scheint (vgl. hierzu auch Gray et al., 2015). Das beeindruckende Ergebnis in Zahlen: von den insgesamt zweihundertsechs Kontaktaufnahmen fanden fünfzig ohne Hund und hundertsechsundfünfzig mit Hund statt! Ein Student in Begleitung eines Hundes hatte also dreimal so viele Kontakte zum anderen Geschlecht wie beim einsamen Gang übers Unigelände. Bei Studentinnen war der Effekt übrigens viel geringer. Die Forscher*innen vermuteten, dass ein Hund bei Frauen wahrscheinlich die Hemmschwelle senkt, einen fremden Mann anzusprechen. Und dass man bei Männern mit Hund Attribute wie Verlässlichkeit und Pflegebereitschaft assoziiert, was für junge Frauen im fortpflanzungsfähigen Alter durchaus attraktive Eigenschaften sein könnten. Es ist deshalb wohl auch kein Zufall, dass das Interesse von Frauen in Datingportalen eindeutig wächst, wenn auf dem Foto nicht nur der Single, sondern auch noch ein Hund abgebildet ist. Das hat mir ein anderer Freund neulich begeistert erzählt - und gleichzeitig um einen Fototermin mit meinen Hunden gebeten.

Haustiere sind soziale Katalysatoren

Doch nicht nur die Partnerfindung können andere Tiere beschleunigen, besonders Hunde erleichtern die ganz normale Kontaktaufnahme im Alltag. Gerade in anonymen Großstädten wirken sie häufig wie ein »sozialer Katalysator« und sorgen dafür, dass Menschen miteinander sprechen, die sich ansonsten wahrscheinlich wenig zu sagen hätten. Jeder, der mit einem Hund spazieren geht, kennt das: Der Kioskbesitzer kommt hinterm Tresen hervorgerannt und reicht dem Hund einen Keks, die alte Dame sitzt jeden Tag auf der Parkbank und freut sich daran, Hunden und Kindern beim Spielen zuzusehen, und man wechselt ein paar Worte mit ihr. Auch Wildtiere können verbindend wirken, wenn in Wohnsiedlungen die Nachbarn anfangen, sich mit Tipps zur Vogel- und Igelfütterung und zur Gartengestaltung zu versorgen, damit die Tiere gut über den Winter kommen.

Zum ersten Mal mit wissenschaftlichen Methoden untersucht hat das Phänomen der Kontaktbeschleunigung über Tiere der Londoner Biologe Peter Messent, und zwar schon in den Achtzigerjahren (Messent, 1983). Er schickte acht Hundehalter*innen zum Gassigehen abwechselnd in den Londoner Hyde Park und ins vertraute Gassigebiet von Hund und Halter, jeweils einmal mit, einmal ohne Hund. Dabei folgte er heimlich den Mensch-Hund-Teams in ungefähr 45 Meter Entfernung. Insgesamt achtundachtzig Spazierrunden begleitete er auf diese Weise und notierte alle Interaktionen, die zwischen den Mensch-Hund-Teams und der Umgebung stattfanden. Die statistische Analyse ergab eine signifikant erhöhte Anzahl von Kontakten zu Mitbürgern, wenn die Menschen mit statt ohne Hund spazieren gingen - und dies sogar in Gebieten, in denen Hund und Halter »fremd« waren. Die Beobachtungen der Halter auf ihren »normalen« Spazierrouten ergaben, dass sich hier die Halter häufiger und länger mit bekannten Personen unterhielten - auch jeweils, wenn der Hund an ihrer Seite war. Dabei war es durchaus üblich, dass der eigene Hund oder ein anderer Hund vom Halter angesprochen und berührt wurde, während man mit dem Menschen sprach. Messent vermutet, dass hier der Hund als »Brücke« genutzt wird, um über ihn mit dem Halter ins Gespräch zu kommen. Diese Ergebnisse stützen die Hypothese, dass Hunde als »soziale Beschleuniger« wirken. Doch die Wirkung geht meiner Erfahrung nach viel weiter. Wir lernen nicht nur viele Men-

schen schneller kennen, wenn wir von einem netten Hund begleitet werden. Sondern es können sich auch soziale Netzwerke
entwickeln, so wie ich das bei meinen eigenen Feldstudien für
meine Magisterarbeit erleben durfte (Kitchenham, 2003).

Die Gassigang

Dabei habe ich unter anderem eine Gruppe von Senior*innen
begleitet, die sich jeden Morgen um acht Uhr am Eingang eines
Hamburger Parks trafen, um gemeinsam eine Stunde lang spazieren zu gehen. Alle fünf Teilnehmer*innen waren ehemalige
Hundehalter*innen, nur ein Hund der älteren Herrschaften war
noch am Leben, alle anderen waren über die Jahre hinweg verstorben. Einen neuen Hund wollten sich die Damen und Herren
wegen ihres teilweise sehr fortgeschrittenen Alters nicht mehr
zulegen, aber auf den Kontakt zu den »Parkfreunden« und die
Bewegung an der frischen Luft verzichten wollten sie auch
nicht. So traf sich meine »Gang« weiterhin wacker jeden Morgen zur vertrauten Zeit am vertrauten Ort. Doch nicht nur das:
Man war auch außerhalb der Parkrunden füreinander da. Als
eines Morgens eine der Damen nicht zum Treffpunkt erschien,
ohne dass sie sich abgemeldet hatte, begab sich der Trupp sofort
zu ihr nach Hause und stellte fest, dass sie einen Unfall gehabt
hatte und ins Krankenhaus musste. Diese Menschen waren füreinander da, sie hatten sich über die Hunde kennen- und schätzen gelernt und waren sich bis zuletzt eng verbunden.

Für meine Senior*innen-Gang damals in dem Hamburger
Park stand fest, dass die positiven Effekte von Hundehaltung
sie fit und ihre Freundschaft das Leben lebenswert erhalten hatte - selbst als die eigenen Hunde schon verstorben waren.
Doch Hunde bringen nicht nur fremde Menschen zusammen,

auch vertraute Personen finden durch die Präsenz eines vierbeinigen Kollegen oder Familienmitgliedes häufig besser durch den Alltag.

Heimtiere als Sozialarbeiter und Familienhelfer

Entgegen dem Klischee, dass Haustiere von den meisten Menschen als Kind- oder Partnerersatz gehalten werden, leben die meisten Tiere in Familien (Ohr, 2019). Insgesamt hatten 2019 sogar 61 Prozent der deutschen Familien mit Kindern mindestens ein Tier (ZZF, 2020). Eltern erhoffen sich dabei oft, dass Katze, Hund & Co. besondere erzieherische Aufgaben im Familienalltag übernehmen. Der Tiermediziner Norbert Rehm hat in den Neunzigerjahren diese »pädagogischen Profile« speziell für Hunde genauer untersucht (Rehm, 1993) und fand bei der Auswertung seiner Eltern-Fragebogen gleich einen ganzen Erwartungskatalog vor. Die Erziehungsberechtigten erhofften sich demnach vom Hund, dass er Kindern unter anderem »Verantwortungsgefühl«, ein besseres »Sozialverhalten« und »Naturverständnis« vermittelt. Ob und wie die Pädagogen auf vier Pfoten diesen Ansprüchen wirklich gerecht werden können, ist mit Sicherheit davon abhängig, wie gut sie in die Familie integriert werden. Denn nur, wenn Hunde sich zugehörig und geliebt fühlen, interagieren sie auch auf vertrauter Ebene und können ein passendes soziales Feedback geben. Hunde müssen ernst genommen werden und sich entfalten können, damit sie bei Kindern wirklich das Einfühlungsvermögen schulen und Seelentröster in Krisen sein können.

Was in Familien und am Arbeitsplatz aber deutlich spürbar sein kann, ist der meistens sehr positive Einfluss von Tieren auf die Kommunikation. Hierzu gibt es eine spannende Studie des

Psychologen Jörg Bergmann, die zwar schon etwas älter ist, aber an Aktualität bestimmt nichts eingebüßt hat (Bergmann, 1988). Bergmann hat sich in Familien gesetzt und beobachtet, wie die Kommunikation mit dem Tier im Alltag funktioniert. Dabei konnte er feststellen, dass Haustiere gerne als »thematische und kommunikative Ressource« genutzt werden, besonders, wenn die Stimmung zu kippen droht. Gab es zum Beispiel am Abendbrottisch einen Konflikt, dann wurde gerne auf den Hund oder die Katze aufmerksam gemacht, um über eine lustige Aktion des Tieres eine unverfängliche Geschichte aus dem Hut zu zaubern. Ein Tier hört nicht hin, ob wir wirklich die Wahrheit erzählen oder sie sogar ein bisschen ausschmücken, damit die Pointe am Ende lustiger ausfällt. Tiere reagieren höchstens, wenn während der Erzählung ihr Name fällt und sie deshalb selbst die Initiative ergreifen und eine spontane Aktion starten. Und schon ergibt sich ein weiterer Anknüpfungspunkt, jeder kann etwas über die besonderen Fähigkeiten, Missgeschicke oder Persönlichkeitseigenschaften des Tieres zum Gespräch beitragen. Das Streicheln des Fells beruhigt, manchmal wird am Ende sogar gelacht statt weitergestritten. Das funktioniert natürlich nicht immer, aber besonders, wer mit Tieren und pubertierenden Jugendlichen unter einem Dach wohnt, wird häufig die Gegenwart eines vierbeinigen Familienmitglieds zu schätzen wissen, das festgefahrene Situationen durch spontane Aktionen auflockert. Oder einfach nur für das Kind da ist, wenn die Eltern wieder mal nur peinlich oder doof sind. Tiere eignen sich laut Bergmann deshalb fantastisch dazu, kommunikative Einbahnstraßen zu durchbrechen oder steife Treffen aufzulockern. Sie kennen keine gesellschaftlichen Konventionen, stoßen mit ihrer unbekümmerten Art einfach zum Geschehen dazu und können dadurch ins Stocken geratene Gespräche auflockern helfen, zum Beispiel beim ersten Kennenlernen der Schwiegereltern in spe.

Sie liefern garantiert immer neue Gesprächsthemen und sind deshalb die »ideale kommunikative Ressource«, von der Jörg Bergmann schreibt.

Tierische Kollegen

Diese Effekte funktionieren aber nicht nur in heiklen Momenten innerhalb der eigenen Familie. Tiere haben zum Beispiel auch herausragende kollegiale Fähigkeiten und können damit zu einem besseren Betriebsklima beitragen. So lockern Bürohunde oft festgefahrene Verhandlungen durch plötzliche Aktionen auf. Und sei es nur, dass ein strenger Furz dazu führt, dass alle lachen und die Fenster öffnen müssen. Plötzlich weht (zum Glück) wieder frischer Wind durch die Gesprächsrunde, man erzählt eine Anekdote vom eigenen Hund, erkennt Gemeinsamkeiten, jeder kann kurz etwas Lustiges beitragen – das verbindet, und man begegnet sich ganz neu. Danach kehrt die Leitung des Meetings dann elegant wieder zum eigentlichen Thema des Treffens zurück, dem man sich nach der kleinen sozialen Erholungspause nicht selten auf anderer, besserer Ebene nähern kann.

Kein Wunder, dass eine Untersuchung des Psychologen Stephen Colarelli von der Universität Michigan zeigen konnte, welche beflügelnde Wirkung Hunde auf die Kreativität und Produktivität in neuen Arbeitsgruppen entfalten können. Vier fremde Menschen sollten sich in der Studie jeweils zu neuen Teams zusammenfinden. Die eine Hälfte der Teams bekam einen Hund zur Seite gestellt, die Vergleichsgruppen mussten ohne vierbeinigen Assistenten auskommen. Dann sollten alle Gruppen gleiche Aufgaben jeweils gemeinsam bewältigen, in denen verschiedene kollegiale und kreative Fähigkeiten gefragt waren. Das Ergebnis zeigt, dass sich die Teams mit Hundebegleitung viel schneller näherkamen; sie kooperierten besser, gingen freundlicher miteinander um, waren allgemein aktiver und arbeiteten enthusiastischer. Auch die Vergleichsgruppen ohne Hund mit gleichen Aufgaben erzielten gute Ergebnisse, die Stimmung lockerte sich aber viel langsamer auf, und der Umgang blieb bis zuletzt weniger aufgeschlossen, begeistert und dynamisch.

Hunde können also das Zusammenarbeiten auf engem Raum beflügeln. Das könnte daran liegen, dass über sie schnell Gemeinsamkeiten festgestellt werden können, sie allen Teammitgliedern offen, freundlich und ohne Vorbehalte begegnen. Dazu kommt, dass die Nähe zum Tier, das Streicheln des Fells bei Stress oder schlechter Laune schnell beruhigt. Wir werden kurz abgelenkt, bekommen eine kleine Pause – und können uns danach erfrischt wieder unseren Aufgaben widmen. Besonders beliebt bei Menschen mit Bürohund oder -katze ist dabei das morgendliche Begrüßungszeremoniell, denn jeder wird meist fröhlich begrüßt und fühlt sich dadurch am Arbeitsplatz willkommen (siehe Abschnitt »Begrüßungszeremonien beruhigen und stärken die Bindung« im Kapitel »Mensch-Tier-Freundschaften«). Im Laufe des Tages wird dann auch gerne mal gespielt oder man teilt die Gassirunden kollegial untereinander auf. Vorausgesetzt, dass alle Kollegen Hunden oder Katzen gegenüber aufgeschlossen sind, können Tiere am Arbeitsplatz einen sehr positiven Einfluss auf das Betriebsklima entfalten.

Die Frage, was zuerst da war, das Wohlbefinden oder die Haustierhaltung, kann am Beispiel von Assistenzhunden, Büro- oder Familienhunden und -katzen oder Singles und Seniorengruppen im Park, also mit all den anderen hier vorgestellten Erkenntnissen und Anekdoten, meiner Meinung nach als geklärt gelten – besonders im Hinblick auf das am besten untersuchte Phänomen der Hundehaltung. Glücklich und gesund kann man natürlich schon vorher und ohne Tier sein. Das Wohlbefinden und dadurch die Gesundheit kann aber deutlich verstärkt werden durch eine innige Beziehung zum Tier.

Und auch die Eier waren übrigens vor den Hühnern da! Hühner gehören zur zoologischen Klasse der Vögel. Diese wiederum haben sich aus Reptilien entwickelt, die schon viel länger über die Erde kriechen oder schlängeln und ihren Nachwuchs im Zwischenstadium Ei auf die Welt bringen. Eier sind also früher erfunden worden von den Ahnen der Vögel. Deshalb kam das Huhn nach dem Ei, und Menschen leben (ziemlich wahrscheinlich und meistens) gesünder, länger und glücklicher, wenn sie den großen Trumpf haben, ein Tier als ihren Freund bezeichnen zu dürfen.

Von außen betrachtet: Wie wirken Tierbesitzer auf ihre Umgebung?

Doch machen wir uns nichts vor: Menschen, die niemals eine innige Beziehung zu einem Tier hatten, können selten das enge Band verstehen, das uns mit unseren Haustieren verbindet. Sie betrachten das vertraute Zusammenleben oft mit großer Verwunderung. Ich jedenfalls ernte manchmal mitleidige bis angeekelte Blicke, wenn ich mit gut gefülltem Hundekotbeutel auf der Suche nach dem nächsten Mülleimer durch die Straßen meiner Stadt irre. Doch das sind nur kurze Momente, in denen andere Menschen Tierhaltung bizarr finden. Meistens scheint ihnen das Bild eines Menschen mit nettem Hund an der Seite zu gefallen - dies lassen zumindest die 98 Prozent der Menschen vermuten, die mich bei meinen Hunderunden freundlich anlächeln. Viele Studien wie die der Cleveland State University

(Rossbach & Wilson, 1992) scheinen diese subjektive Wahrnehmung zu bestätigen.

Menschen mit Hund wirken glücklicher

Das Forscherduo untersuchte schon in den Neunzigerjahren, ob Menschen positiver wahrgenommen werden, wenn sie ein Tier an ihrer Seite haben. Im ersten Testdurchlauf baten die Biologen Kelly Ann Rossbach und John Wilson deshalb vierunddreißig Probanden, drei Landschaftsbilder mit fast identischen Motiven zu beurteilen. Auf den Fotos wurde immer nur eine Kleinigkeit verändert. Und diese für die Forscher*innen spannende Kleinigkeit war die Ab- oder Anwesenheit eines Menschen, der mal mit, mal ohne Begleitung eines Hundes abgebildet wurde. Die Testpersonen sollten diese Motive zuerst nach den vier Kriterien »Zugänglichkeit«, »sieht glücklich aus«, »sieht entspannt aus« und »bestes Foto« bewerten. Hier wurde deutlich, dass das reine Landschaftsbild ohne Mensch und Hund am häufigsten als »bestes Foto« beurteilt wurde, dass aber Menschen mit Hund an ihrer Seite besser abschnitten als die einsam abgebildeten Menschen. In einer zweiten Studie wurden fünfundvierzig Personen gebeten, die drei Bildvarianten - ohne Mensch und Hund, mit Mensch oder mit Mensch und Hund - gegeneinander nach verschiedenen ästhetischen Kriterien abzuwägen. Einmal der generelle Eindruck »das schaue ich mir am liebsten an« gegenüber »dies ist das bestes Foto«. Zusätzlich sollten sie beantworten, wie sie die Person auf den Fotos in Bezug auf die drei Zustandsformen »Glücklich«, »Entspannt« und »Sicherheitsgefühl« erlebten. Dann wurden sie noch gebeten, die Fotos auszusuchen, auf denen sie am liebsten selbst abgebildet sein würden. Das deutlichste Ergebnis der zweiten Studie war, dass die Landschaft ohne Lebewesen am liebsten angesehen wurde, die größte Entspannung hervorrief und wie in der ersten Studie schon auch als bestes Foto bewertet wurde. Das zweitbeste Ergebnis erzielten die Fotos, auf denen die Person einen Hund an ihrer Seite hatte. Auf die Befragten wirkte der Mensch glücklicher, sicherer und das Bild schöner, wenn ein Hund den Moment mit ihm teilte. Wurden die Versuchsteilnehmer*innen gefragt, in welcher Szene sie sich selbst am liebsten aufhalten würden, dann wählten sie bevorzugt die Bilder mit dem tierischen Begleiter aus. Zusammenfassend betonen die Forscher*innen das Ergebnis beider Untersuchungen, dass Menschen glücklicher, entspannter und sicherer erscheinen, wenn sie an der Seite eines Hundes zu sehen sind, und dass die Mehrheit der Testpersonen lieber mit dem Hundebesitzer tauschen würden, als alleine in der Natur unterwegs zu sein.

Aus diesem Ergebnis könnte man schließen, dass Menschen Natur am liebsten ansehen, wenn kein anderer Mensch dort zu sehen ist. Aber auch, dass sie sich tief in ihrem Inneren nach einem befreundeten Tier sehnen.

Viele moderne Menschen, die den Wunsch haben, sich der Natur nahe zu fühlen, nutzen dafür Outdoor-Aktivitäten wie Klettern, Wandern oder Skilanglauf. Diese Hobbys zeigen eine starke Naturverbundenheit, können aber nur zeitlich sehr begrenzt stattfinden, meistens an Wochenenden oder im Urlaub. Im Alltag ist es für viele Menschen schwieriger, eine Verbindung zur Natur herzustellen, und so verbringen sie die Zeit mit anderen Beschäftigungen.

Es sei denn, sie halten sich ein Haustier! Denn hier haben sie eine Möglichkeit, die Brücke zur Natur auch im Alltag zu schlagen. Einfach, indem wir mit dem zusammengerollt auf unserem Sessel schlafenden Stubentiger ein Stück Wildnis in unsere Wohnzimmer einziehen lassen oder das Meerschweinchen dabei beobachten, wie es genüsslich ein Stück Gurke verspeist.

Aber warum kommen wir nicht auf die Idee, dieses Meerschweinchen nur zu füttern, um es später selbst zu verspeisen? Was ist aus dem Steinzeitmenschen geworden, der andere Tiere nicht als Freunde mit durchfütterte, sondern vorrangig selbst als Beute betrachtet hat?

Freundlichkeit – das Geheimnis unseres Erfolges

Wie ich schon an anderer Stelle beschrieben habe, gibt es seit ein paar Jahren die von dem Verhaltensbiologen Brian Hare aufgestellte Hypothese, dass es beim Menschen eine Selektion auf »Freundlichkeit« gegeben haben könnte. Nach dieser Hypothese hat uns die Fähigkeit zur Zurückhaltung primärer Antriebe die Möglichkeit eröffnet, eine entscheidende Entwicklungsstufe zu erklimmen. Weil wir uns heute (zumindest meistens) zahmer als die Frühmenschen verhalten, sind wir besser in der Lage, unsere Impulse zu kontrollieren. Wir können warten, bis alle etwas zu essen auf dem Teller haben, bevor wir mit dem ersten Bissen starten. Auch Fremden gegenüber verhalten wir uns »gezähmt«, einer älteren Dame im Bus bieten wir hoffentlich unseren Sitzplatz an, selbst wenn wir müde sind. Auch anderen Verführungen zum Egoismus begegnen wir mit Disziplin: An der Schlange vorm Bäcker gehen wir nicht vorbei, sondern stellen uns geduldig hinten an, im kalten Winter warten wir, bis alle aus dem Bus ausgestiegen sind, bevor wir selbst ins Warme dürfen. In all diesen Alltagssituationen – also ständig! – müssen wir unseren Impuls zum Vordrängeln überwinden und uns rücksichtsvoll und freundlich verhalten. Natürlich sind viele dieser Verhaltensweisen kulturell übermittelt und wurden im Laufe unseres

Erwachsenenwerdens durch erzieherischen Einfluss und Vorbildfunktion unserer Eltern erworben.

Doch die *Voraussetzung* zum Erwerben dieser Kontrolle über spontane Impulse ist bei uns wie bei anderen sozial lebenden Tieren schon von Geburt an vorhanden. Die Anlage zu dieser Fähigkeit nennt man »Impulskontrollvermögen«, und dieses ist wahrscheinlich im Zuge unserer Entwicklungsgeschichte immer stärker herausgearbeitet worden. Das bedeutet aber nicht, dass wir von Geburt an gut darin sind, unsere Gefühle zu kontrollieren; denken Sie nur an die Trotzphasen von Zweijährigen oder das erschreckende Unvermögen von Pubertierenden, sich ohne fünfmalige Aufforderung am Ausräumen von Geschirrspülmaschinen zu beteiligen. Der Aufschub von eigenen Bedürfnissen muss im Zuge des Heranwachsens in verschiedensten sozialen Situationen und unterschiedlichen Lebensphasen vom Individuum immer wieder geübt und weiter verbessert werden. Doch die Grundlage für diese Kompetenz ist im Gehirn bereits angelegt. Das Vorhandensein bestimmter Hirnstrukturen und Botenstoffsysteme und eine grundsätzlich tolerantere Einstellung zu gruppenfremden Artgenossen machen es zum Beispiel möglich, dass wir größtenteils friedlich in Großstädten zusammenleben oder gemeinsam mit vielen Fremden über weite Strecken im ICE fahren können.

Welche Auswirkungen eine zunehmende Zahmheit auf die Entstehung weiterer Fähigkeiten hat, ist an Wildtieren untersucht worden, zum Beispiel in Studien, die Wolfs- mit Hundeverhalten in verschiedenen Situationen verglichen haben. Der Hund ist heute für viele Forscher*innen eine Art Blaupause für die menschliche Entwicklungsgeschichte, da er nach dem Zusammenschluss mit dem Menschen vor ungefähr dreißigtausend Jahren und durch seine Haustierwerdung eine Domestikation im Schnelldurchlauf absolviert hat. Dabei hat er besonders im sozial-kommunikativen Bereich Fähigkeiten verfeinert, die für viele Verhaltensforscher*innen denen von uns Menschen gleichen. Auf diese Weise ist der Hund in den letzten zwanzig Jahren fast schon zum »Lieblingstier« der vergleichenden Verhaltensforschung avanciert; neben Schimpansen, Labormäusen und -ratten ist mittlerweile kaum eine Tierart derart gut studiert worden.

Besonders interessant finden die Wissenschaftler*innen dabei die Veränderung von Fähigkeiten im Zuge der Domestikation. Sie vergleichen das Verhalten und die Gene von Hunden deshalb gerne mit denen seines nächsten Verwandten, des Wolfs. Dabei wurde deutlich, dass der Wolf viele Fähigkeiten, für die wir Hunde heute rühmen, bereits besitzt. Lebt er in ähnlichen Verhältnissen wie Hunde, dann zeigt er auch ähnliche Fähigkeiten, zum Beispiel im Bereich der Kommunikation mit Menschen. So waren in Versuchen sowohl Hunde als auch Wölfe in der Lage, zwischen geizigen und großzügigen Menschen zu unterscheiden und ihnen Futterverstecke, die nur die Tiere kannten, zu zeigen oder eben bei gierigen Menschentypen zu verheimlichen (Heberlein et al., 2016, 2017). Wölfe tragen also viel von dem, was Hunde in unserem Alltag als Helfer so wertvoll macht, bereits angelegt in sich. Nur dass durch die Domestikation Talente bei Hunden selektiv gefördert wurden, die für eine Zusammenarbeit mit uns besonders nützlich sind.

Dazu gehört im ersten Schritt eine tolerantere Haltung gegenüber allem Fremden und Neuen. In Vergleichsversuchen aus Budapest zeigten sich handaufgezogene Wölfe neuen Situationen gegenüber sehr viel skeptischer als unter gleichen Bedingungen aufgezogene Haushunde. Deutlich wurde auch, dass die Wölfe nur dann zur Mitarbeit und Kommunikation mit Menschen bereit waren, wenn sie bereits ab ihrem fünften Lebenstag mit der Flasche aufgezogen worden waren. Hunde zeigen ein sehr viel breiteres Zeitfenster, innerhalb dessen sie sich noch an den Umgang mit Menschen gewöhnen können. Diese entspanntere Herangehensweise an unbekannte Situationen und die größere Aufgeschlossenheit gegenüber dem Menschen entstehen durch eine genetisch bedingte Veränderung von Botenstoffsystemen. Durch diesen anderen »Botenstoffhaushalt« im Gehirn konnten weitere kognitive Fähigkeiten wie ein erhöhtes Interesse an Kommunikation und Austausch mit einer anderen Spezies wie dem Menschen entstehen – und das schon bei Welpen.

Besonders die Rezeptor-Gene für Dopamin, Oxytocin und Serotonin sind auch bei uns Menschen ins Blickfeld der Forscher*innen geraten, denn sie ermöglichen uns eine erhöhte Lernbereitschaft, soziale Toleranz und verbesserte Bedürfniskontrolle im Zusammenleben mit uns Menschen. Handaufgezogenen Wölfen kann durch keine Erziehungsbemühung klargemacht werden, dass Futter auf dem Tisch tabu ist – für sie gehört leckeres Fressen, das herumliegt, demjenigen, der es findet. Hunde halten sich irgendwann an das Tabu, Essen zu nehmen – die meisten zumindest so lange, wie wir sie im Blick haben. Die Ausschüttung der Botenstoffe ist dabei fein aufeinander abgestimmt und bestärkt sich gegenseitig. Es handelt sich also um die gleichen Botenstoffsysteme, die dafür sorgen, dass Hunde gegenüber Menschen sozial offener auftreten, das Zusammenarbeiten mit Menschen sehr motivierend finden und sich auch in unbekannten Alltagssituationen entspannter verhalten können als Wölfe.

So unterscheiden sich Hunde und Wölfe zum Beispiel deutlich in Bezug auf Gene, die Rezeptoren für Oxytocin kodieren (Lee Oliva, 2016). Wissenschaftler*innen wie Jessica Lee Oliva vermuten, dass das Oxytocin einen wesentlichen Beitrag bei der Hundwerdung gespielt haben könnte. In der Folge entstand eine neurophysiologische Veränderung, die so ähnlich wohl auch bei uns Menschen stattgefunden hat (Cieri et al., 2014, Nelson et al., 2011). Aber nicht nur das: Laut Brian Hare verbinden uns mit den Hunden noch mehr Merkmale eines Domestikationsprozesses: Wie die Hunde haben auch wir während unserer Evolution die Entwicklungsphase der Kindheit verlängert und uns gleichzeitig morphologisch verändert. Wir sehen »niedlicher« aus als unsere Vorfahren aus der Steinzeit, die Oberaugenwülste sind fast verschwunden, das Kinn ist kleiner, die Augen vergrößert - ganz ähnlich wie beim Hund, der einen kürzeren Fang und größere Augen bekommen hat und allgemein »freundlicher« oder »niedlicher« aussieht als sein wilder Verwandter, der Wolf.

Zahmheit stößt Entstehung neuer Fähigkeiten an

Eine Veränderung des äußeren Erscheinungsbildes parallel zur gezielten Selektion auf die Eigenschaft »Zahmheit« konnte zum ersten Mal der russische Zoologe Dmitry Belayev beobachten (Belayev et al., 1985). Auf einer Pelztierfarm hatten die Pfleger damit angefangen, zahmere Füchse miteinander zu verpaaren, die in den nachfolgenden Generationen diese Zahmheit an ihren Nachwuchs weitergaben. Diese Nachfahren wurden noch freundlicher im Umgang mit Menschen, doch gleichzeitig veränderte sich nicht nur ihr Wesen, sondern auch ihr äußeres Erscheinungsbild. Sie bekamen plötzlich Kippohren, Ringelschwänze und Flecken im Fell. Auch ihre Gesichter veränderten sich und wurden ähnlich wie bei Hunden »niedlicher«, mit verkürzten Schnauzen und einem stärker betonten Übergang zur Stirn. Brian Hare hat an diesen Füchsen weitergeforscht und konnte feststellen, dass sie nicht nur zahmer und haustierartiger aussahen, sondern ähnlich gut wie Hunde auf Kommunikation mit Menschen reagierten. Berührte der Mensch zum Beispiel einen Ball, dann fanden sie das Objekt viel interessanter als die Vergleichsgruppe, die nicht auf das Merkmal Zahmheit selektiert worden war und sich auch optisch nicht verändert hatte (Hare et al., 2005). Die Füchse fingen also an, sich »hundeartiger« mit Menschen zu verhalten und auch immer mehr wie ein Haustier auszusehen.

Die Veränderung körperlicher Merkmale wie Fellfarbe oder Morphologie im Zuge der Auswahl auf Zahmheit ist auch von anderen domestizierten Haustieren wie Ziegen, Kühen und Katzen bekannt. Dieses Prinzip hat Brian Hare auf den Menschen übertragen und in seinem Modell der »Selbstdomestikation des Menschen (Self Domestication Hypothesis)« nicht nur unser verändertes optisches Erscheinungsbild, sondern auch unser soziales Wesen und unsere Anpassungsfähigkeit erklärt, die uns als Spezies letztlich so erfolgreich machte. Tatsächlich konnte der Forscher Symons schon in den Siebzigerjahren in einer Studie zeigen, dass erwachsene Personen, die kindliche Gesichtszüge aufwiesen, mit positiven Merkmalen wie Gesundheit, Arglosigkeit, Freundlichkeit und Fruchtbarkeit assoziiert wurden (Symons, 1979). Auch Schönheitschirurgen verdienen ihr Geld damit, Nasen kleiner und stupsiger zu machen, ein hervorstehendes Kinn zu minimieren und die Augenpartie größer erscheinen zu lassen – alles eher kindliche Kennzeichen. »Niedliches Aussehen« empfinden wir also als attraktiv, was die Hypothese der Selbstdomestikation von Brian Hare plausibel erscheinen lässt. Die Selektion auf Freundlichkeit könnte also dazu geführt haben, dass Menschen sich nicht nur anders als Frühmenschen, Katzen anders als Wildkatzen und Hunde anders als Wölfe verhalten, sondern dass sie auch anders aussehen.

Diese physiologische Anpassung macht es uns heute möglich, eng an eng mit Menschen im Flugzeug zu sitzen, die wir vorher noch nie gesehen haben – ohne dabei von der Anwesenheit der Fremden zu sehr gestresst zu sein oder unsere fremden Mitreisenden gar töten zu wollen. Eine Toleranz, die Schimpansen in einer ähnlichen Situation nicht an den Tag legen könnten – hier würde wahrscheinlich kaum jemand lebend den Zielflughafen erreichen. Die über Jahrtausende andauernde, zunehmende Bevorzugung von freundlichem Verhalten im Umgang miteinander hat also unser Äußeres verändert und konnte bei uns und unseren Haustieren andere Kräfte freisetzen. Denn Aufgeschlossenheit geht immer einher mit weiteren folgenreichen genetischen Veränderungen, die unser Verhalten im Bereich Kooperation und Kommunikation beeinflussen. Freundlichsein liegt uns also im Blut – und diese Wesensart kann nicht nur ein erfülltes, erfolgreiches Dasein ermöglichen, sondern auch dazu führen, dass unsere Spezies so gerne Beziehungen zu anderen Arten eingeht, dass sie sogar bereit ist, ihr Haus, Essen, Urlaub und finanzielle Rücklagen mit ihnen zu teilen.

Schaut man sich die wachsende Zahl von Haushalten an, in denen Tiere gehalten werden, dann scheint das Bedürfnis nach einer innigen Verbindung zu anderen Lebewesen sehr stark und bei der Artenfrage auch sehr dehnbar zu sein. Es gibt Menschen, die halten riesige, haarige Vogelspinnen, Reptilien wie Kornnattern oder Amphibien wie die tödlich giftigen Pfeilgiftfrösche in Terrarien und erleben dabei ein Gefühl der Bindung zu ihren Schützlingen. Weniger exotisch und wahrscheinlich auch mehr auf Gegenseitigkeit beruhend ist die enge Beziehung, die uns mit sozial lebenden Tieren wie Pferden, Katzen oder Hunden, aber auch Kaninchen, Ratten und Mäusen verbinden kann. Kurt Kotrschal spricht sich deshalb dafür aus, statt von Haustieren besser von »Kumpantieren« zu sprechen (Kotrschal, 2009, S. 153), denn das Ziel unserer Tierhaltung ist ganz klar eine freundschaftliche Verbindung zu dem anderen Wesen. Doch, wie wir wissen, nicht zu allen Tieren: Millionen »Nutztiere« fristen eine elende Existenz in landwirtschaftlichen Großbetrieben, die nach langen, quälenden Transportwegen in Großschlachtereien endet. Ihre arteigenen Bedürfnisse können diese Tierpersönlichkeiten niemals ausleben. Zur besseren Abgrenzung von den Haustieren werden sie geschickt als »Nutztier« bezeichnet. Was aber könnte zusätzlich die emotionale Verrohung gegenüber anderen Tieren erklären, die uns ernähren sollen, die sich aber in emotionalen und kognitiven Fähigkeiten mit unseren Haustieren gleichen?

»Nutztiere«: ähnlich, doch nicht gleich?

Das 20. Jahrhundert steht nicht nur im Zeichen wachsender Zuneigung unseren Haustieren gegenüber. Fast parallel zum Einzug einiger nichtmenschlicher Tiere in unsere Familien und Herzen mussten andere Arten leider draußen bleiben. Sie wurden zur reinen Ware, zu Dingen degradiert, mit denen man nicht sozial war und die die Menschen deshalb nicht mit Respekt, sondern zunehmend würdeloser zu behandeln begannen. Hier zeigt der »freundliche Mensch«, den Brian Hare in seiner Hypothese der »Selbstdomestikation« beschreibt, nichts von seinem offenen und empathischen Gemüt; das Gegenteil ist der Fall. In der industriellen Tierproduktion und -verwertung bricht die blanke Gier sich Bahn. Die Fähigkeit zur Selbstkontrolle, für die wir Menschen uns an anderer Stelle in diesem Buch so gerühmt haben, scheint bei den Produzenten und Konsumenten von Produkten der Massentierhaltung nicht mehr präsent zu sein. Kühe, Schweine, Kälber, Hühner werden nicht als fühlende Lebewesen, sondern als Nahrungsmittel betrachtet, die rein zur Befriedigung unserer Geschmacksnerven unter artwidrigen Bedingungen gezeugt, gemästet und getötet werden dürfen. Das Leid ist durch unzählige TV-Dokumentationen zwar weithin bekannt, wird an der Fleischtheke oder am Käseregal der Discounter aber erfolgreich ausgeblendet oder den »benutzten« nichtmenschlichen Tieren erst gar nicht zugestanden.

»Können wir weiterhin so (...) mit Kreaturen umgehen, die eine eigene Würde und Recht auf ein tiergerechtes Leben haben? Können wir langfristig übersehen, dass wir es mit Geschöpfen zu tun haben, die aus der gleichen evolutiven Quelle wie der Mensch stammen?«, fragte der Journalist Wolf Rüdiger Schmidt schon in den Neunzigerjahren in seinem Buch *Geliebte und andere Tiere* (Schmidt, 1996). Verändert hat sich seit seiner scharfsinnigen Analyse nicht viel. Dabei ist längst bekannt, dass das Verhalten und Gefühlsleben von Schwein, Rind & Co. auf den gleichen Hirnstrukturen und Hormonsystemen basiert wie das von uns Menschen, unseren Hunden oder Katzen.

Diese Doppelmoral ist vielen Menschen wahrscheinlich gar nicht bewusst. Aber falls ja – wäre denn theoretisch überhaupt zwischen einem »Nutztier« und einem Menschen eine ähnlich intensive Bindung möglich, vergleichbar mit der zu Tierpersönlichkeiten wie Hengst Sil oder Hündin Hazel? Wie wir weiter oben gesehen haben, sind durch ihre lange und intensive Domestikationsgeschichte besonders Hunde, aber auch Katzen und Pferde zu »sozialen Generalisten« geworden. Unter den richtigen Bedingungen können diese Tierarten besonders leicht Beziehungen zu anderen Arten aufbauen. Aber das bedeutet nicht, dass nicht auch andere nichtmenschliche Tiere dazu in der Lage sein könnten. Es gibt halt weniger Kühe und Schweine, die mit uns so eng zusammenleben. Doch auch zwischen ihnen und uns können sehr vertraute Beziehungen entstehen, wie das Beispiel von Birgit, Johannes & Nico zeigt.

Birgit, Johannes & Nico

Die Sonne steht schon tief an diesem späten Sommernachmittag, und der junge Ochse Nico blinzelt ins Gegenlicht. Ein paar Fliegen setzen sich auf seine Flanke; er schlägt sie mit lockerer Bewegung seines Schwanzes zur Seite. Von vorne sieht er seinen Kumpel Milo kommen. Er bleibt stehen, senkt den Kopf und macht eine leichte Sprungbewegung in seine Richtung. Eine Aufforderung zum Spielen, die Nico gerne annimmt. Auch er senkt den Kopf, und dann schieben sich die beiden Kumpels ein bisschen hin und her, bis sie von einem vertrauten Geräusch abgelenkt werden und die Köpfe heben: Johannes und Birgit kommen auf die Weide! Unter den Arm geklemmt tragen die beiden wie immer um diese Zeit die Kiste mit Pflegeprodukten und einem neuen Überziehstrumpf für Nico – es ist Wellness-Zeit! Nico muht seinen beiden zweibeinigen Freunden freundlich entgegen, wendet sich von Milo ab und marschiert in ihre Richtung. Nur wenn man genau darauf achtet, kann man erkennen, dass sein rechtes Hinterbein kurz unter dem Sprunggelenk aufhört und dass dort eine Prothese beginnt. Die Laufhilfe muss einmal täglich ausgezogen und der Strumpf darunter gewechselt werden. Doch nicht nur das: »Wir nehmen uns für den Wechsel der Socke viel Zeit, massieren den Stumpf und schauen, ob es irgendwo Scheuerstellen gibt«, erklärt Birgit Schulze.

Sie und Johannes Jung leiten den »Erdlingshof«, einen veganen Tierschutzhof, auf dem alle tierischen Bewohner von irgendwoher gerettet wurden und jetzt in Sicherheit leben dürfen. Nico ist auf einem Milchbauernhof geboren worden, von einer der rund 4 Millionen deutschen Milchkühe, die ihr Bullenkälbchen aber nie zu Gesicht bekommen hat oder gar säugen durfte. Dabei sind Kühe hochsoziale Tiere, die enge Bindungen mit ihren Kälbern eingehen und in festen sozialen Gruppen leben. Doch diese Sicht auf nichtmenschliche Tiere und ihre Bedürfnisse ist nicht profitabel, deshalb sind besonders die Bullenkälber wie Nico ein »Nebenprodukt« unseres Milch- und Käsekonsums. Nach ein paar Wochen wäre er normalerweise für die Mast verkauft und dann geschlachtet worden. Normalerweise – denn Nico hatte Glück im Unglück. Er hatte sich wahrscheinlich schon kurz nach oder während der Geburt am Huf verletzt, doch die Verletzung war wohl ignoriert und deshalb nicht behandelt worden. Johannes sah bei einem Besuch auf dem Hof im Vorübergehen, dass das Bullenkälbchen nicht mehr auftreten konnte, und überredete den Bauern, ihm das Kalb zu überlassen.

Sofort fuhr er mit Nico in eine 150 Kilometer entfernte Tierklinik, um das Bein genauer untersuchen zu lassen. Der Tierarzt war entsetzt – einen so schlimmen Rinderfuß hatte er in seiner beruflichen Laufbahn noch nie gesehen. Er wollte Nico so schnell wie möglich erlösen und hatte schon die Spritze aufgezogen, um ihn einzuschläfern. »Aber Nico war doch eigentlich kerngesund, er hatte Ausstrahlung, einen deutlichen Lebenswillen – wollten wir ihn wirklich nur wegen eines kaputten Fußes töten? Das fühlte sich so falsch an – für einen Hund oder eine Katze hätte der Tierarzt doch auch mehr gekämpft!« Johannes überredete den Tierarzt, es noch ein paar Tage zu versuchen, fuhr mit Medikamenten beladen nach Hause und kümmerte sich intensiv um das Bein des Kälbchens. Doch nach fünf Tagen war trotz aller Mühen klar, der Fuß war abgestorben. Es blieben ihm und Birgit jetzt zwei Möglichkeiten: Nico musste eingeschläfert oder der Fuß amputiert werden. »Wir machten uns schlau«, erinnert sich Birgit: »Für Hunde oder Katzen werden Prothesen oder Orthesen hergestellt - warum soll das bei Rindern nicht auch gehen?« Und Johannes ergänzt: »In Amerika entdeckten wir Menschen, die für ihre Esel und Ponys Prothesen hatten anfertigen lassen. Es gab sogar Elefanten mit Prothesen - da stand fest: wenn ein Elefant mit Prothese leben kann, kriegt Nico das mit unserer Hilfe auch hin.«

Doch die größte Schwierigkeit war, eine Tierklinik zu finden, die bereit war, Nico zu helfen. »Jede Klinik, die wir angerufen haben, hat uns sofort abgewimmelt. Der Fuß musste professionell amputiert werden. Keine wollte ihn aufnehmen, amputieren und den Stumpf versorgen. Alle haben gesagt: Das geht nicht, das wäre Tierquälerei, wir sollten ihn einschläfern lassen.« Für die beiden engagierten Tierrechtler war das eine harte Zeit. Nico hatte Schmerzen, und sie konnten niemanden finden, der ihnen helfen wollte, das kranke Bein zu amputieren. Und das, obwohl sie in Amerika bereits eine Firma gefunden hatten, die eine Prothese für Nico bauen wollte. »Dann fanden wir die Lösung direkt vor unserer Haustür!«, erinnert sich Johannes. »Unser Hoftierarzt war zwar auch sehr skeptisch, hat die Operation aber übernommen. Er sagte uns, dass auch er normalerweise die Amputation bei einem Kälbchen verweigern würde, weil er nicht glaubte, dass ein Rind sich an ein Leben mit Prothese gewöhnen würde. Aber da er auf unserem Hof schon so viele außergewöhnliche Dinge erlebt hatte und wusste, wie sehr wir uns für unsere Tiere engagieren, wollte er der Idee und damit Nico eine Chance geben.«

Tatsächlich war die Aufgabe gewaltig, die Birgit und Johannes nach der Operation erwartete. Der Verband am Stumpf musste zweimal täglich gewechselt und der Stumpf behandelt werden. »Am Anfang schmerzte ihn der Stumpf noch sehr, nun aber zum Glück nicht mehr.« Das kann man sehen: Ganz entspannt liegt der Jungochse auf dem Boden und lässt sich von Birgit am Kopf kraulen, während Johannes in aller Ruhe den Stumpf massiert und den Überziehstrumpf auswechselt. Es wirkt, als würde Nico die Prozedur wie eine Sonderbehandlung empfinden, bei der er die beiden Menschen des Hofes ganz für sich allein hat. »Wir haben das tägliche Wechseln immer mit etwas Schönem verbunden, mit Streicheln, Kraulen, Zuwendung - so ist es nichts Schlimmes, sondern etwas Schönes für ihn, ein Ritual, auf das er sich jetzt richtig freut.« Er reagiert sogar ein bisschen eifersüchtig, wenn Hofhund Lukas oder der fast gleichaltrige Milo dazukommt. Mit diesen beiden tobt er sonst ganz gerne albern herum, »aber beim Strumpfwechsel will er seine Ruhe und unsere Aufmerksamkeit nur für sich allein haben«, schmunzelt Johannes. Für Birgit und Johannes steht völlig außer Frage, ob es die richtige Entscheidung war, um Nicos Leben zu kämpfen. »Da gab es keine Diskussion - wir haben die Verantwortung für die Tiere, die bei uns auf dem Hof leben, sie sind uns anvertraut. Wir lassen doch nicht jemanden fallen, nur weil es schwierig oder kostenintensiv ist - wenn einem Tier geholfen werden kann, dann wird geholfen«, erklärt Johannes. »Es sind für uns eben nicht ›Tiere‹, sondern Persönlichkeiten. Es sind Individuen, die wir lieben, egal ob Katze, Hund oder Rind. Wir machen es nicht für ›ein Rind‹ oder ›ein Tier‹, wir machen es für Nico!«, stellt auch Birgit fest.

Der Erdlingshof hat kaum Zäune, die Tiere können hier in gemischten Gruppen entscheiden, mit wem sie sich wo aufhalten. Das Zusammenleben der verschiedenen Arten gelingt wohl auch deshalb so harmonisch, weil Johannes und Birgit bei der Eingliederung von Neuankömmlingen langsam und mit Bedacht vorgehen und weil sie eine große Ruhe und Zuversicht ausstrahlen. Zuversicht war besonders bei Nico gefragt, aber es hat sich gelohnt. »Er ist so eine Bereicherung für den Hof mit seiner ruhigen, aber auch frechen Art!« Allerdings provoziert er gerade altersgemäß gerne ein bisschen die Großen, da ist wegen der Prothese Vorsicht geboten. Im Moment läuft er deshalb nicht mit den ausgewachsenen, unkastrierten Bullen auf der Weide; die Gefahr einer Verletzung wäre beim Kräftemessen und Besteigen zu groß. Aber mit Gleichaltrigen kann er sich sozial ausprobieren – und da ist die Prothese kein Problem. »Er läuft normal, spielt, ist frech – genauso wie bei einem dreibeinigen Hund oder einer Katze mit einem Lauf weniger, die wissen ja auch nicht, dass sie nicht ›normal‹ sind.«

Nachdem die erste Prothese aus Amerika geliefert wurde, konnte ein lokaler Prothesenbauer das Modell nachbauen und bringt seitdem alle paar Monate eine neue Gehhilfe vorbei. Denn Nico ist noch im Wachstum, da ist es wichtig, dass auch die Prothese mitwächst und immer neu angepasst und nachgebaut wird. Eine Herausforderung für den Prothesenbauer, der normalerweise Beinersatz für Menschen mit maximaler Belastung von 100 bis 120 Kilo baut. Nico wiegt jetzt schon 400 Kilogramm, und es werden wöchentlich mehr. Doch jetzt fühlen sich Johannes & Birgit gewappnet für die nächsten Hürden, denn Nico hat ihnen gezeigt, dass sich all das Kämpfen, die Sorgen und der Aufwand gelohnt haben – er lebt, und er ist glücklich bei ihnen auf dem Erdlingshof.

Wenn man sich nächtelang um jemanden sorgt und so einen Aufwand betreibt, um ihn zu retten, und es dann auch noch gegen alle Widerstände am Ende gelingt – führt das nicht zwangsläufig zu einer besonders engen Beziehung? »Wir lieben alle unsere Tiere und versuchen, jedem das bestmögliche Leben zu bieten. Aber es stimmt schon, Nico verhält sich uns gegenüber anders als die meisten anderen, ein bisschen wie ein verwöhntes Einzelkind«, muss Johannes lächelnd zugeben. »Er muht laut in unsere Richtung, wenn er uns erblickt, und läuft uns hinterher, sobald wir uns draußen bei den Tieren aufhalten. Er liebt es, zu kuscheln, in unserer Nähe zu sein – wir sind durch die Sorgen und vielen Behandlungen einfach sehr eng mit ihm zusammengewachsen.«

Wenn man die drei beobachtet, dann wird wieder einmal deutlich, dass es menschliche Kategorisierungen sind, die darüber entscheiden, wer von unseren Mitgeschöpfen ein Haustier ist und wer zu den Nutztieren gehört. Aber wie in zwischenmenschlichen Beziehungen auch entscheiden Sympathie, die gemeinsam verbrachte Zeit und eine gemeinsame Geschichte darüber, wie wertvoll eine Bindung werden kann. Und da die wenigsten von uns so viel Zeit mit einem Rind verbringen wie Johannes und Birgit mit Nico, gibt es eben wenige Beispiele von Bindung zwischen Mensch und Rind. Aber möglich, das zeigt dieses Beispiel nachdrücklich, ist es – wie so vieles, was wir uns vorher kaum vorstellen konnten, aber von Stony, Hazel oder Sil lernen durften. Dass Nico heute mit über hundert anderen Tieren auf dem Erdlingshof wie im Paradies weiterleben darf, hat er diesen beiden Menschen zu verdanken, die ganz am Anfang seines Lebens auf ihn aufmerksam wurden, ihn entdeckt und aufgezogen und – vor allen Dingen – ihn niemals aufgegeben haben.

Freunde bis zum Schluss

Nichtmenschliche Tiere und Menschen können Bindungen miteinander eingehen, die sogar so eng werden können, dass man nicht mehr ohne einander leben möchte. Das hat mich besonders die Katze Stony gelehrt, die uns damit auch für alle Zeiten deutlich gemacht hat, wie sehr wir uns davor hüten müssen, Tierarten bestimmte Eigenschaften pauschal überzustülpen und sie damit in Schubladen zu packen. Eine Gleichgesinnte von Stony war wohl Polly, die Foxterrier-Hündin des berühmten Evolutionsforschers Charles Darwin. Sie hat ihr ganzes Leben am liebsten an seiner Seite verbracht und konnte die Phasen seiner Abwesenheit nur schwer ertragen. Zum Glück hat sie ihn durch seinen Ruhestand begleitet, in dem er sich, gesundheitlich schon stark angegriffen und sehr alt, hauptsächlich auf seinem Anwesen »Down House« in der Grafschaft Kent aufhielt - sie war sein letzter Hund. Darwin widmete sich in Down Hose dem Studium von Regenwürmern, stellte Experimente mit Licht und Dunkelheit an und analysierte präzise das Verhalten des »Lumbricus Terrestris«. Polly folgte ihm auf Schritt und Tritt; so wurde sie an seiner Seite mit ihm gemeinsam alt und inspirierte ihn weiter zu neuen Gedanken rund um die emotionalen und kognitiven Fähigkeiten von nichtmenschlichen Tieren.

Die Beziehungen zwischen Nina und ihrer Labradorhündin Hazel, dem Ochsen Nico und seinen Menschen Johannes und Birgit, Stony und ihrem Besitzer, Adriana und ihrem blinden Hengst Sil oder Charles Darwin und seiner treuen Polly zeigen uns, dass Menschen und nichtmenschliche Tiere viele Bedürfnisse, zum Beispiel die Sehnsucht nach Bindung an andere, die uns Sicherheit und Zuneigung schenken, teilen, auch wenn wir die Welt mit unseren Sinnen und Fähigkeiten unterschiedlich erleben. Wenn wir uns auf eine vertrauensvolle Beziehung mit nichtmenschlichen Tieren einlassen, das jeweilige Anderssein respektieren und schätzen, dann sind innige Verbindungen zwischen verschiedenen Arten möglich, auch zwischen Mensch und nichtmenschlichen Tieren.

Doch wenn wir uns derart eng aneinander binden können, dann müssen wir auch in der Lage sein, zu trauern - oder nicht?

Ist die Fähigkeit, den Verlust bewusst wahrzunehmen, eventuell etwas, was allein uns Menschen auszeichnet? Natürlich werden wir den Tod auf anderen Ebenen reflektieren und verarbeiten, als nichtmenschliche Tiere dies tun. Doch tiefe Trauer können auch andere Tierarten erleben (vgl. Bekoff, 2007). Unsere Katze Minnie zog sich nach dem Tod unserer Familienhündin Maxi noch am gleichen Tag unter das Bett meiner Großmutter zurück. Ich erinnere mich, wie ich als Kind immer wieder versucht habe, sie aus dem Dunkeln hervorzulocken. Aber die tollsten Leckereien interessierten sie nicht mehr, sie blieb mit dem Gesicht zur Wand dort liegen. Drei Wochen lang verweigerte sie jede Nahrungsaufnahme, dann war sie eines Morgens tot. Wir haben sie neben Maxi begraben und ihr die gleichen Blumen aufs Grab gepflanzt, sodass am Ende gar nicht mehr erkennbar war, wo wer von den beiden lag. Charles Darwins Hündin Polly starb einen Tag nach ihrem Besitzer, dem großen Evolutionsforscher, der uns auf so einen guten Erkenntnisweg zurück zum besseren Verständnis unserer eigenen Abstammung, unserer Zugehörigkeit zu anderen Tieren und der Natur gebracht hat. Die beiden Tagebucheinträge seiner Frau Emma Darwin lauten: »19.4.1882: Darwin stirbt. 20.4.1882: Polly stirbt.«

Adoption

Bislang haben wir uns mit Freundschaften zwischen
verschiedenen Spezies beschäftigt. Immer wieder kann man aber
auch über Adoptionen von Tier-Waisen lesen, manchmal sogar
zwischen verschiedenen Arten. Wie ist das möglich?

Vergessen Sie alle menschlichen Influencer: Tiere sind die wahren Internetstars! Es kursieren Tausende von Filmchen, in denen Kätzchen mit großen Augen in die Kamera miauen, Hunde verkleidet am Tisch sitzen und mit Messer und Gabel essen oder ein dickes Huhn mit einem Hofhund Verstecken spielt. Unsere gefiederten oder felligen Freunde sind der beste Garant dafür, die allermeisten Klicks zu bekommen und teure Werbung schalten zu können. Aber warum haben Tiervideos so eine starke Anziehungskraft auf viele Menschen? Wieso bringt uns das hochfrequente Miauen unserer Katze sofort dazu, eine Futterdose zu öffnen, und warum bricht uns der Blick in die Augen bettelnder Hunde das Herz? Tiere und ganz besonders Tierbabys scheinen in uns ein Bedürfnis nach Fürsorge zu wecken, das so stark ist, dass wir uns nahezu bis zur Selbstaufgabe für sie engagieren. Menschen lassen von spitzen Welpenzähnen antike Stuhlbeine ruinieren, schlagen sich für die Stubenreinheit ihrer Lieblinge die Nächte um die Ohren und investieren viel Geld und Zeit in die Pflege und Aufzucht einer vollkommen anderen Art. Wir bauen eine emotionale Bindung zu den kleinen, hilfsbedürftigen Wesen auf, die so stark ist, dass sie ganz eindeutig der zu unseren eigenen Kindern ähnelt.

Zumindest sind der Aufwand und die Zuneigung, die wir in das Aufziehen von Welpen oder anderen Tierbabys investieren, sehr ähnlich wie die Investition in unseren Nachwuchs. Vielleicht dauert das Großwerden nicht so lange wie bei menschlichen Kindern, doch die Selbstlosigkeit, die manche von uns dabei an den Tag legen, ist wirklich beeindruckend. Ist das ein Irrweg der Evolution, der nur für unsere Spezies gilt? Oder gibt es für die aufopferungsvolle Liebe zu hilflosen Lebewesen einer anderen Art sogar eine biologische Grundlage? Kurz gefragt: Kommt Adoption von fremden und ganz anders aussehenden Babys auch bei anderen Spezies vor?

Apple & Curry

Es war Mitte November, und die Tierarzthelferin Patricia Albrecht war gerade dabei, die Praxistür abzuschließen, als eine Frau mit einem Karton vor der Tür stand. Patricia ahnte, dass ihr Überstunden bevorstanden, doch sie drehte den Schlüssel trotzdem wieder zurück. Ihre Berufserfahrung hatte sie richtig raten lassen: In dem Karton lagen zwei kleine, leblose Katzenwelpen, wahrscheinlich nur wenige Tage alt. Die Frau hatte sie auf einer Gassirunde mit ihrem Hund im Wald gefunden. Patricia hatte in all den Jahren ihrer Tätigkeit in einer Tierarztpraxis viel Erfahrung im Aufpäppeln junger Tiere gesammelt, deshalb erkannte sie sofort: Um diese beiden kleinen Wesen stand es nicht gut. Sie zeigte den kleinen Kater und die Katze der Tierärztin und diese sah es ähnlich wie ihre Angestellte. »Doch wir wollten nicht so schnell aufgeben und haben alles versucht«, erinnert sie sich. Die noch blinden und tauben Katzenwelpen wurden gesäubert und gefüttert und unter eine Wärmelampe gelegt. Alle zwei Stunden klingelte in der ersten Nacht Patricias Wecker, sie bereitete frisch die Katzenmilch zu, fütterte und säuberte aufwendig die Kitten. Doch trotz der Nachtschicht und aller Fürsorge schaffte es der kleine Kater nicht: Am Morgen lag er tot im Karton. Bei seiner kleinen Schwester aber regten sich langsam wieder die Lebensgeister, sie hatte Hunger und war deutlich aktiver als am Abend zuvor. Patricia schöpfte Hoffnung und nahm die zähe kleine Katze mit zur Arbeit. Immer wenn Zeit war, fütterte sie oder eine ihrer Kolleginnen die kleine Kämpferin. Von Mahlzeit zu Mahlzeit trank das Katzenkind ein bisschen mehr Milch und wurde so von Stunde zu Stunde kräftiger. Als Patricia am zweiten Abend nach Feierabend nach Hause kam, ertönte aus dem Karton zum ersten Mal ein zaghaftes Miauen – der Welpe hatte Hunger und verlangte nach mehr Milch!

Dieser Lebenswille machte nicht nur Patricia sehr glücklich, der leise Laut erregte auch die Aufmerksamkeit von Apple, der Mopsmischlingshündin von Patricia. Apple hatte vor fünf Jahren einmal selbst Welpen gehabt, die Geräusche schienen in ihr eine Erinnerung wachzurufen, und sie folgte Patricia nervös, ließ sie nicht mehr aus den Augen und schien jeden ihrer Handgriffe kritisch zu verfolgen. »Ihr Blick schien mich zu fragen: Bist du dir sicher mit dem, was du da tust? Kannst du das überhaupt?«, erinnert sich Patricia lächelnd. Von diesem Moment an hatten Patricia und der Karton mit dem Kätzchen einen Mops-Schatten. »Ich habe mich dann entschlossen, Apple ein bisschen mithelfen zu lassen, sie durfte zum Beispiel nach dem Füttern der Kleinen den Bauch ablecken, um die Verdauung anzuregen«, erinnert sich die engagierte Tierfreundin. Das Lecken mit der warmen Zunge gehört zum festen Pflegeprogramm bei Säugetiermüttern, denn es stimuliert nicht nur die Darmbewegung, sondern bewirkt auch das Absetzen von Urin und Kot bei Jungtieren. Das wiederum ist sehr wichtig, damit es einerseits nicht zur Verstopfung kommt und andererseits das Nest immer sauber bleibt. Apple machte ihren Job hervorragend und zeigte immer mehr Interesse an dem winzig kleinen, dünnen Katzenwelpen.

Als Patricia dann in der Nacht wieder zum Füttern geweckt wurde, bekam sie einen großen Schreck: Der Karton war leer! Mit einer Vorahnung ging sie zum Hundekörbchen und entdeckte dort die kleine Katze, die sich unter Apples Hinterbein eingekuschelt hatte - und an einer ihrer Zitzen nuckelte! Apple hatte das Kätzchen anscheinend ganz heimlich und leise »geklaut«, um die Aufzucht selber zu übernehmen. Doch nicht nur das: »Es erschien mir wie ein Wunder - aber da kam doch tatsächlich Milch aus Apples Zitzen!« Die Geräusche und das Aussehen der kleinen Katze hatten anscheinend den Milchfluss angeregt, und durch das Saugen an den Zitzen wurde die Milch fleißig nachproduziert. »Es war berührend und faszinierend zugleich. Die beiden wirkten so harmonisch miteinander, dass ich Apple die Fürsorge von da an fast ganz überlassen habe.« Hundemilch unterscheidet sich in der Zusammensetzung nicht sehr von Katzenmilch, deshalb wusste Patricia, dass Curry, wie das Kätzchen ab jetzt genannt wurde, mit der natürlichen Milch viel besser gedient war als mit der künstlichen Version. Das Vertrauen in ihre Hündin hat sich ausgezahlt: Apple blieb über die nächsten Wochen hinweg mit dem Katzenkind so liebevoll und engagiert wie in dieser ersten Nacht und damit genauso, wie sie es mit ihren eigenen Kindern gewesen war.

Biologische Hintergründe für Adoption

Wenn Vögel oder Säugetiere junge Artgenossen oder sogar Jungtiere einer anderen Art adoptieren, dann kommen Biolog*innen schnell in Erklärungsnot. Denn ein kleines Wesen aufzuziehen und fit fürs Leben zu machen, dauert oft nicht nur sehr lange, sondern erfordert auch viel Einsatz. Tierische Adoptiveltern leisten nämlich einen hohen Einsatz an Zeit und Energie, der dann zukünftigen eigenen Kindern vorenthalten wird. »Elterninvestition« nennen Biolog*innen diesen Aufwand. Für sie liegt bei der Aufzucht von eigenen Kindern eigentlich eine klare Kosten-Nutzen-Analyse vor, die im Gleichgewicht ist, weil man zwar im Moment der Nachwuchsbetreuung viel Energie verliert, dafür aber für den Fortbestand der eigenen Gene in den nächsten Generationen sorgt. Nach dieser Theorie ist jedes Engagement für einen nicht verwandten Knirps vergeudete Lebenszeit, von einem hilflosen Wesen einer anderen Art ganz zu schweigen. Adoptionen werden von Vertretern dieser Ansicht deshalb oft als »Irrlichter« beschrieben: ein abnormes Verhalten ohne Sinn und Zweck, das sich innerhalb der Art niemals durchsetzen würde.

Dafür tritt es aber ziemlich häufig auf, wie wir im Folgenden noch lesen werden. Natürlich handelt es sich um Einzelfälle, aber wie sagte Marc Bekoff einmal so schön: »Der Plural von Anekdoten sind Daten!« (Persönliches Gespräch, 2010.) Doch gibt es für Adoptiveltern im Tierreich nicht vielleicht doch irgendeinen Vorteil, wenn sie fremden Nachwuchs aufziehen? Die Vorteile für die Ziehkinder liegen auf der Hand, denn ihnen wird durch die aufopferungsvolle elterliche Zuwendung nicht selten das Leben gerettet. Aber was könnten gute Gründe für erwachsene Menschen oder nichtmenschliche Tiere sein, ihre Energie in die Aufzucht einer anderen Art zu investieren?

Alles selbstlos?

Meinen Hund Rupert habe ich kurz nach dem Abitur bekommen; danach hat er mich durch mein Studium begleitet. Das war, lange bevor ich eigene Kinder hatte. Als Rupert fast ein Jahr alt war, trat mein künftiger Mann in mein Leben. Die beiden waren zwar anfangs nicht sehr begeistert voneinander, doch schnell entwickelte sich eine wirklich rührende, kumpelhafte Beziehung, und irgendwann fing Rupert dann sogar an, auf Jannes zu hören. Wir lebten also vier Jahre wirklich wunderbar zu dritt, und in dieser Zeit hatten Jannes und ich ausreichend Gelegenheit, den »Ernstfall Kind« ausgiebig zu proben, denn es gab viele ähnliche Krisensituationen wie mit einem leiblichen Baby: nächtliche Durchfallattacken von Rupert, Angst um sein Leben und eine Notoperation, der tägliche Betreuungsspagat zwischen Uni und Ausbildung war zu organisieren und frühes Aufstehen auch am Wochenende fürs Gassigehen Pflicht. All das wird sich für Ruby, unsere Tochter, später wohl ausgezahlt haben, denn wir hatten mit der Betreuung von Rupert vorher eine Art umfangreicher Schulung absolviert, die von Biolog*innen und Psycholog*innen gerne als »Sozialcheck« bezeichnet wird.

Sozialcheck Haustier

Für den amerikanischen Kulturanthropologen Joel Savishinsky ist die Erziehung und Betreuung eines Haustieres wie ein soziales Training, eine Form von »Sozialcheck«, ob der Partner der künftig zu erwartenden Elternverantwortung auch wirklich gewachsen ist (Savishinsky, 1983, S. 119). Mit der Haltung eines Haustieres üben Paare also ein bisschen das, was wir schon im Kindergarten gerne gespielt haben: »Mutter, Vater, Kind«. Wir lernen, ob wir uns in Krisensituationen aufeinander verlassen können, im Team in Erziehungsfragen gut funktionieren und ob wir die Betreuung fair und verlässlich organisiert bekommen. Aber könnte man diese Funktion, die Haustieren von Wissenschaftler*innen für junge Paare zugesprochen wird, auch auf das Phänomen der Adoption ins restliche Tierreich übertragen?

Tatsächlich stellen Biolog*innen wie Eytan Navidal von der Universität Tel Aviv die Hypothese auf, dass Adoption bei Säugetieren und Vögeln auch dazu dienen könnte, durch die Pflege den Erfahrungsschatz zu erweitern, was dann später eigenen Kindern zugutekommen könnte (Navidal et al., 1998). Ist das Pflegeverhalten zugunsten eines nicht verwandten oder sogar artfremden hilflosen kleinen Babys also gar nicht so selbstlos, wie es auf den ersten Blick erscheinen mag?

Gruppenaufzucht

Besonders häufig unterstützen sich Tiere, die in Gruppen leben, gegenseitig bei der Aufzucht des Nachwuchses. Bei Wölfen übernehmen zum Beispiel die großen Geschwister aus dem Vorjahr die Aufgabe der Babysitter, während die Eltern auf die Jagd gehen. Ein Verhalten muss für eine Art immer einen Vorteil erbringen, sonst würde es sich nicht durchsetzen. In diesem Fall liegen die Vorteile klar auf der Hand bzw. Pfote, denn Wölfe leben in Familiengruppen, und in Familien sind alle miteinander verwandt. Wenn ich als junger Wolf noch keine eigenen Welpen habe, kann ich dabei helfen, die Überlebenswahrscheinlichkeit meiner Geschwister zu erhöhen, mit denen ich viele meiner Gene teile. Und gleichzeitig kann ich bei der Kinderbetreuung wertvolle Erfahrungen sammeln für den Fall, dass ich mich selbst einmal in der Elternrolle befinden sollte (siehe hierzu auch Kapitel »Empathie entwickeln, Freunde werden«).

Unsere Hunde haben sich das familiäre Fürsorgeverhalten über den mehr als dreißigtausend Jahre andauernden Zeitraum der Domestikation hin erhalten können. Studien an Streunern konnten zeigen, wie die Mutterhündin ungefähr ab der dritten Lebenswoche der Welpen von den anderen Gruppenmitgliedern bei der Aufzucht aktiv unterstützt wird. Die Welpen werden nicht nur mit Futter versorgt, manchmal wird sogar mit Tanten oder Großmüttern gemeinschaftlich gesäugt (siehe Abschnitt »Der biologische Prozess des artübergreifenden Säugens« im Kapitel »Adoption«). Auch die potenziellen Vaterrüden beteiligen sich und betreuen die Welpen, würgen ihnen Nahrung vor, verteidigen sie bei Gefahr und nehmen ihre Erziehungsaufgabe sehr ernst, indem sie mit den Kleinen korrektes Sozialverhalten üben (Kitchenham, 2020).

Auch bei Schimpansen helfen oftmals besonders die älteren Töchter, aber auch große Brüder sehr engagiert der Mutter bei der Betreuung des neuen Geschwisterchens - und sammeln dabei sicher wichtige Erfahrungen für eine spätere, eigene Mutterschaft oder Ziehvaterschaft (siehe die Beispiele von Flo und ihrer Tochter Fifi, Abschnitt »Freddy & Oskar« im Kapitel »Adoption«). Löwinnen leben als Tante, Nichte oder Schwester in einer Gruppe und haben häufig zeitgleich Nachwuchs. Auch sie teilen sich ab einem bestimmten Alter der Welpen die Aufsicht über die wilde Kinderschar.

Und was ist mit uns? Heute leben Eltern meistens allein mit ihren Kindern, oft weit entfernt von der Verwandtschaft. Doch das ist eher eine neuere Entwicklung. Unsere Vorfahren lebten noch in familiären Clans, die wie Löwen, Wölfe oder Erdmännchen eine »gemeinschaftliche Jungenaufzucht« praktizierten. Das ist im Tierreich so weit verbreitet, weil es ein so erfolgreiches Modell ist - für alle Beteiligten. Der alltägliche Stress für Eltern, die sich zwischen Kinderbetreuung und Selbstverwirklichung im Beruf aufreiben, ist für die amerikanische Anthropologin Sarah Blaffer-Hrdy deshalb ein sehr modernes Problem, das so nicht immer bestand. Kinderbetreuung sei ursprünglich eine Gemeinschaftsaufgabe gewesen, unsere Vorfahren hätten sich die Aufzucht und Erziehung geteilt (Blaffer-Hrdy, 1999, 2009). Der afrikanische Spruch »Um ein Kind zu erziehen, braucht es ein ganzes Dorf« bezieht sich auf diese ursprüngliche Art des Großwerdens, die heute immer weniger zu finden ist. Eine Person, die ein Kind allein betreut, ist demnach eigentlich eine unnatürliche Situation, die laut Blaffer-Hrdy innere Konflikte nach sich zieht - besonders für die Eltern. Sie beschreibt den für viele Eltern immer noch täglich präsenten Spagat zwischen Familie und Job, Selbstaufgabe und Selbstfürsorge. Eltern wägen demnach ständig ab, wie viel Zeit und Aufwand sie in die Aufzucht ihrer Kinder investieren können, um ihnen und gleichzeitig den beruflichen Verpflichtungen gerecht werden zu können. Dabei seien Mütter und Väter eigentlich auf Helfer bei der Kinderbetreuung angewiesen, die sie unterstützen, auf sogenannte »Alloeltern«.

Die Bereitschaft, uns für Kinder von anderen zu engagieren, ist nach diesem Konzept keine neuzeitliche Erfindung; Vorläufer unserer Kindergärten und Tagesmütter oder -väter hat es ziemlich wahrscheinlich schon in der Steinzeit gegeben. Wenn aber das ursprünglich gemeinschaftliche Betreuungskonzept nach Blaffer-Hrdy so alt ist, dann könnte unser Bedürfnis, uns um etwas Hilfsbedürftiges kümmern zu wollen, das vielleicht sogar gar nicht mit uns verwandt ist, ebenfalls schon dort seine Ursprünge haben. Diese in uns angelegte Fürsorgebereitschaft könnte dazu führen, dass wir heute, wo wir nicht mehr in Höhlen oder Hütten, sondern im Luxus hausen, statt der Kinder unserer Verwandten und Freunde unsere Haustiere betreuen möchten.

Doch bei der Interpretation von Adoptionen hilft noch ein weiterer Aspekt, den wir bislang zu wenig beachtet haben, der aber auf uns alle, egal ob Mensch, Mops oder Mantelpavian, eine irrationale Handlungen auslösende Wirkung entfalten kann: das Kindchenschema.

Kindchenschema – das Bermudadreieck der Vernunft

Wenn sich Menschen und andere Tiere einem hilflosen Kind gegenüber aufopferungsvoll verhalten, dann liegt das nicht nur an Hormonen, einer guten Versorgungslage, einer grundsätzlichen inneren Bereitschaft dazu und einem sicheren Umfeld. Auch die passenden Schlüsselreize spielen eine wichtige Rolle im Adoptionsprozess.

Der Entdecker des Kindchenschemas ist der berühmte Verhaltensbiologe Konrad Lorenz. Er hat als erster Wissenschaftler die Merkmale beschrieben, die das starke Bedürfnis in uns und anderen sozialen Tierarten auslösen können, sich um hilflose Geschöpfe kümmern, sie adoptieren, füttern und aufziehen zu wollen. Diese kindlichen Kennzeichen sind zum Beispiel eine Mini-Stupsnase unter einer hohen Stirn, dazu ein sehr runder, proportional gesehen großer Kopf, aus dem uns große Augen staunend ansehen (Lorenz, 1943). Falls das noch nicht ausreichen sollte, um unsere Beschützerinstinkte zu wecken, fahren die lieben Kleinen weitere Geschütze auf. Sie wimmern und quieken in einer bestimmten Tonhöhe, was uns zusätzlich emotional berührt und für eine erhöhte Aufmerksamkeit sorgt. Wir sind alarmiert und zeigen ein Suchverhalten: Wo kommt der Laut her, wie kann ich helfen? Kinder, die allein im Supermarkt weinend umherlaufen, kleine Kätzchen, die in hohen Frequenzen miauen, oder Lämmchen, die kläglich nach ihren Schafsmüttern rufen, führen dazu, dass wir sofort reagieren und uns suchend nach den zuständigen Müttern oder Vätern umsehen. Gleichzeitig werden wir in Bereitschaft versetzt, notfalls das hilflose Etwas retten zu wollen. Durch unser Leben im Luxus und unser potenziell offenes, freundliches Wesen (Hypothese von Hare, siehe Abschnitt »Zwei Seelen in der Menschenbrust« im Kapitel »Bindung beflügelt!«) sind wir Menschen besonders empfänglich für die Wirkung solcher Signale. Doch das kindliche Aussehen, Verhalten und Weinen unserer Babys erzeugt auch in anderen Arten Reaktionen.

Auch Hunde werden unruhig und fangen an zu suchen, wenn wir ihnen Kinderweinen oder Quiekgeräusche von Menschenbabys vorspielen. Doch nicht nur das Verhalten ist ähnlich zu uns in dieser Situation, auch auf physiologischer Ebene finden ähnliche Prozesse statt. Die Ausschüttung des Stresshormons Cortisol wird erhöht, ganz genau wie bei einer menschlichen Vergleichsgruppe in derselben Situation (Yong & Ruffman, 2014). Eine vermehrte Ausschüttung von Cortisol erhöht unsere Aufmerksamkeit, sie sorgt dafür, dass wir schneller reaktionsbereit sind. Auch im funktionellen Magnetresonanztomografen konnten Wissenschaftler*innen in Hundegehirnen beobachten, dass es an den gleichen Stellen im Gehirn Regionen gibt, die auf emotionale Laute reagieren – sowohl bei Lautäußerungen von Menschen als auch von anderen Hunden. Dadurch konnten die Forscher*innen von der Universität Budapest um Attila Andics nicht nur zeigen, dass Geräuschregionen im Gehirn eine sehr alte evolutionäre Geschichte haben, denn der gemeinsame Vorfahre von Hund und Mensch hat vor ca. 100 Millionen Jahren gelebt. Es ist auch der erste Beweis, dass die Verarbeitung von Sprache und Emotionen bei Säugetieren auf den funktional gleichen Gehirnstrukturen basiert und dadurch nicht nur individuelles Erkennen, sondern auch die Kommunikation zwischen verschiedenen Spezies möglich macht (Andics et al., 2014).

Beim Ansehen kindlicher Körperformen und kindlichen Verhaltens und Anhören emotionaler Laute kommt es also artübergreifend zur Ausschüttung von Hormonen, die uns empathisch, wach und verteidigungsbereit machen – wir wollen helfen oder beschützen, egal, ob wir ein Hund oder eine Löwin sind oder ein Mensch.

Es spielt also keine so große Rolle, ob vor uns ein Baby, Katzenwelpe, rosa Ferkel oder Amselküken sitzt – die allermeisten Tiere, die vor Kurzem auf die Welt gekommen sind, sehen niedlich aus und rühren uns an – auch weil sie ähnliche Formen und Verhaltensweisen an den Tag legen. Dieses Kindchenschema ist sozusagen das »Notfall-Überlebensprogramm« kleiner Tierkinder, um das Beschützerherz eines Artgenossen oder einer anderen Art zu aktivieren und notfalls und mit viel Glück sogar adoptiert zu werden. Und es funktioniert erstaunlich oft.

Da der Grundaufbau des Gehirns bei Wirbel- und besonders bei den Säugetieren sehr ähnlich ist, sind es auch ähnliche Reaktionsmechanismen, die bei den unterschiedlichen Spezies in diesen Momenten stattfinden. Wankt ein Jungtier oder Kleinkind mit »tollpatschigem Gang« auf uns zu, als hätte es zu tief ins Glas geschaut, dann hocken sich die meisten von uns hin, um es notfalls aufzufangen, sollte es fallen. Die großen Augen, die vorne auf einem sehr runden Kopf sitzen und unter angehobenen Augenbrauen und entzückenden Lautäußerungen nach Futter und Schutz verlangen, erledigen den Rest: Wir werden sofort in den Modus der Hilfsbereitschaft versetzt, sollten die genetischen Eltern abwesend sein. Die Kombination all dieser Elemente lässt die Artgrenzen besonders für uns Menschen verschwimmen, unser wenig rational agierendes limbisches System wird aktiv und rät uns, auf unsere Gefühle zu hören und das kleine Wesen sofort aufzunehmen und zu versorgen. Doch Versorgenwollen ist das eine - warum aber hat Apple plötzlich Milch für das kleine Katzenkind Curry produziert?

Der biologische Prozess des artübergreifenden Säugens

Die Milchbildung, unter Biolog*innen auch »Laktation« genannt, wird genau wie das mütterliche Verhalten durch spezielle Laute und Bewegungen von Neugeborenen ausgelöst. Die Hirnanhangdrüse reagiert auf diese Reize mit der Produktion und Ausschüttung von Prolaktin, einem Hormon, das den Milchfluss und das Pflegeverhalten in Gang setzt. Ein Mechanismus, den Frauen, die gerade stillen, auch bei sich beobachten können: Schreit im Supermarkt ein fremdes Neugeborenes, dann kann es vorkommen, dass in der Brust die Milchbildung beginnt, obwohl das eigene Kind gar nicht in der Nähe ist - wie beruhigend, wenn man in dieser Situation durch Stilleinlagen im BH vorgesorgt hat.

Die nicht vom Verstand steuerbare Reaktion des Körpers wird bei weiblichen Wesen - egal, ob Hündin, Frau oder Löwin - durch Schlüsselreize ausgelöst. Das ist der Grund, warum Großmütter in Hundegruppen ihre Enkel säugen können, falls die Mütter bei einem Unfall ums Leben kommen, so wie das die indische Forscherin Anindita Bhadra dokumentieren konnte (Kitchenham, 2020). »Mich wundert es nicht, dass offenbar von einem Katzenwelpen auch genug auslösende Reize ausgehen, sodass die Milchproduktion einer Hündin angeregt wird«, kommentiert der Verhaltensbiologe Udo Gansloßer die Geschichte von Apple und Curry. »Aber die Reaktion auf Laute und Kindchenschema macht noch viel mehr möglich als nur das Säugen – häufig adoptieren auch männliche Individuen Jungtiere oder sogar eine andere Spezies. Oder weibliche Tiere, die niemals selber Junge aufgezogen haben, fangen an, sich um ein hilfloses Jungtier zu kümmern. Durch die Geräusche und das Aussehen werden Elterngefühle erregt, es kommt zur Aktivierung der Hypophyse und entsprechender Botenstoffausschüttung, die uns in ›Pflegestimmung‹ versetzt und dafür sorgt, dass wir uns um ein hilfsbedürftiges Lebewesen kümmern möchten.« Das sei, so ist sich Gansloßer sicher, nicht nur Menschen vorbehalten, »sondern auch bei anderen Tieren wirken diese Kindchenschema-Schlüsselreize«.

Eltern sein kann glücklich machen

Natürlich schreien Babys die Nächte durch, und für eine Fischotter-Mutter muss es sehr nervenaufreibend sein, bis zu drei Jungtiere gleichzeitig zu säugen, zu säubern oder später ihre flinken Kinder bei den ersten Erkundungstouren zu überwachen. Doch die Betreuung von Nachwuchs ist nicht nur energieintensiv, sondern scheint auch befriedigend zu sein. Wenn wir Tiereltern dabei beobachten, wie sie »Spaß« mit dem eigenen Nachwuchs zu haben scheinen, wenn Rüden mit ihren Welpen albern toben, Katzenmütter zärtlich schnurrend mit ihren Welpen kuscheln oder Orang-Utan-Frauen ihrem Kind beim Stillen zärtlich den Kopf knibbeln, dann kann man nicht umhin, sich vorzustellen, dass sich ihre Elterngefühle dabei gut anfühlen müssen. Doch das ist nur unser Vorstellungsvermögen – was sagt die Wissenschaft dazu?

Die schwedische Medizinerin Kerstin Uvnäs Morberg hat ihr Leben der Erforschung eines lebenswichtigen Hormons gewidmet, dem Oxytocin. Es ist uns in diesem Buch schon oft begegnet, weil es bei stabilen Bindungen und für ein gutes Lebensgefühl eine so große Rolle spielt. Auch ganz am Anfang des Lebens kommt ihm eine sehr wichtige Aufgabe zu, denn es wirkt wie eine Droge auf die Mutter, die gerade Geburtsschmerzen erleiden musste und deshalb verständlicherweise auch geneigt sein könnte, das Produkt dieses Vorganges verlassen oder sogar töten zu wollen. Das passiert aber normalerweise nicht, sondern erstaunlicherweise geschieht das genaue Gegenteil! Nachdem sie eben noch die Welt, den Sex und die Geburt verflucht haben, wenden sich Frauen mit glatter Stirn und weit aufgerissenen Augen dem Wunder des Babys in ihrem Arm zu und erleben oftmals ein Glücksgefühl, das dem Konsum mancher Drogen nahe kommt.

Andere Tiermütter konnten leider keinen Geburtsvorbereitungskurs besuchen, bei denen sie durch Hebammen darauf vorbereitet wurden, was unter und nach der Geburt geschehen wird. Trotzdem zeigen auch sie meistens keine Fluchttendenzen beim Anblick ihrer Erstgeborenen, sondern fangen sofort an, das neugeborene, hilflose Wesen durch Lecken zu säubern und dadurch den frisch gestarteten Lungenkreislauf zu stimulieren. Mütter streicheln oder lecken uns also intuitiv, angeregt durch die Wirkung eines Hormons, das in diesen Momenten kurz nach der Geburt, wie Uvnäs Moorberg feststellen konnte, in rauen Mengen durch den mütterlichen Organismus wallt. Oxytocin dient in diesem Moment zum einen dazu, Schmerzen zu lindern, macht die Frau aber zum anderen »offen« für das neue Lebewesen, das jetzt auf ihren Schutz und ihre Pflege angewiesen ist. Auch hier erfüllt das »Bindungshormon« wieder seine Funktion als »physiologische Signatur für Offenheit«. Dieses Mal nicht einem Paarungspartner oder einer aufregenden neuen Situation gegenüber, sondern jetzt in hoher Dosierung, damit wir uns nach den Strapazen der Geburt fit genug fühlen, all unsere Aufmerksamkeit, Zuwendung und Liebe dem kleinen, hilflosen Wesen in unserem Arm zu schenken, und damit wir (fast) jede Strapaze der Schwangerschaft und Geburt vergessen.

Auch beim Säugen und Saugen wird Oxytocin ausgeschüttet – bei Mutter und Kind parallel –, was die Bindung der beiden aneinander weiter festigt. Doch auch Väter gehen nicht leer aus. Der Moment der Geburt des eigenen Kindes ist für viele ein unvergessliches, sehr emotionales Erlebnis, der erste Kontakt zum Baby brennt sich ins Gedächtnis ein und ist auch für Großeltern sofort präsent, wenn auch vieles andere im Leben vor dem inneren Auge verschwommen ist. Beim Kuscheln registrieren die Hautsinnesrezeptoren die Berührung, melden sie an die Hypophyse, und schon wird Oxytocin ausgeschüttet. Und auch der Blick in die Augen führt, wie an anderen Stellen schon beschrieben, zur Ausschüttung des Bindungshormons.

Eltern sein ist anstrengend und bestimmt die stressigste Phase im Leben – aber hoffentlich auch die schönste, denn sie verschafft uns glückliche Momente, die den investierten Aufwand oft mehr als ausgleichen. Die geleistete Elterninvestition lohnt sich also nicht nur genetisch, sondern auch »emotional« – wenn die Umstände stimmen. Und das kann dazu führen, dass Tiere unter bestimmten Bedingungen anfangen, sich auch für nicht verwandte Babys zu engagieren. Meistens geschieht das wie bei Apple und Curry in der Obhut des Menschen. Aber es gibt auch einige dokumentierte Fälle aus freier Wildbahn.

Freddy & Oskar

Oskar war ungefähr zweieinhalb Jahre alt, als seine Mutter plötzlich starb - im Tai-Wald an der Elfenbeinküste bedeutet das häufig das Todesurteil für einen kleinen Schimpansen wie ihn. In diesem Alter sind Schimpansenkinder noch sehr schutzbedürftig, lernen von ihren Müttern, welche Blätter und Früchte essbar sind, kuscheln sich nachts im Schlafnest an ihren warmen Körper, trinken immer noch Muttermilch und werden bei Gefahr oder Streitereien in der Gruppe von ihr beschützt. Entsprechend sah es nicht gut für Oskar aus - er magerte immer mehr ab und wurde zusehends schwächer. Doch dann passierte etwas, was der Verhaltensforscher Christoph Boesch vom Max-Planck-Institut für evolutionäre Anthropologie in Leipzig bei den Schimpansen im Tai-Wald schon mehrfach beobachten konnte (Boesch, 2010): Ein altes, erfahrenes Männchen - sie nannten ihn Freddy - kümmerte sich um das Waisenkind, er beschützte, erzog und pflegte den kleinen Kerl. Freddy zeigte sich dabei besonders liebevoll - ein Glücksgriff für das Filmteam von *Disney,* das sich zufällig vor Ort befand und einen Film über die Schimpansen drehen wollte. Ganz unverhofft wurde ihnen hier eine rührende Geschichte geboten, die hohe Zuschauerzahlen garantierte - das Drehbuch wurde deshalb kurzerhand umgeschrieben und die Geschichte von der Rettung des kleinen Oskar durch seinen Adoptivvater in den Mittelpunkt gestellt (Disney: *Schimpansen,* 2013). Dabei zeigte Freddy gegenüber seinem Ziehsohn Verhaltensweisen, die man sonst nur bei Schimpansenmüttern beobachten kann. Er trug den kleinen Kerl zum Beispiel sehr vorsichtig auf dem Rücken (Freddy und Oskar sind beim Tragen auch hier zu sehen in einem Video: www.schimpansen.mpg.de/23452/Adoption), zeigte ihm geduldig, wie man Nüsse knackt, beschützte ihn bei Konflikten in der

Gruppe und ließ Oskar auch mit in seinen Schlafnestern schlafen. Leider verschwand Oskar nach sieben Monaten – was aber nicht unbedingt etwas mit Freddys Qualitäten als Ersatzmama zu tun haben muss: Die Kindersterblichkeit bei Schimpansen ist sehr hoch, nur wenige erreichen ihr fünftes Lebensjahr. Doch das Beispiel zeigt nachdrücklich, dass nicht nur weibliche Individuen, sondern auch männliche Tiere sich in der Aufzucht eines nicht verwandten, hilflosen Babys engagieren und dass aufopferungsvolles Pflegen eines »fremden« Individuums keine menschlich-moralische Erfindung ist, sondern auch bei anderen Tierarten und auch in der freien Wildbahn vorkommen kann. Besonders, wenn eine Mutter ihre Kinder verliert, kann es sogar zu »Kinder-Diebstahl« kommen, wie es in Afrika bei Löwinnen beobachtet werden konnte.

Wenn Räuber ihre Beute aufziehen wollen

Im Samburu-Nationalpark in Kenia adoptierte im Jahr 2002 dreimal hintereinander die Löwin Kamuniak ein Onyx-Antilopenkalb. Laut Beschreibung in verschiedenen Medien hatte sie bereits um Weihnachten 2001 herum und Mitte Februar 2002 ein Antilopenjunges wahrscheinlich seiner Mutter entführt und aufgenommen. Beim ersten Kalb beobachteten Wildhüter, wie es von einem anderen Löwen gefressen wurde, während die Löwin an einer Wasserstelle trinken gegangen war. Nach dem zweiten Antilopenkind-Kidnapping nahmen die Wildhüter der Löwin deshalb das Kalb vorsorglich weg und brachten es in einem Privatreservat unter. Doch die Löwin gab nicht auf – kurz danach gelang es ihr erneut, sich ein Kalb zu sichern! Dieses Mal beschloss das Team vor Ort, sich nicht mehr einzumischen –

woraufhin auch dieses Kalb irgendwann verschwunden war, wahrscheinlich wurde es ebenfalls von einem der anderen Löwen gefressen. Doch abseits dieser Dramatik – wie kann es zu einer derartigen emotionalen Verwirrung kommen? Reagierte die Löwin wirklich auf das Kindchenschema oder wollte sie vielleicht nur lebendigen Nahrungsvorrat an ihrer Seite haben? Zeugen beschreiben, wie sie das Kalb gegenüber den anderen Löwen der Gruppe verteidigte, und auf Fotos ist zu sehen, wie sie dicht an dicht umhergehen.

Die Beziehung zwischen Beutetier und Räuber ist sehr ungewöhnlich, findet aber statt. Im häuslichen Umfeld des Menschen häufiger, hier gibt es viele Geschichten von Jagdhunden, die sich um Rehkitze oder Fuchswelpen kümmern oder friedlich mit Kaninchen interagieren. Doch in freier Wildbahn kommt es wahrscheinlich nur dann zur Adoption eines Beutetieres, wenn die Mutter ein Trauma erleben musste wie den Verlust ihrer eigenen Jungen. Dann ist ihr Pflegebedürfnis wahrscheinlich so groß, dass es die Artgrenze überspringen und viel intensiver auf kindliche Schlüsselreize reagieren könnte – auch auf die eines Beute-Babys.

Der Verlust der eigenen Kinder könnte auch einen anderen Fall erklären, in dem eine Löwin einen Leopardenwelpen gesäugt hat. Über diesen Fall konnte ich mehr Hintergrundinformationen gewinnen.

Leopardenmütter, die in der Nähe von Löwen leben, stehen ständig unter Strom, denn sie sind direkte Nahrungskonkurrenten. Deshalb versuchen die Löwen immer wieder, junge Leoparden zu finden – um sie dann zu töten. Das Vorgehen sieht grausam aus, und genau deshalb hat das Foto, das der niederländische Tourist Joop Van der Linde auf einer Safari-Tour schießen konnte, in Fachkreisen auch so viel Aufsehen erregt: Auf dem Bild ist eine Löwin zu sehen, die ein Leopardenjunges säugt!

Die Safari-Tour des Niederländers führte durch das Ngorongoro-Schutzgebiet in Tansania, in dem sich die Tierschutzorganisation »KopeLion« für eine friedliche Koexistenz von Löwen und den Massai engagiert. Die Massai leben von ihren Rinder- und Ziegenherden, die oft von den vor Ort lebenden Löwenrudeln angegriffen werden. »KopeLion« bildet deshalb ehemalige Löwenjäger der Massai zu Wildhütern aus, die den Dialog mit der lokalen Bevölkerung suchen und bei Konflikten versuchen, zu vermitteln und Lösungen zu finden. Dahinter steckt auch wirtschaftliches Interesse der Gemeinde, denn die Löwen sind in der Serengeti nicht nur eine Bedrohung der Viehherden, sondern auch ein Touristenmagnet, der viel Geld in die lokalen Kassen spült. Auch deshalb wird das Zusammenleben von Mensch und Löwe durch »KopeLion« vor Ort erforscht, um zukünftige Konflikte besser managen und dadurch abmildern zu können. Zu diesen Studienzwecken werden die Löwen mit Peilsendern ausgestattet und bekommen Namen, damit man sie immer schnell finden und ihre Lebensgeschichten festhalten oder auch Anwohner vor einem möglichen Angriff auf die Herden warnen kann. Aus diesem Grund trug auch die Ziehmutter des kleinen Leoparden einen Sender, und das wissenschaftliche Team vor Ort konnte die ungewöhnliche Pflegemutter auf dem Foto schnell identifizieren. Es handelte sich um »Nosikitok«; sie hatte erst im Juni selber Welpen geboren, die nun aber nicht mehr auffindbar waren. Löwenwelpen haben eine hohe Sterblichkeitsrate im ersten Lebensjahr.

Ingela Jansson, Gründerin und wissenschaftliche Leiterin von KopeLion, sagt dazu: »Das einzige Mal, dass wir Nosikitok beim Säugen des Leopardenwelpen beobachten konnten, war an diesem einen Abend, als das Foto des Touristen entstanden ist. Am Tag danach haben sich unsere Mitarbeiter den ganzen Tag in ihrer Nähe aufgehalten und sie beobachtet – aber konnten dann und auch in den folgenden Tagen keinen Welpen in ihrer Nähe mehr entdecken, weder den Leoparden noch eines ihrer eigenen Kinder.«

Durch das GPS-Halsband konnte das Bewegungsmuster der Löwin genau analysiert werden. Die Aufzeichnungen zeigten, dass Nosikitok wahrscheinlich kurz vor der Leopardenkind-Adoption ihre eigenen Kinder verloren haben könnte. »Es ist also gut möglich, dass durch die Hormone und die mit Milch gefüllten Zitzen das Weinen eines hungrigen Leopardenwelpen ihre mütterlichen Gefühle erregt haben und so dieses seltsame Bild des Säugens zwischen zwei eigentlich konkurrierenden Arten entstehen konnte«, erklärt Jansson. Egal, ob Onyxkalb oder Leopardenwelpe – lange überlebt haben die Beute-Ziehkinder bei ihren Löwinnenmüttern nicht. Aber ist es auch unter weniger extremen Bedingungen überhaupt möglich, als Individuum einer fremden Spezies in der Mitte einer anderen Art existieren zu können?

Das Leben unter anderen

Wenn ein Beutetier von einem Räuber adoptiert wird, führt das über kurz oder lang wahrscheinlich immer zu Konflikten und irgendwann zum Tod des Pfleglings, besonders in freier Wildbahn. Aber wenn beide Spezies, sowohl die Adoptivkinder als auch die Adoptiveltern, auf ähnliche Weise ihr Leben gestalten und nicht in einer Räuber-Beute Beziehung verhaftet sind, dann könnte das Zusammenleben über längere Zeit schon eher gelingen. Das jedenfalls lassen die Beobachtungen der Biologin Patrizia Izar und ihres Teams in dem brasilianischen Naturschutzgebiet »Green Wing Valley-Serra d'Água Branca« vermuten. Die Feldforscher*innen haben während ihrer Studien an einer

Gruppe freilebender Kapuzineraffen plötzlich entdeckt, dass ein Weibchen ein Baby in der klassischen Stillposition hielt, das eindeutig kein Kapuzinerkind war. Bei näherem Hinsehen konnte das Äffchen als Angehöriger der Art »Weißbüschelaffe« identifiziert werden, die viel kleiner sind als Kapuzineraffen und sich auch im Sozialverhalten unterscheiden. Doch das schien weder die Kapuzineraffen noch ihr Ziehkind zu stören. Je älter es wurde, desto mehr passte es sich dem Gruppenleben an. So konnte beobachtet werden, wie es richtig auf Warnrufe reagierte und sofort bei einer seiner zwei Ziehmütter Schutz suchte. Später, als es größer und erkundungsfreudiger wurde, beteiligte es sich an Spielen der anderen Kinder. Erstaunlich war, dass seine Spielkameraden dabei ihre Kräfte und Bewegungen an das viel kleinere Gruppenmitglied anpassten - sie verhielten sich einfühlsam, und so kam es, dass ein wunderbares aneinander angepasstes Spielverhalten zwischen zwei verschiedenen Primatenarten in freier Wildbahn beobachtet werden konnte.

Diese Gruppe der Kapuzineraffen ist dafür bekannt, Nüsse öffnen zu können, und das Ziehkind war ebenfalls sehr erfolgreich darin, sich Futter von den Erwachsenen zu erbetteln, so wie es auch die anderen Jungtiere der Gruppe taten. Sogar das dominante Männchen der Gruppe zeigte sich von seiner weichen Seite und gab dem Weißbüschelaffenkind hin und wieder eine geknackte Nuss ab. Zum ersten Mal entdeckt wurde es im März 2004, das letzte Mal gesehen im Mai 2005, es konnte also ein Zusammenleben mit der Gruppe bis ins Erwachsenenalter hinein dokumentiert werden, über einen Zeitraum von insgesamt vierzehn Monaten.

Gegen Ende der Sichtungen konnten die Biolog*innen beobachten, dass das Weißbüschelläffchen aufgrund seiner anderen Fortbewegungsweise mit den anderen Gruppenmitgliedern bei den Wanderungen nicht mithalten konnte, denn die weiten

Sprünge oben in den Ästen waren ihm nicht möglich. Anfangs wurde es noch getragen, später ließ die Bereitschaft bei seinen Ziehmüttern dazu nach, und so verlor es immer wieder den Anschluss. Zuletzt wurde der kleine Affe drei Tage allein an einem Ort gesehen und ist dann verschwunden. Über die Dauer seiner Jugend hinweg bis hin zum Erwachsenenstadium aber war das kleine Individuum ein fester Bestandteil der Kapuzineraffengruppe, das wie ein arteigenes Jungtier von zwei weiblichen Individuen versorgt und von allen anderen Gruppenmitgliedern akzeptiert und ins Gemeinschaftsleben integriert wurde (Izar et al., 2006).

Grundsätzlich betonen die brasilianischen Forscher*innen, dass es wohl von lokalen Gegebenheiten und individuellen Faktoren abhängen würde, ob ein Tier adoptiert wird. Hier fanden sich zwei engagierte Ziehmütter, und die lokalen Bedingungen waren gut, denn es gab genug zu fressen für alle. Zusätzlich waren die Ansprüche an Nahrung bei dem kleinen Weißbüschelaffenbaby sehr gering. Das könnte die artfremde Adoption begünstigt haben, vermuten die Verhaltensbiolog*innen. Diese Adoption ist die erste in freier Wildbahn dokumentierte lang andauernde Beziehung zwischen verschiedenen Arten. Doch es gibt noch eine neue, nicht weniger spektakuläre Entdeckung - diesmal nicht in der afrikanischen Steppe oder in den Wäldern Brasiliens, sondern weit draußen im Atlantik.

Moby Dick & Flipper

Vor den portugiesischen Azoren im Atlantik leben Pottwale und Große Tümmler normalerweise ganzjährig nebeneinander her, ohne sich allzu sehr füreinander zu interessieren. Es gibt wenig

Überschneidungspunkte in ihren Interessen, die Lebensweisen unterscheiden sich zu stark. So sind Delfine, zu denen die Tümmler gehören, viel kleinere, schnellere und wendigere Schwimmer, die gemeinsam Jagd auf Fische machen. Pottwale dagegen leben in kleinen Familiengruppen einiger weiblicher Tiere mit ihrem Nachwuchs zusammen, ihre Lieblingsspeise sind Tintenfische. Umso überraschender war es für die Verhaltensforscher Alexander Wilson und Jens Krause, als sie 2011 eine Gruppe Pottwale entdeckten, die anscheinend einen kleinen, körperlich behinderten Tümmler bei sich aufgenommen hatten. Der Tümmler hatte eine verkrümmte Wirbelsäule, konnte aufgrund dessen wohl nicht mit dem hohen Jagdtempo seiner Artgenossen mithalten und hatte den Anschluss an seine Familie verloren. Sein Bedürfnis nach Zugehörigkeit zu einer sozialen Gruppe hat ihn dann wahrscheinlich die Nähe der Pottwale suchen lassen, vermuten die Wissenschaftler*innen des Leibniz-Instituts für Gewässerökologie und Binnenfischerei in einem im *National Geographic News* erschienenen Artikel (Poon, 2013). Die Wissenschaftler*innen folgten der Patchworkfamilie insgesamt acht Tage lang und konnten in dieser Zeit immer wieder beobachten, wie der körperlich behinderte Delfin mit den Kälbern, aber auch mit den Kühen spielte und Zärtlichkeiten austauschte – er rieb seinen Körper nach Delfinart an den Körpern seiner neuen Freunde, worauf diese die freundliche Geste manchmal bei ihm wiederholten. Es handelte sich also um eine Gemeinschaft, die ihm nicht nur Schutz und den Zugang zu Nahrung bot, sondern auch Nähe und Zusammenhalt. Die vertraute körperliche Interaktion zeigt, dass die Kühe den Tümmler wie eines ihrer Jungtiere behandelten (Suchbegriff auf Videoplattformen: »Sperm Whales Adopt Deformed Dolphin«).

Demut tut gut

Bevor Forscher*innen wie Jane Goodall in den Sechzigerjahren in den Dschungel aufbrachen, um Schimpansen in freier Wildbahn zu studieren, hieß es, wir Menschen seien die einzige Spezies, die Werkzeuge herstellte. Dann beobachtete Jane, wie Schimpansen mit extra vorbereiteten Grashalmen nach Ameisen angelten. Später konnte man Schimpansen beim Nüsseknacken und beim Regentanz beobachten. Werkzeuggebrauch und Tanzen in bestimmten Situationen sind Fähigkeiten und Kulturerscheinungen, die von einer Generation an die andere weitergegeben wurden und einzigartig für die jeweilige Population waren. Schimpansen, so wurde nach und nach klar, stellten also nicht nur je nach Lebensraum unterschiedliche Werkzeuge her, sondern praktizierten auch Vorformen von Kultur. Denn im Regen zu tanzen, hat wenig biologischen Sinn, außer dass es Freude macht und in dieser speziellen Gruppe so üblich ist – in den Schimpansenpopulationen Tansanias war noch kein Individuum auf diese Idee gekommen.

Inzwischen gibt es eine wachsende Zahl von Fallbeschreibungen der Adoption und des Zusammenlebens verschiedener Arten miteinander in freier Wildbahn – auch hier scheint es sich also nicht um eine menschliche Errungenschaft zu handeln, sondern um eine Möglichkeit, die schon bei anderen Tieren vorhanden ist. Doch was ist mit der Zähmung einer anderen Tierart zum eigenen Nutzen – so wie wir es erst mit Hunden, dann auch mit Pferden, Katzen, Rindern oder Schweinen praktiziert haben? Könnte diese innovative Idee etwas sein, was uns als Spezies auszeichnet?

Die Domestikation von Haustieren ist eine Leistung, auf die Menschen bis heute mit sehr viel Stolz blicken. Sie hat uns nicht nur eine Vielzahl von Rassen beschert, sondern macht auch das enge Zusammenleben von Menschen und anderen Tieren möglich. Doch das Leben auf der Erde entwickelt sich weiter, Arten passen sich veränderten Umweltbedingungen immer wieder an und entwickeln dabei manchmal neue Fähigkeiten. Der Primatologe Dr. Ahmed Boug vom National Wildlife Research Center Arabie Saoudite hatte das große Forscherglück, Zeuge sein zu können bei der Entstehung neuer Überlebensstrategien von nichtmenschlichen Tieren. Dokumentiert wurde die Sensation auf dem Pavianfelsen unter anderem von dem französischen Tierfilmer Jean-François Barthod für eine großartige Dokumentation (»Entwicklung im Gange. Wenn Paviane Hunde adoptieren«). Das »Wunder« spielt sich am Rande der im Westen Saudi-Arabiens gelegenen Stadt Ta'if ab, die 70 Kilometer von Mekka entfernt liegt. Hier leben Paviane mit Hunden in friedlichen Gruppen zusammen.

Wie konnte es dazu kommen? Anwohner hatten den für Paviane zuständigen Primatologen auf die seltsame Wohngemeinschaft vor den Toren der Stadt aufmerksam gemacht; daraufhin war Dr. Boug erst einmal skeptisch und wollte sich das Phänomen mit eigenen Augen ansehen. Tatsächlich kommt es im Tierreich häufiger vor, dass unterschiedliche Arten zum gegenseitigen Nutzen in Nachbarschaft leben und zum Beispiel Jagdgemeinschaften bilden. So gehen Dachse und einsame Kojoten gerne zusammen auf die Jagd (Suchbegriff auf Videoplattformen: »Dachs und Kojote«), weil sie dann erfolgreicher sind. Der Kojote wartet dabei oft vor einem Mauseloch, während der Dachs an anderer Stelle der Maus hinterherbuddelt – und fängt sie, sollte sie aus dem Loch hervorspringen (mehr Jagdgemeinschaften siehe Kapitel »Bindung beflügelt!«). Doch hier konnte Dr. Boug ein Phänomen beobachten, das mit gemeinsamen Jagdstreifzügen wenig zu tun hatte. Die Affen und Hunde lebten familiär miteinander, ähnlich wie man es aus westlichen Gesellschaften von Menschen mit Hunden kennt. Sie waren zärtlich miteinander, leckten und kraulten sich, die Paviane suchten im Hundefell wie bei Artgenossen nach Flöhen, es wurde zusammen gegessen und geruht – alles wie in einer echten Familie.

Doch der Auftakt zum idyllischen Zusammenleben war weniger harmonisch. Damit die Welpen so gut in die Paviangruppe integriert leben konnten, wurden sie – auch das ganz ähnlich wie bei uns – vorher »entführt«. Die Paviane suchten sich dazu gezielt Welpen in einem bestimmten Alter aus, nahmen sie dann rabiat ihren Müttern weg und brachten sie in der eigenen Gruppe unter. Anschließend mussten die jungen Hunde in ihrer »neuen Familie« leben.

Am Anfang kann man auf den Filmaufnahmen sehen, wie die Welpen traumatisiert sind, versuchen zu fliehen und irgendwann gestresst mit dem Rücken zum Felsen und seitwärts hängenden Ohren sitzen. Kein schöner Anblick. Doch die Kindesentführer lassen nicht locker, sondern suchen proaktiv den Kontakt zu den Welpen, schleppen sie überall mit hin, sind zärtlich zu ihnen, lassen die kleinen Hunde mitfressen und fangen an, sich fürsorglich zu verhalten. In der Folge passiert das, was auch in unseren Haushalten geschieht, nachdem wir einen Welpen vom Züchter abgeholt und damit seiner Mutter und Geschwistern »entwendet« haben: Die jungen Hunde fangen an, sich an die Individuen ihrer neuen Familie zu binden.

Aber warum investieren die arabischen Paviane so viel Energie in das Stehlen und Aufziehen von Hundebabys? Das Unterfangen ist nicht ohne Risiko, denn eigentlich sind wilde Hunde ihre Feinde. Regelmäßig machen Hunde vor Ort Jagd auf Paviane und sind dabei oft auch erfolgreich. Wie kann es also sein, dass die körperlich unterlegenen Affen ein Interesse daran haben, ein Baby dieser Feinde in ihrer Mitte aufwachsen zu lassen und mit einem Individuum dieser Spezies in einer Patchworkfamilie zusammenzuleben?

Ahmed Boug hat viele Stunden mit Beobachtungen der Geschehnisse auf dem Affenfelsen verbracht und dramatische Szenen beobachten können, die Vermutungen zulassen, warum die Paviane diese Strategie entwickelt haben könnten. Immer dann, wenn die Paviangruppe von wilden Hunden bedroht wird, zeigen die »Pavianhunde«, wozu sie »angeschafft wurden«: Sie verteidigen »ihre Familie« vehement gegen die wildernden Hunde und greifen die eigenen Artgenossen sogar an! So schützen sich die Paviane gegenüber anderen Hunden durch »eigene« Hunde. Die Hunde leben in den Clans der Paviane zwar in der Unterzahl, bilden aber dennoch mittlerweile eine recht große Anzahl. Sie spielen zusammen, haben eindeutig freundschaftliche Beziehungen zueinander – aber eben auch zu den Pavianen ihrer »Clans«. Vieles, was man auf den Filmaufnahmen sehen kann, erinnert an Hundehaltung in unseren Städten, nur dass die Hunde hier viel mehr Freiheit genießen und für die Erfüllung ihrer Aufgabe kein Training benötigen, sondern von allein wissen, was wann zu tun ist. So konnten die Forscher*innen zum Beispiel eine Art »Aufgabenteilung« beobachten: Wenn die Paviane zu den Mülleimern am Stadtrand aufbrechen, dann bleiben manche Hunde im Territorium zurück – vermutlich, um es zu bewachen. Andere ziehen mit den Pavianen – aus gutem Grund, denn bei ihrer Wanderung müssen sie durch Gebiete laufen, in denen sie den Angriffen verwilderter Hundegruppen schutzlos ausgeliefert sind. In diesen Momenten werden die mitgekommenen Hunde aktiv und versuchen, die Paviane zu verteidigen, was ihnen nicht immer gelingt. Aber auf den Filmaufnahmen ist zu sehen, wie es einzelne Tiere mit einer ganzen Gruppe aufnehmen - kein ungefährlicher Einsatz für das Leben »ihrer« Pavianfamilie.

Doch nicht nur Artgenossen werden angegriffen, besonders Streifenhyänen, Leoparden oder Wölfe können den Pavianen gefährlich werden. Auch hier gibt es im Film dokumentierte Beobachtungen, wie die Paviane sich in Sicherheit bringen, während sich die Hunde formieren und die Eindringlinge, oft erfolgreich, aus dem Revier vertreiben.

Leider gibt es keine mir bekannte wissenschaftliche Untersuchung zu diesem Phänomen, es ist aber durch viel Bildmaterial für diesen und einen weiteren Ort in Saudi-Arabien gut dokumentiert.

Offen bleibt die Frage, ob es sich wirklich um eine Form von Haustierhaltung handelt - oder eher um eine Art »Domestikation« von Welpen, damit sie »pavianisiert« werden, sich der Gruppe zugehörig fühlen und diese dann effektiv verteidigen, so wie es für die Rasse der Kanaan-Hunde typisch ist, mit der diese Hunde wahrscheinlich verwandt sind. Diese Rasse ist auch dafür bekannt, ein eigenständiges Dasein zu führen - was zu den Beobachtungen der erwachsenen Hunde passt. Denn sobald die Tiere nicht mehr »niedlich« sind, genießen sie immer mehr Freiheiten und schließen sich mit anderen Hunden zusammen. Interessant wäre auch die Frage, ob die Hunde mitziehen würden, sollten die Paviane jemals beschließen, das Territorium zu verlassen. Oder ist es vielleicht nur der nahrungsreiche Ort, der die Gruppe hier zusammenhält? Das Faszinierende an Forschung ist, dass man immer mehr Fragen entwickelt, je länger man sich mit einem neuen Phänomen beschäftigt. Spannend dabei ist in diesem Zusammenhang auch, dass sogar Katzen mittlerweile Zugang zu der ungewöhnlichen WG gefunden haben – ihre »Aufgabe« in der Gemeinschaft ist aber noch nicht genau bekannt. Vielleicht haben sie auch keine andere, als dass die Paviane eindeutig Gefallen an der Anwesenheit der Samtpfoten finden! Die Jungtiere spielen mit den Katzen, kuscheln – und es ist zu sehen, wie auch die Katzen den Kontakt suchen, eindeutig mögen und sehr viel Vertrauen zu den Primaten, aber auch zu den Hunden haben. Für die Katzen bietet das Leben unter den Hunden und Pavianen eindeutig Sicherheit und Zugang zu Nahrung, im Gegenzug bereichern sie die anderen wohl schlicht durch ihre Gegenwart – also auch hier eine ganz ähnliche »Funktion«, wie sie Katzen auch für viele von uns Menschen »gnädigerweise« wahrnehmen.

Diese Tiere haben also eine gemischte Gesellschaft gegründet, in der sie friedlich zusammenleben. Auch hier ist die Grundlage für das tolerante und innige Zusammensein wieder ein reich gedeckter Tisch, denn manche Menschen entsorgen ihre Abfälle absichtlich in der Nähe der Paviane, Hunde und Katzen, sodass fast immer gemeinsam gegessen werden kann, ohne dass einer hungrig bleiben muss. Wie wir schon öfter gesehen haben, ist diese »Freiheit von ökonomischen Zwängen« generell eine wichtige Voraussetzung dafür, dass wir im wahrsten Sinne des Wortes über den Tellerrand schauen und ganz neue Formen von Bindungen eingehen können. Die Hunde werden hier zwar am Anfang der Beziehung aktiv »entführt«, leben aber dann als gleichberechtigter Teil der Gesellschaft mit den Pavianen und Katzen zusammen.

Verteidigungsaggression

Hunde, Paviane oder Pottwalkühe stellen keine Berechnungen über den Verwandtschaftsgrad an. Leben sie in einer Gruppe ohne Hunger zusammen, scheint die Vorstellung davon, wer zur Familie gehört, weit dehnbar zu sein. Das ist der springende Punkt: Wenn verschiedene Arten auf engem Raum miteinander leben, dann kann es passieren, dass sie ihr Familienkonzept auf die bunt durchmischte WG übertragen und so Verantwortung füreinander übernehmen. Sie leben zusammen in einer Gruppe, sind dort aufgewachsen und tolerieren einander auch noch als Erwachsene. Sie sind freundlich oder sogar zärtlich miteinander, trotz der oft merkwürdigen Unterschiede im Aussehen oder Verhalten, schließlich gehört man zur gleichen »Gang« und ist sich durch den gemeinsam gelebten Alltag sehr vertraut. Besonders Hunde übernehmen in diesen Gruppen oft die Aufgabe als Aufpasser; sie fühlen sich anscheinend dazu berufen, Gruppenangehörige im Notfall zu verteidigen. Deshalb wachsen sie oft über sich hinaus und verjagen in Saudi-Arabien laut bellend Fleckenhyänen von ihrer Pavianfamilie, obwohl die ihnen mit ihren kräftigen Kiefern sofort jeden Knochen brechen könnten.

Doch nicht nur Hunde verteidigen ihre andersartigen Familienangehörigen. Im letzten Jahr ging ein Video durch die sozialen Netzwerke, das eine Katze dabei zeigt, wie sie einen kleinen Jungen vor der Attacke eines Nachbarhundes rettet. Der hatte sich schon im Bein des Kindes verbissen, als sich die Familienkatze auf ihn stürzte. Tatsächlich gelang es ihr, ihn durch ihren unerschrockenen Angriff in die Flucht zu schlagen. Auch hier lagen die Kräfteverhältnisse eigentlich zugunsten des Angreifers - aber die Entschlossenheit der Katze beeindruckte den Hund so sehr, dass er sehr schnell das Weite suchte (Suchbegriff im Internet: Mutige Katze verjagt Hund). Die Zugehörigkeit zur Gruppe wird bei diesen Beispielen als so eng empfunden, dass die Hunde und die Katze ihr Leben für die »Familie« aufs Spiel setzen - und das, obwohl die Beteiligten unter Garantie nicht miteinander verwandt sind.

Es gibt allerdings Momente bei der Kinderaufzucht, in denen auch innerhalb harmonischer Familien die Fetzen fliegen können. In der Hunde-Katzen-WG von Patricia Albrecht hat zum Beispiel die sonst so friedliche Apple immer dann ihren Hundefreunden gegenüber sofort die Zähne gezeigt, wenn diese sich dem kleinen Kätzchen Curry neugierig nähern wollten. Mango und die Labradorhündin Cherry durften in Currys ersten Lebenswochen nicht ein einziges Mal auch nur an dem Katzenkind schnuppern. Sie wurden mit tiefem Knurren und dem Entblößen der Schneidezähne dezent, aber eindeutig auf Abstand gehalten. Auch hier verhielt sich Apple wieder vorbildlich wie eine echte Mutter. Säugende Weibchen sind nämlich nicht nur besonders liebevoll und fürsorglich, sondern in ihnen schlummert eine zweite Seite, die wir besser nicht provozieren sollten. Stillende oder säugende Tiere legen eine erhöhte Verteidigungsbereitschaft an den Tag, bei der sie erschreckend gnadenlos vorgehen können.

Leg dich besser nicht mit Müttern an!

Wer im Wald auf eine Bache mit neugeborenen Frischlingen trifft, schwebt in akuter Lebensgefahr, denn Wildschweinmütter sind dafür bekannt, bei Kontakt mit ihrem Nachwuchs keinen Spaß zu verstehen und gerne direkt anzugreifen. Doch auch Menschenmütter sind nicht zimperlich in ihrem Aggressionsverhalten, wenn sie ein Baby stillen. Das zumindest konnte eine britisch-amerikanische Studie um die Wissenschaftlerin Dr. Jennifer Hahn-Holbrook von der University of California in Los Angeles feststellen. Sie untersuchte den Effekt des Stillens auf aggressives Verhalten von Müttern. Doch bevor Sie jetzt Angst vor dem Anblick von Kinderwagen entwickeln, können Sie sich beruhigen – solange Sie ein freundlicher Zeitgenosse sind. Denn die Aggressionsbereitschaft ist zwar unterschwellig vorhanden, zeigt sich aber nur, wenn sich ein wirklich unangenehmer Mensch in direkter Nähe befindet.

Die Psycholog*innen wollten in erster Linie herausfinden, ob Frauen, die ein Baby stillen, ähnlich wie Katzen, Grizzlys oder Bachen sich schneller provozieren lassen und aggressiver reagieren – ein Phänomen, das als sogenannte »Laktationsaggression« bezeichnet wird (Hahn-Holbrook, 2011). Für ihre Studie baten sie deshalb achtzehn stillende, siebzehn Muttermilchersatz fütternde und neunzehn kinderlose Frauen zum Aggressionstest. Dabei wurden die Frauen vor einem Reaktionswettkampf am Computer erst einmal ordentlich von einer wissenschaftlichen Mitarbeiterin in Stimmung gebracht, die ihnen als Gegnerin im Spiel präsentiert wurde. Die vorher geschulte Wissenschaftlerin setzte alles daran, die Teilnehmerinnen zu provozieren, indem sie sich sehr rüde und unsozial benahm. Danach wurde der Wettkampf eröffnet, in dem die Siegerin jeder Runde die doofe Kontrahentin mit Lärmgeräuschen nerven durfte. Parallel dazu wurde der Blutdruck der Teilnehmerinnen gemessen. Das Ergebnis attestierte den stillenden Müttern ein deutlich aggressiveres Verhalten als den übrigen Frauen bei gleichzeitig niedrigerem Blutdruck. Sie wählten nicht nur eine höhere Lautstärke, sondern auch die durchschnittlich längsten Klangattacken, wenn sie als Siegerinnen aus den Computerspielen hervorgingen und die unsympathische Gegnerin bestrafen durften. Sie zeigten sich bei diesen Versuchen sogar doppelt so aggressiv wie Frauen ohne Kinder oder Mamas, die ihren Kindern das Fläschchen gaben. Gleichzeitig reagierte ihr Blutdruck viel weniger, was darauf hinweist, dass das Stillen einen puffernden Effekt auf die Stressantwort einer Mutter hat. Das lässt Mamas in bedrohlichen Situationen gleichzeitig mutiger und cooler werden. Eine gute Mischung, um Nachwuchs effektiv verteidigen zu können. Auch hier haben Wissenschaftler*innen also wieder einen Hinweis gefunden, wie ähnlich wir Menschen in manchen Lebenssituationen der Bache im Wald doch noch sind, sollten wir ein schutzbedürftiges Wesen säugen und an unserer Seite haben.

Wenn Menschen Haustiere verteidigen

Aber auch ohne zu stillen können Mütter und andere Menschen sehr aggressiv auch solche Individuen verteidigen, die ganz offensichtlich nicht mit ihnen verwandt sind. Ein Phänomen, das man gut auf Hundewiesen beobachten kann, wenn sich zwei Hunde - und in der Folge die Besitzer - ordentlich in die Haare kriegen. Ähnlich wie der erwachsene Schimpansenmann Freddy seinen kleinen Adoptivsohn Oskar bei Streitigkeiten in der Gruppe vehement geschützt und verteidigt hat, springen Hundehalter*innen unter Einsatz wilder Gesten und mit lautem Gebrüll für ihre Hunde in die Bresche. Hundebesitzer möchten ihre Hunde beschützen und vor schrecklichen Erlebnissen bewahren - sie fühlen sich anscheinend wie eine »Mama« oder »Papa« des Hundes.

Tatsächlich hat unter anderem ein Team ungarischer Verhaltensforscher*innen um Marta Gácsi von der Universität Budapest die Mensch-Hund-Beziehung in den letzten zwanzig Jahren intensiv durchleuchtet. Sie haben Bindungstests, die normalerweise mit Kleinkindern und ihren Eltern durchgeführt werden, mit Hundehalter*innen und deren Hunden wiederholt - und herausgefunden, dass sich Hund und Mensch in ihrer Beziehung fast 1:1 so verhalten wie in der Eltern-Kind-Beziehung (Gácsi et al., 2013). Die Forscher*innen sind sich deshalb weitgehend einig, dass die Hund-Mensch-Bindung der Eltern-Kind-Bindung gleicht - sowohl für den Hund als auch für den Menschen.

Hunde bleiben durch die Domestikation sowohl im Aussehen auch im Verhalten ihr Leben lang »neoton«, also »kindlich« - die Tendenz, nach der Pubertät abzuwandern und ein eigenes Leben anzufangen, ist bei ihnen nur noch in abgeschwächter Form vorhanden. Sie verharren also im Stadium der kindlich-abhängigen Position, was wiederum in einer Art Rückkopplungsprozess die Bindungsbereitschaft des Menschen an den Hund ebenfalls positiv beeinflussen könnte. Gefördert wird diese elterliche Hinwendung zum Hund, aber auch zur Katze durch gezieltes Züchten von kindlichen Merkmalen - nicht immer zum Wohle der Haustiere.

Kindchenschema in der Rassezucht

Ein Team der britischen Universität Lancashire wollte untersuchen, welche Merkmale genau Menschen dazu verleiten, Haustiere »niedlich« zu finden. Das Ergebnis spiegelt wider, was wir auch auf Hundewiesen häufig antreffen: Besonders kleine Hunde mit kurzer Nase, rundlichen Köpfen und runden, großen Augen führten bei den Testpersonen zu viel emotionaleren Reaktionen als Hunde, die zwar ähnlich groß waren, aber anderen Rassen angehörten und denen dadurch das »Babyhafte« fehlte (Archer & Monton, 2011). Diese Vorliebe des Menschen für alles, was niedlich aussieht, hat dazu geführt, dass Hunde und Katzen immer extremer kindlich aussehen und auch immer abhängiger von der menschlichen Pflege gezüchtet werden – die »Teacup«-Hunde sind so winzig, dass sie aussehen wie Kuscheltiere aus dem Spielzeugwarenladen.

Natürlich ist diese Zucht nicht folgenlos für die Gesundheit der Tiere. Ihre Schädel sind so rund, dass sie dadurch oft Deformationen aufweisen; zum Beispiel können sich die Fontanellen auf dem Schädeldach oft niemals ganz schließen. Die Knochen sind teilweise so dünn, dass sie im Kontakt mit »normalen« Hunden schnell brechen; deshalb werden die sozialen Kontakte zu Artgenossen, wenn sie überhaupt stattfinden dürfen, auf wenige gleich große Hunde eingeschränkt. Zusätzlich haben die klein gezüchteten Tiere ein im Verhältnis zur Körpergröße und -gewicht relativ schwereres Gehirn. Doch das ist entsprechenden »Züchtern« noch nicht genug. Um das Kindchenschema zu »vollenden«, wird den Tieren oft noch die Nase platt gezüchtet, sodass der Platz im Gehirnraum noch enger wird. Unter diesen Platzproblemen leidet besonders das Kleinhirn, das dann teilweise durch das Hinterhauptsloch aus der Schädelhöhle auf das Rückenmark drückt. Im »harmlosesten« Fall kratzen sich betroffene Hunde ständig, oft gibt es aber schwerere neurologische Ausfallerscheinungen. Tierärzte kritisieren diese Trends in der Hundezucht natürlich heftig, weil sie ständig mit leidenden Hunden oder Katzen konfrontiert sind, die durch Kurzschnäuzigkeit oder ihre Miniaturgröße an schweren Atem- und anderen Problemen leiden ... Gesetze gegen Qualzucht sind bislang wenig effektiv, da sie zu schwammig formuliert sind und Schlupflöcher für skrupellose Züchter und ahnungslose oder gleichgültige Welpenkäufer lassen.

Doch der Mensch hat den Hund nicht nur bewusst geformt. Nebenbei ist eine Fähigkeit bei den Hunden entstanden, die einen großen Einfluss auf unsere Gefühle und dadurch unser Verhalten im Alltag mit Hund haben kann.

Der Hundeblick –
eine Mimik, um uns zu manipulieren?

Die deutsche Verhaltensbiologin Juliane Kaminski beschäftigt sich seit vielen Jahren mit der Frage, was Hunde über uns und unsere Sinnesleistungen verstehen. So hat sie herausgefunden, dass Hunde wissen, ob wir ein verbotenes Stück Wiener Würstchen von unserem Platz aus sehen können oder nicht, dass wir nur verlangsamt bemerken, was hinter unserem Rücken geschieht, oder dass wir im Dunkeln sehr schlecht wahrnehmen können, ob verbotene Leckereien geklaut werden oder nicht (vgl. Gansloßer & Kitchenham, 2012, 2019).

Als Forscherin in dem britischen Küstenstädtchen Portsmouth fragte sie sich irgendwann, ob auch die Mimikbewegungen von Hunden einen Einfluss auf unsere Handlungen haben könnten. Dazu untersuchte sie mit ihrem Team zuerst Hunde, die in Tierheimen auf ihre Adoption warteten, und filmte ihre Mimik immer dann, wenn sich vermeintliche Interessenten vor den Zwingertüren aufhielten und den Hund ansahen. Dabei konnten die Forscher*innen festhalten, wie sich bei manchen Hunden eine Augenbraue von innen schräg nach oben hob, sodass die Stirn sich bei diesen Kandidaten dramatisch in Falten legte, die Augen größer wirken ließ und dem Gesicht auf diese Weise einen »traurigeren« Ausdruck verlieh. Das spannende Ergebnis: Hunde, die diese Muskelbewegung im Gesicht einsetzten, wurden schneller adoptiert (Waller et al., 2013)!

Einmal neugierig geworden, forschte Kaminksi weiter und wollte herausfinden, ob Familienhunde registrierten, wann sie beim Betteln angesehen wurden und dann entsprechend ihre Mimik veränderten. Dazu ließ sie Testpersonen eine verführerische Leckerei in den Händen halten und dabei in Richtung des Hundes oder zur Wand sehen. Gleichzeitig filmte sie wieder die Gesichter der Hunde, um zu erkennen, ob sie ihre Mimik veränderten, je nachdem, ob der Mensch sie ansah oder nicht. Tatsächlich setzten die Hunde die gleiche Augenbewegung ein wie im Tierheim, sobald der Mensch mit seinem Gesicht in ihre Richtung stand – nicht aber, wenn er ihnen (mit dem Würstchen in den Händen hinterm Rücken, also direkt vor der Hundenase) den Rücken zukehrte. Daraus schließt die Forscherin, dass die Hunde zumindest wissen, wann sie angesehen werden. Ein Nachweis der gezielten Manipulation ist das offiziell natürlich nicht, eine solche Unterstellung wäre unwissenschaftlich (Kaminski et al., 2017). Hier kann jeder Hundebesitzer aber für sich entscheiden, ob er so viel Manipulationswillen seinem Hund wirklich zutraut, wenn der zwischen Grillwürstchen und uns immer hin- und herguckt und dabei niedlich aussieht.

Fest steht: Der »traurige Blick« unserer Hunde hat sich wohl im Laufe der Domestikation als vorteilhafte Mimikbewegung im Zusammenleben mit uns erwiesen. Er hat uns Menschen bei der Zuchtauswahl »lieber« Hunde beeinflusst, sodass sich die Muskelbewegung immer mehr durchsetzen konnte, denn Wölfe können diese Bewegung mit der Augenbraue noch nicht in dem Maße anwenden (Kaminski et al., 2019). Unser großes Faible für Niedliches hat also dazu geführt, dass Hunde viele kindliche Eigenschaften auch im Erwachsenenalter beibehalten. So können sie nicht nur niedlich gucken, wenn wir leckeres Futter in der Hand haben, sie wedeln als erwachsene Hunde auch viel mehr und verhalten sich Menschen gegenüber unterwürfiger, als Wölfe dies als erwachsene Individuen noch tun würden (Gácsi et al., 2005). All diese Verhaltensweisen haben natürlich einen Einfluss auf uns und unser Bindungsverhalten - wir fühlen uns zeitlebens für unsere Hunde verantwortlich und möchten für sie da sein - wie richtig gute Eltern eben.

Warum so oft Hunde?

Was auffällt beim Thema Adoption im Tierreich, ist, dass auffällig oft Hunde andere Arten adoptieren. Für den Verhaltenspsychologe Dr. Cliff Wynne von der Arizona State University liegt die Antwort auf der Hand: Hunde sind über Jahrtausende auf Freundlichkeit gegenüber anderen Spezies selektiert worden (vgl. Wynne, 2019; auch Hare, 2017). Ihre große soziale Aufgeschlossenheit ist ihr hervorstechender Wesenszug. Sie ermöglicht bei guter Sozialisation die Entwicklung von Kompetenzen wie Kooperation mit uns und eine hohe Toleranz gegenüber allen, die noch mit uns unter einem Dach leben. Ihre größte Fähigkeit, so Wynne, ist, den zu lieben, mit dem sie leben - und das muss eben nicht unbedingt nur ein Mensch oder ein anderer Hund, sondern kann auch eine Gruppe von Mantelpavianen, Katzen oder ein Uhu sein, so wie bei Hugo und der Jagdhündin Ronja (siehe Kapitel »Geschichte der Freundschaft«).

Adoptionen -
ein Widerspruch zum Egoismus der Gene?

Evolutionsbiolog*innen wie Richard Dawkins haben die Theorie aufgestellt, dass es allen Lebewesen letztlich bei all ihren Aktivitäten nur darum gehe, das eigene Erbmaterial zu vermehren. Alle Organismen dieser Erde, von der Qualle über das Wild-schwein bis hin zum Menschen, sind dieser Theorie zufolge letztlich nur »Behälter« ihrer Gene. Diese vor über dreißig Jah-ren entwickelte und noch immer lebendige Diskussionen pro-vozierende Hypothese hat dazu geführt, dass wir bis heute jedes Verhalten auf seinen Überlebenswert prüfen, und das ist auch gut so. Denn es ergibt Sinn, von einer Situation nicht nur ge-rührt zu sein, sondern das Verhalten auf eine dahinter liegende Strategie oder Funktion zu testen, wie beim Zusammenleben von Hunden und Mantelpavianen in Ta'if.

Doch welchen Vorteil bringen dann »echte« Adoptionen wie die von Kätzchen Curry oder dem Weißbüscheläffchen im brasi-lianischen Urwald? Hier wurden von einzelnen Individuen oder einer ganzen Gruppe viel Zeit, Nahrung und Energie in einen fremden Gast investiert, der ganz offensichtlich mit keinem der Gruppenmitglieder verwandt war. Wie wir gesehen haben, könnten verschiedene Faktoren Adoptionen begünstigen.

Satt und sicher sein macht Adoption möglich

Die Kapuzineräffchen in Brasilien hatten ausreichend Futter und fühlten sich wohl, dazu gab es zwei weibliche Individuen, die empfangsbereit für kindliche Signale waren – Glück im Un-glück für den kleinen Weißbüschelaffen, der von der Gruppe aufgenommen, von den Weibchen gestillt und von der ganzen Gruppe aufgezogen wurde. Die Kapuzinerdamen konnten da-durch Erfahrungen im Aufziehen von Jungen sammeln; gleich-zeitig fühlt sich Elternschaft einfach gut an, denn Stillen und Versorgen macht glücklich.

Genau deshalb steht Adoption letztlich für mich nicht im Widerspruch zum Egoismus der Gene. Denn ein schönes Leben macht glücklich, und Glücklichsein hält gesund, trotz des Energieaufwandes, den ich für das fremde Kind betreiben muss. Genau deshalb sind die Glücksgefühle, die man beim Elternsein erleben kann, gut für das eigene Wohlbefinden, sogar wenn es sich bei dem Kind um ein artfremdes Individuum handelt. Wichtig ist, immer zu überprüfen, ob man ein Verhalten »sehen möchte«, weil es so rührend ist, oder ob es vielleicht weitere Erklärungen gibt, die diese besonderen Allianzen ermöglichen.

Und was ist so falsch daran, Vorteile aus Beziehungen zu ziehen? Wir Menschen lieben unsere Freunde und Haustiere und ziehen einen großen Nutzen für unser Wohlgefühl und unsere Gesundheit aus diesen vielen Bindungen; sie sind der beste Garant dazu, sehr alt zu werden, schon beschrieben Susan Pinker feststellen konnte. Und was für uns Menschen gilt, wird für andere sozial lebende Tierarten nicht weniger stimmen. Auch wenn wir alle zum »Luxus«-Verhalten der Adoption oder Freundschaft mit anderen Tierarten desto mehr in der Lage sind, je weniger wir uns um unser Überleben Sorgen machen müssen. Haustiere wie Apple wissen, dass der Napf täglich neu gefüllt wird, und haben deshalb Zeit und Muße und vielleicht auch ein bisschen Langeweile, um sich für einen hilflosen Katzenwelpen als Kind und später Sozialpartner zu interessieren.

Die Aussage der alten Evolutionisten, dass die gesamte Natur in einem Kampf ums Überleben steht und alle Tiere miteinander in Konkurrenz stehen, ist heute so nicht mehr haltbar. Tiere leben zusammen und kooperieren - und auch wenn sie daraus Nutzen ziehen, tauschen sie wie die Raben und Wölfe oder Paviane und Hunde gleichzeitig oft Gesten der Zuneigung aus, verhalten sich albern, spielen miteinander, haben Spaß zusammen. Lebewesen stehen nicht nur in einem Konkurrenzkampf, sondern nutzen die Vorteile, die ihnen Solidarität, Kooperation und Opferbereitschaft bringen - für ihr Überleben, aber auch für ihren ganz persönlichen Spaß am Dasein.

Neben den beteiligten Persönlichkeiten bestimmen also das sichere Umfeld, Hormone und die Versorgungslage, wie sehr wir in der Lage sind, uns hilflosen kleinen Wesen gegenüber aufnahmebereit zu zeigen - und das trifft, wie wir auch in diesem Kapitel sehen konnten, auf Menschen genauso zu wie auf andere Tiere.

Ende

Wissenschaft ist etwas Wunderbares. Sie analysiert Phänomene, die uns begeistern und unsere Neugierde wecken, mit Methoden, aus denen wir Wissen gewinnen können, mit denen wir der Erklärung eines Phänomens letztlich immer näher kommen können. Wissenschaft schafft Wissen – deshalb sehe ich es als großes Geschenk, in der heutigen Zeit auf so eine riesige Datenbank an Studien zurückgreifen zu können, die uns dabei helfen können, Freundschaft zu verstehen: Freundschaft in all ihren Facetten und verschiedenartigen Erscheinungsformen. Freundschaft zwischen Menschen, zwischen Mensch und Tier und zwischen anderen Tieren.

Die Macht der Freundschaft hat der Philosoph Francis Bacon 1625 mit nur einem Satz präzise zusammengefasst: »Sie verdoppelt die Freude und halbiert das Leid.« Der Wunsch nach einem guten Freund, der uns durchs Leben begleitet, ist groß und vereint uns über Artgrenzen hinweg. Doch Artgrenzen sind nur oberflächlich leicht zu erkennen. Denn auch wenn verschiedene Arten ziemlich unterschiedlich aussehen, so teilen wir doch im Kopf viele Gemeinsamkeiten, die unsere Handlungen lenken.

Wir wissen heute durch unzählige Studien verschiedenster Fachbereiche, dass alle Wirbeltiergehirne sich in ihrem Grundbauplan sehr ähnlich sind und funktionieren. Das »Kommandozentrum« im Kopf wurde vor 600 bis 400 Millionen Jahren so erfolgreich konstruiert, dass sich bei der Entstehung der vielen Arten diese Gehirnkonstruktion nur in kleineren Fragen abwandeln musste, je nachdem, welche ökologische Nische eine

Spezies bewohnt hat. Diese Abwandlungen sorgen dafür, dass wir mit den großen Menschenaffen wie Schimpanse oder Bonobo über 98 Prozent unserer Gene teilen. Trotz dieser hohen Übereinstimmung sehen wir sehr unterschiedlich aus, bewohnen den afrikanischen Dschungel oder ziehen eine gemütliche Altbauwohnung in der Großstadt als Lebensraum vor.

Doch die Gemeinsamkeiten in den Genen wirken immer noch stark. Sie ermöglichen, dass wir alle als Embryonen noch einmal gemeinsam starten, sodass wir in der Entwicklung im Mutterleib teilweise sehr ähnlich aussehen. Erst danach entscheidet sich, ob wir Fell oder Federn oder ein besonders stark gefaltetes Großhirn bekommen, das uns zum Konstruieren von Raketen, Dichten oder Schreiben von Büchern befähigt. Doch das gemeinsame Erbe ist überall die Millionen Jahre im Gehirn erhalten geblieben und sorgt dafür, dass es für uns alle eine ähnliche Priorität im Leben gibt. Dieses Erbe ist das Bedürfnis nach Bindung und Zugehörigkeit, das wunderbare, faszinierende Tierfreundschaften, aber auch einzigartige Freundschaften zwischen Menschen und anderen Tieren entstehen lässt. Wir sind also gut ausgestattet mit ähnlichen Bedürfnissen und mit Fähigkeiten, uns über Artgrenzen hinweg anzufreunden, die Sprache des jeweils anderen verstehen zu lernen und enge Bande entwickeln zu können.

Ob dies gelingt, wie wir uns mit diesen Anlagen entwickeln können, was am Ende wichtig für uns wird im Leben, das wird stark davon beeinflusst, was wir erleben. Zum Beispiel, wie wunderbar Freundschaft, Liebe und Vertrautheit sind. Und dass man sie nicht nur mit anderen Menschen, sondern auch mit unseren Haustieren, als Otter mit einem Yorkshire-Terrier, als Schwein mit einer Gans oder als Krähe mit einem Haufen Jagdhunden teilen kann.

Erst wenn wir diese wunderbare vertraute Bindung zu sehr

unterschiedlich aussehenden Freunden kennen, wissen wir sie zu schätzen.

Was mir beim Schreiben dieses Buches noch deutlicher geworden ist: Beziehungen, die zu engen Freundschaften werden, entstehen nicht nur durch Sympathie, passende Gegebenheiten oder verbindende Erlebnisse. Es ist vor allen Dingen ein Zusammenwachsen. Mit der Zeit durchleben und akzeptieren wir unsere Unterschiedlichkeit, und dann fängt sie an zu verblassen. Wir nehmen sie gar nicht mehr wahr. Wir sehen im Umgang mit unseren Haustieren immer weniger den »Hund« oder die »Katze« oder das »Rind«, sondern »Hazel«, »Curry« oder »Nico«. Ich habe Sils leere Augenhöhlen nicht mehr wahrgenommen, und für die Jagdhündin Ronja war es irgendwann egal, dass Hugo eine Eule ist. Zeit und Vertrautheit führen dazu, dass wir immer besser sehen, was wirklich wichtig ist: Wer wir sind, das einzigartige Wesen unter der oberflächlichen Verpackung, der nicht austauschbare, beste Freund.

Es gibt ein großartiges, von der UNESCO ausgezeichnetes Kinderbuch, in dem ein kleines blaues Wesen von den anderen Tieren einer Gruppe ausgeschlossen wird (Riddle & Cave, 1997). Der zottelige Typ kleckert beim Malen mit Farbe und isst komische Dinge. Kurz, er sieht nicht nur anders aus, er benimmt sich auch noch irgendwie anders als alle anderen. Deshalb erhält er von der Gemeinschaft den Namen »Irgendwie Anders«. Seine Einsamkeit endet erst, als es die Bekanntschaft des »Etwas« macht – das wieder ganz anders merkwürdig aussieht und andere seltsame Dinge tut. Die zwei verbindet nach einigen Startschwierigkeiten eine innige Freundschaft – weil sie merken, dass das Anderssein keine Rolle spielt. Sie lernen: Egal, ob wir ähnlich aussehen oder nicht, wenn wir das Andere zu schätzen und zu lieben lernen und zurückgeschätzt und geliebt und trotz unserer Eigenarten respektiert werden, fühlen wir uns sicher auf dieser Welt. Und gehören dazu.

So wie das sehr seltsame Wesen, das ganz am Ende des Buches in die Gemeinschaft der merkwürdigen Tiere aufgenommen wird. Da steht ein Menschenkind vor der Tür und möchte dazugehören. Das Buch endet zu diesem Bild mit den Worten: »Und stand eines Tages jemand vor der Tür, der WIRKLICH merkwürdig aussah, dann sagten sie nicht ›Geh weg‹ oder ›Du gehörst nicht dazu‹. Sie rückten einfach ein kleines Stück näher zusammen.«

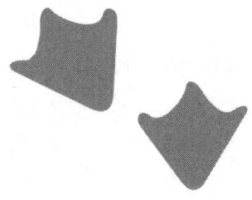

Dank

Dass dieses Buch entstehen konnte, habe ich all den Wissen-schaftler*innen zu verdanken, die sich in vielen verschiedenen Fachrichtungen seit Jahrzehnten der Erforschung des Phänomens der Freundschaft, sozialer Beziehungen und Bindungen widmen. Ich fühle mich privilegiert, diese Forschungen zusammenfassen und in dieses Buch einbetten zu können, und bitte um Nachsicht, wenn ich nicht alles wiedergeben konnte, was in den Augen der Forscher*innen auch noch wichtig gewesen wäre zu schreiben. Hätte ich das getan, dann wäre das Buch ein Wälzer geworden; ich musste leider Schwerpunkte setzen.

Danken möchte ich von Herzen meiner Mutter und meinen großartigen Schwiegereltern Christina und Manfred Ode, die mit kritischem Blick eine erste Durchsicht vieler Kapitel vorgenommen und so manchen Fehler aufgespürt oder wichtige Fragen gestellt haben, die den Text um einiges verständlicher gemacht haben. Meine Familie muss oft auf mich verzichten, wenn ich zu Dreharbeiten oder Vortragsreisen unterwegs bin. Bin ich mal zu Hause und dann auch noch so viel am Schreiben, dann ist das doof.

Das ist mir klar, deshalb danke ich meinem Mann Jannes dafür, dass er mich damals an der Uni ins Auge gefasst und seitdem nicht mehr losgelassen hat und mein Leben so wunderbar schön macht, dass ich niemals ein anderes haben möchte. Meine Kinder sind sowieso die Wucht, ich hab keine Ahnung, wie ich zu diesem großen Glück kommen konnte, dass ihr meine seid, Ruby und Taran!

Meinen Freunden sei hier natürlich passenderweise auch

sehr gedankt für ihre Ehrlichkeit, ihr Dasein, ihre Unterschiedlichkeit, die mein Leben so sehr bereichert, ganz egal ob ihr auf vier oder zwei Beinen daherkommt, Rupert, Erna, Knox, Julie, Schnucki, Frankie, Ninsche, Jörni, Heiko, Jule, Poldi, Söra, Kirsten und viele andere.

Dann ein großer Dank an Ulrike Strerath-Bolz fürs finale Fehlerfinden und an Maria Hellstern, meine Lektorin, die mir immer so ein herzliches Feedback gegeben hat - zu jedem Kapitel! Das hat mich sehr motiviert, und ich freue mich sehr auf irgendwann mal, wenn »Damn Corona« hoffentlich Geschichte geworden ist, endlich ein echtes Kennenlernen!

Natürlich gebührt auch dem Sender VOX, hier besonders Jan Biekehör, Tilmann Kühnel und der Produktionsfirma »Fandango« und ganz besonders der wunderbaren Producerin Jessica Alijas Alvarez großer Dank für die Entwicklung des tollen TV-Formates »Tierisch beste Freunde«. Viele der tierischen Freundschaften, die hier vorgestellt wurden, haben wir zusammen entdeckt und besucht, Erlebnisse, die ich niemals vergessen werde und die mich beim Schreiben dieses Buches immer wieder inspiriert haben. Ich hoffe auf noch ganz viele spannende Drehtage, um zusammen mit Euch Menschen für eine andere Sicht auf die uns umgebende restliche Tierwelt zu begeistern!

Eure Kate

Quellen und
Stoff zum Weiterlesen

Affenzeller, N., Palme, R., Zulch, H., 2017: Playful activity post-learning improves training performance in Labrador Retriever dogs (Canis lupus familiaris)

Ainsworth, M. D. S., Bell, S. M., 1970: Attachment, exploration, and separation: illustrated by the behavior of one-year-olds in a strange situation. Child Dev. 41: 49-67.

Allen, K., et al., 1991: Presence of human friends and pet dogs as moderators of autonomic responses to stress in women. J Pers Soc Psychol.

Allen, K., Blascovich, J., 1996: The value of service dogs for people with severe ambulatory disabilities: a randomized controlled trial. JAMA. 275: 1001-1006.

Allen, K., Shykoff, B. E., Izzo, J. K., 2001: Pet Ownership, but Not ACE Inhibitor Therapy, Blunts Home Blood Pressure Responses to Mental Stress. Hypertension, 38: 815-820.

Andics, A., et al., 2014: Voice-sensitive regions in the dog and human brain are revealed by comparative fMRI. Current Biology 24: 574-578.

Andics, A., et al., 2016: Neural mechanisms for lexical processing in dogs. Science 353: 1030ff.

Archer, J., Soraya, M., 2011: Preferences for infant facial features in pet dogs and cats. Ethology 117: 217-226.

Arzt, V., 1999: Kumpel und Komplizen. Bertelsmann.

Bekoff, M., 2007: The emotional lives of animals. New World Library.

Belayev, D., Plyusnina, I. Z., Trut, L. N., 1985: Domestication in the silver fox (Vulpes fulvus): Changes in physiological boundaries of the sensitive period of primary socialization. Applied Animal Behavior Sciene 13: 359-370.

Bergmann, J., 1988: Haustiere als kommunikative Ressourcen. In: Soeffner, H.-G. (HG): Kultut und Alltag (Soziale Welt, Sonderband 6), Schwartz, Göttingen, S. 299-312.

Berns, G., Brooks, S., Spivak, M., 2015: Scent of the familiar: An fMRI study of canine brain responses to familiar and unfamiliar human and dog odors. Behavioural Processes 110: 37-46.

Blaffer-Hrdy, S., 1999: Mother Nature: A History of Mothers, Infants and Natural Selection. New York: Pantheon. 117.

Blaffer-Hrdy, S., 2009: Mothers and Others. The Evolutionary Origins of Mutual Understanding. The Belknap Press of Harvard University Press, Cambridge (Mass.).

Bloch, G., 2009: Aug in Auge mit dem Wolf. Kosmos.

Boesch, C., Bolé, C., Eckhardt, N., Boesch, H., 2010: Altruism in forest chimpanzees: the case of adoption. PLoS One 5(1): e8901 (2010).

Bowlby, J., 1982: Attachment and Loss: Attachment, Second Edition (Basic Books).

Bowlby, J., 1946: Fourty Four Jubenile Thieves: Their Characters and Home Life. Balliére, Tindall & Cox.

Bräuer, J., et al., 2020: Old and New Approaches to Animal Cognition: There Is Not »One Cognition«. Journal of Intelligenz, 8, 28.

Brkljačić, T., et al., 2020: The Beginning, the End, and All the Happiness in Between: Pet Owners' Wellbeing from Pet Acquisition to Death. Anthrozoös, A multidisciplinary journal of the interactions of people and animals. Volume 33, 2020, issue 1, 71-87.

Cafazzo S., et al., 2018: The effect of domestication on post-conflict management: wolves reconcile while dogs avoid each other. R Soc Open Sci. 5(7): 171553.

Cave, K., Riddell, C., 1997: Irgendwie anders. Oetinger

Capaldi, C., et al., 2014: The relationship between nature connectedness and happiness: a meta-analysis. Frontiers in Psychology.

Chang, C., et al., 2020: Social media, nature, and life satisfaction: global evidence of the biophilia hypothesis. Scientific Reports, 10: 4125. Team aus Singapur, Zürich, Brisbane.

Cieri, R. L., Churchill, S. E., Franciscus, R. G., Tan, J., Hare, B., 2014: Craniofacial feminization, social tolerance, and the origins of behavioral modernity. Curr. Anthropol. 55: 419-43.

Cimarelli, G., Turcsán, B., Bánlaki, Z., Range, F., Virányi, Z., 2016: Dog owners' interaction styles: Their components and associations with reactions of pet dogs to a social threat. Front Psychol. 7: 1-14.

Cimarelli, G., Turcsán, B., Bánlaki, Z., Range, F., Virányi, Z., 2017: The Other End of the Leash: An Experimental Test to Analyze How Owners Interact with Their Pet Dogs. Journal of Visualized Experiments 2017 (128).

Colarelli, A., et al., 2017: Companion Dog Increases Prosocial Behavior in Work Groups. Anthrozoös: Volume 30, Issue 1.

Cook, P., Prichard, A., Spivak, M., Berns, G. S., 2018: Jealousy in dogs? Evidence from brain imaging. Animal Sentience 2018, 117.

Cordoni G., Palagi E., 2008: Reconciliation in wolves (Canis lupus): new evidence for a comparative perspective. Ethology 114: 298-308.

Declaration of Consciousness. Cambridge, 2012.

De Loache, J., et al., 2011: How very young children think about animals. In: Mc Cune, S., Griffin, J. A., Maholmes, V. (Eds.): How animals affect us: Examining the influences of human-animal interaction on child development and human health. 85-99, Washington, DC.

De Waal, F., 2005: Der Affe in uns. Warum wir sind, wie wir sind. Hanser.

De Waal, F., Roosmalen, A., 1979: Reconciliation and consolation among chimpanzees. Behav Ecol Sociobiol. 5: 55-66.

Denworth, L.: Friendship. The Evolution, Biology, and Extraordinary Power of Life's Fundamental Bond. Bloomsbury Sigma, 2020.

Dong Li et al., 2019: ARAF recurrent mutation causes central conducting lymphatic anomaly treatable with a MEK inhibitor, Nature Medicine volume 25, pages 1116-1122 (2019).

Duranton, C., Gaunet F., Bedossa, T., 2017: Interspecific behavioural synchronization: dogs exhibit locomotor synchrony with humans. Scientific Reports volume 7, Article number: 12384.

Eisenberg, N., Lennon, R., Roth, K., 1983. Prosocial development: a longitudinal study. Dev. Psychol. 19: 846-55.

Eibl-Eibesfeld, I., 1970: Liebe und Hass. Zur Naturgeschichte elementarer Verhaltensweisen.

Eriksson, M., Keeling, L., Rehn, T., 2017: Cats and owners interact more with each other after a longer duration of separation. PLoS One 12 (10): e0185599.

Foyer, P., Wilson E., Jensen, P., 2016: Levels of maternal care in dogs affect adult offspring temperament. Scient. Reports 6, 19253.

Fraser, O. N., Bugnyar, T., 2011: Ravens reconcile after aggressive conflicts with valuable partners. PLoS One. 6(3): e18118.

Friedmann, E., et al., 1995: Pet ownership, social support, and one-year survival after acute myocardial infarction in the Cardiac Arrhythmia Suppression Trial (CAST). Am J Cardiol., 76: 1213-1217.

Fugazza, C., et al., 2013: Deffered imitation and declarative memory in domestic dogs. Animal Cognition, vol. 17: 237-247.

Fugazza, C., et al., 2018: Presence and lasting effect of social referencing in dog puppies.

Animal Behaviour. 141: 67-75.

Gácsi, M., et al., 2013: Human analogue safe haven effect of the owner: behavioural and heart rate response to stressful social stimuli in dogs. PLoS One 8: e58475

Gácsi, M., et al., 2005: Species-specific differences and similarities in the behavior of hand-raised dog and wolf pups in social situations with humans. Developmental Psychology 42 (2): 111-122.

Gansloßer, U., Kitchenham, K., 2019: Hundeforschung Aktuell. Kosmos.

Gansloßer, U., Kitchenham, K., 2012: Forschung trifft Hund. Kosmos.

Glocker, M., et al., 2019: Baby schema modulates the brain reward system in nulliparous women. In: Proceedings of the National Academy of Sciences. 106, 2009, 9115.

Goodall, J., 1991: Ein Herz für Schimpansen. Rowohlt.

Gray, P., Volsche, S., Garcia, J., Fisher, H., 2015: The Roles of Pet Dogs and Cats in Human Courtship and Dating. Anthrozoös: 673-683.

Hahn-Holbrook, J., et al., 2011: Maternal Defense: Breast Feeding Increases Aggression by Reducing Stress. Psychological Science, Volume 22, Issue 10: 1288-1295.

Haines, V. A., Hurlbert, J. S., Beggs, J. J., 1996: Exploring the determinants of support provision: Provider Characteristics, Personal Networks, Community Contexts and Support Following Life Events. Journal of Health and Social Behavior, 37: 252-264.

Handlin, L., et al., 2011: Short-term interaction between dogs and their owners: Effects on oxytocin, cortisol, insulin and heart rate. An Explorative study. Anthrozoös. 2011; 24: 301-315.

Hare, B., 2017: Survival of the Friendliest: Homo sapiens evolved via Selection for Prosociality. Annual Review of Psychology, 68: 155-186.

Harlow, H. F., 1958: The nature of love. Am. Psychol. 13: 673-685.

Headey, B., Grabka, M., 2011: Health Correlates of Pet Ownership From National Surveys, in: Mc Cardle, P., Mc Cune, S., et al. (eds.), How Animals Affect Us, American Psychological Association, Washington, S. 153 ff.

Headey, B./Na, F./Zheng, R.,2008: Pet dogs benefit owners' health:

A natural experiment in China, Social Indicators Research, Vol. 84: 481 ff.

Heberlein, M., et al., 2016: A comparison between wolves, Canis lupus, and dogs, Canis familiaris, in showing behavior towards humans. Animal Behaviour, vol. 122: 59-66

Heberlein, M., et al., 2017: Deceptive like behaviour in dogs (canis familiaris). Animal Cognition 20 (3): 511-520.

Holt-Lunstad, J., Smith, T. B., Layton, J. B., 2010: Social relationships and mortality risk: A meta-analytic review. PLoS Medicine, 7: e1000316.

Hori, Y., Kishi, H., Inoue-Murayama, M., Fujita, K., 2013: Dopamine receptor D4 gene (DRD4) is associated with gazing toward humans in domestic dogs (Canis familiaris). Open J. Anim. Sci. 3: 54-58.

Horn, L., Huber L., Range F., 2013: The Importance of the Secure Base Effect for Domestic Dogs - Evidence from a Manipulative Problem-Solving Task. PLoS One 8(5): e65296.

Horowitz, A., Hecht, J., 2016: Examining dog-human play: The characteristics, affect, and vocalizations of a unique interspecific interaction. Animal Cognition, 19: 779-788.

Izar, P., et al., 2006: Cross-Genus Adoption of a Marmoset (Callithrix jacchus) by Wild Capuchin Monkeys (Cebus libidinosus): Case Report. American Journal Primatology, 68: 692-700.

Jacobs Bao, K., Schreer, G., 2016: Pets and Happiness: Examining the Association between Pet Ownership and Wellbeing. Anthrozoös, A multidisciplinary journal of the interactions of people and animals. Volume 29, 2016, Issue 2: 283-296.

Julius, H., Beetz, A., Kotrschal, K., Turner, D., Uvnäs-Moberg, K., 2014: Bindung zu Tieren. Psychologische und neurobiologische Grundlagen tiergestützter Interventionen, Hogreve Verlag, Göttingen, S. 54 ff.

Jung, C., Pörtl, D., 2018: Scavenging Hypothesis: Lack of evidence for

Dog Domestication on the Waste Dump. Dog Behavior. Volume 4, 2018, Issue 2: 41–56

Kaminski, J., 2019: Evolution of facial muscle anatomy in dogs. PNAS July 16, 2019 116 (29): 14677–14681.

Kaminski, J., et al., 2017: Human attention affects facial expressions in domestic dogs. Scientific Reports 7.

Kitchenham, K., 2003: Lebensbegleiter Hund. Motive zur Hundehaltung in der Stadt. Magisterarbeit, Universität Hamburg.

Kitchenham, K., 2014: »Wissen Hunde, dass sie Hunde sind?« Kurt Kotrschal, Interview, S. 77 ff.

Kitchenham, K., 2020: Streunerhunde. Von Moskaus U-Bahn-Hunden bis Indiens Underdogs. Kosmos.

Kotrschal, K., 2019: Mensch. Woher wir kommen. Wer wir sind. Wohin wir gehen. Brandstätter Verlag.

Kotrschal, K., 2012: Wolf, Hund, Mensch. Die Geschichte einer jahrtausendealten Beziehung. Brandstätter Verlag.

Kotrschal, K., 2009: Die evolutionäre Theorie der Mensch-Tier-Beziehung. In: Otterstedt, C., Rosenberger, M. (Hg.): Gefährten, Konkurrenten, Verwandte. Die Mensch-Tier-Beziehung im wissenschaftlichen Diskurs. Vandenhoeck & Ruprecht, 55–77.

Krienen, F., et al., 2010: Clan Mentality: Evidence That the Medial Prefrontal Cortex Responds to Close Others. The Journal of Neuroscience, 30(41): 13906–13915.

Layard, R., 2005: Happiness: Lessons from a new science. London: Penguin Books.

Lee Oliva, J., et al., 2016: The oxytocin receptor gene, an integral piece of the evolution of Canis familaris from Canis lupus. Pet Behaviour Science.

Lorenz, K., 1943: Die angeborenen Formen möglicher Erfahrung. In: Zeitschrift für Tierpsychologie Bd. 5, Heft 2, S. 274 ff.

Lorenz, K., 1998 (36. Auflage): So kam der Mensch auf den Hund. Dtv.

Loriot, 2012: »Möpse & Menschen – Eine Art Biographie«. Diogenes.

Maglieri et al., 2020 (in Arbeit): Beyond the species! Dog-Horse Communication During Social Play.

Maros, K., Gácsi, M., Miklósi, A., 2008: Comprehension of human pointing gestures in horses (Equus caballus). Anim Cogn 11: 457-466.

Matas, L., Arend, R. A., Sroufe, L. A., 1978: Continuity of adaptation in the second year: The relationship between quality of attachment and later competence. Child Dev 49: 547-556.

McIver, S., Hall, S., Mills, D. S., 2020: The Impact of Owning a Guide Dog on Owners' Quality of Life: A Longitudinal Study. Anthrozoös: A multidisciplinary journal of the interactions of people and animals. Volume 33, 2020 - Issue 1: 103-117.

McNicholas, J., Collis, G., 2000: Dogs as catalysts for social interactions: robustness of the effect. Britisch Journal of Psychology (Pt 1): 61-70.

Merola, I., Prato-Previde, E., Marshall-Pescini, S., 2012: Social referencing in dog-owner dyads? Animal Cognition 15: 175-185.

Messent, P., 1983: Social faciliation of contact with other people by pet dogs. In: Katcher, A., Beck, A.: new perspectives in our lives with companion animals. Pennsylvania University Press, Philadelphia, S. 37-46.

Mubanga, M., Fall, T., et al., 2017: Dog ownership and the risk of cardiovascular disease and death - a nationwide cohort study. Scientific Reports, 7: 15821.

Myers, D. G., 2000: The funds, friends, and faith of happy people. American Psychologist, 55: 56-67.

Navidal, E., et al., 1998: Adopting adoption. Anim. Behav., 55: 1451-1459.

Nelson, E., Rolian, C., Cashmore, L., Shultz, S., 2011: Digit ratios predict polygyny in early apes, Ardipithecus, Neanderthals and early modern humans but not in Australopithecus. Proc. Biol. Sci. 278: 1556-63.

O'Corry-Crowe, G., Suydam, R., Ferrer, T., 2020: Group structure and kinship in beluga whale societies. Scientific Reports 10, Nr. 11462.

Odendaal, J., Meintjes, R., 2003: Neurophysiological Correlates of Affiliative Behaviour between Humans and Dogs. The Veterinary Journal, Volume 165, Issue 3.

Ohr, R.: Heimtierstudie 2019. Ökonomische und soziale Bedeutung der Heimtierhaltung in Deutschland. Universität Göttingen.

Otterstedt, C., Rosenberger, M. (Hg.), 2009: Gefährten, Konkurrenten, Verwandte. Die Mensch-Tier-Beziehung im wissenschaftlichen Diskurs. Vandenhoeck & Ruprecht.

Palagi, E., Nicotra V., Cordoni, G., 2015: Rapid mimicry and emotional contagion in domestic dogs. Royal Society of Open Science. 2: 150505.

Petersson et al., 2017: Oxytocin and cortisol levels in dog owners and their dogs are associated with behavioral patterns: An exploratory study. Front Psychol. 2017 Oct 13; 8: 1796.

Piaget, J., Inhelder, B., 1972: Die Psychologie des Kindes. Olten: Walter Verlag.

Pinker, S., 2015: The Village Effect.

Prouvost, C. R., Harris C., 2014: Jealousy in dogs PLoS One 9(7): e94597.

Poon, L., 2013: Deformed Dolphin Accepted Into New Family. National Geographic News.

Quervel-Chaumette, M., Faerber, V., Faragó, T., Marshall-Pescini, S., Range, F., 2016: Investigating empathy-like responding to conspecific's distress in pet dogs. PLoS One 11: e0152920.

Rehm, N.: Kind und Hund. Erhebungen um Zusammenleben in der Familie. Diss. München 1993.

Rehn, T., Handlin, L., Uvnäs-Moberg, K., Keeling, L., 2014: Dogs' endocrine and behavioural responses at reunion are affected by how the human initiates contact. Physiology & Behavior 124: 45-53.

Reyes Uribe, A. C., 2020: Why Did I Share My Life With Glucio? A Life

Course Approach to Explaining Pet Ownership Motivations in Late Adulthood. Anthrozoös: A multidisciplinary journal of the interactions of people and animals. Volume 33, 2020, Issue 1: 89-102.

Ricken, F., 1988: Philosophie der Antike, S. 193.

Rossbach, K. A., Wilson, J. P., 1992: Does a Dog's Presence Make a Person Appear More Likable?: Two Studies. Anthrozoös: A multidisciplinary journal of the interactions of people and animals. Volume 5, 1992 - Issue 1: 40-51.

Rossi et al., 2018: Hormonal Correlates of Exploratory and Play-Soliciting Behavior in Domestic Dogs. Front. Psychol. 9: 1559.

Sachser, N., 2018: Der Mensch im Tier. Warum Tiere uns im Denken, Fühlen und Verhalten oft so ähnlich sind. Rowohlt.

Schlak, M., 2019: Helfer aus dem Becken. Der Spiegel, Nr. 4/2019, S. 104 f.

Schleidt, W. M., Shalter, M. D., 2003: Co-evolution of humans and canids. An alternative view of dog domestication: Homo Homini Lupus? Evolution and Cognition 9(1).

Schmidt, W. R., 1996: Geliebte und andere Tiere im Judentum, Christentum und Islam. Vom Elend der Kreatur in unserer Zivilisation. GTB Sachbuch, 9.

Schöberl, Wedl, Beetz, Kotrschal, 2017: Psychobiological Factors Affecting Cortisol Variability in Human-Dog Dyads. PLoS One.

Seeman, T. E., & Berkman, L. F., 1988: Structural characteristics of social networks and their relationship with social support in the elderly: Who provides support. Social Science Medicine, 26: 737-749.

Sgro, M., Mychasiuk, R., 2020: Playful genes: what do we know about the epigenetics of play behaviour? International Journal of Play.

Seel, H.-J., Sichler, R., Fischerlehner, B., 1993: Mensch - Natur. Zur Psychologie einer problematischen Beziehung. Opladen.

Siegel, J. M., 1990: Stressful life events and use of physician services among the elderly: the moderating role of pet ownership. J Pers Soc Psychol. 58: 1081-1086. CrossrefMedlineGoogle Scholar.

Siegel, J. M., et al., 1999: AIDS diagnosis and depression in the multi-center AIDS cohort study: the ameliorating impact of pet ownership. AIDS Care. 11: 157-169. CrossrefMedlineGoogle Scholar.

Siniscalchi et al., 2013: Seeing Left- or Right-Asymmetric Tail Wagging Produces Different Emotional Responses in Dogs. Current Biology 23: 2279-2282.

Siviy, S. M., Panksepp, J., 2011: In search of the neurobiological substrates for social playfulness in mammalian brains. Neuroscience and Biobehavioral Reviews, 35: 1821-1830.

Trezza, V., Baarendse, P. J., Vanderschuren, L. J., 2010: The pleasures of play: Pharmacological insights into social reward mechanisms. Trends in Pharmacological Sciences, 31: 463-469.

Van der Horst, M., Coffé, H., 2012: How Friendship Network Characteristics Influence Subjective Well-Being. Soc Indic Res., 107: 509-529

Vargas-Martínez, F. et al., 2014: Neuropeptides as neuroprotective agents: Oxytocin a forefront developmental player in the mammalian brain. Prog Neurobiol.; Vol. 123: 37-78.

Waller, B., et al., 2013: Paedomorphic Facial Expressions Give Dogs a Selective Advantage. PLoS One 8(12): e82686.

Weaver, I. C. G., et al., 2004: Epigenetic programming by maternal behavior. Nature Neuroscience, Volume 7, Number 8: 847-854.

Wilson, E. O., 1984: Biophilia. Cambridge.

Yin, J. et al., 2019: Effects of biophilic interventions in office on stress reaction and cognitive function: A randomized crossover study in virtual reality. Wileyonlinelibrary, 29: 1028-1039.

Yong, M. H., Ruffman T., 2014: Emotional contagion: Dogs and humans show a similar physiological response to human infant crying. Behavioural Processes, Volume 108: 155-165.

Zentralverband Zoologischer Fachbetriebe: Der Deutsche Heimtiermarkt 2019.

Zentralverband Zoologischer Fachbetriebe: Jahresbericht 2011-2012.

Adressen

Noah's Ark
712 L G Griffin Rd.
Locust Grove, GA 30248
(770) 957-0888
noah@noahs-ark.org

KopeLion
Korongoro People's Lion Initiative
c/o Ngorongoro Conservation Area Authority
Box 1, Ngorongoro Crater
Arusha, Tanzania
www.kopelion.org

Erdlingshof
Erdlingshof e. V.
Ogleinsmais 3
94262 Kollnburg
www.erdlingshof.de

VITA e. V. Assistenzhunde
Im Eichwäldchen 1
60488 Frankfurt am Main
www.vita-assistenzhunde.de

Blog von Adriana & Sil
www.siltheblindlove.com/

Blog von Nina & Hazel
rollinginthedeep.de/

Jessica von Bredow-Werndl

DAS GLÜCK DER ERDE

Was ich täglich von meinen wunderbaren Pferden lernen darf

Jessica von Bredow-Werndl ist eine der besten Dressurreiterin-
nen der Welt, Pferde sind schon immer ein sehr wichtiger Teil
ihres Lebens. Sie hat früh gelernt, die Pferde als Persönlichkeiten zu erkennen und anzunehmen, gemeinsam mit ihnen zu
wachsen und von ihnen zu lernen. In ihrem Buch zeigt sie uns
ihre ganzheitliche und tierfreundliche Philosophie, die das Miteinander von Mensch und Tier in den Vordergrund stellt.
Dieses Buch nimmt uns mit auf eine Reise in ihr Innerstes, zu
der Frau, die sie heute ist – und zeigt uns, worauf sich die See-
lenverwandtschaft mit diesen wunderbaren Tieren begründet
und wie wir ihre Weisheit und Anmut in unser eigenes Leben
bringen können.

»Für mich ist ein Leben und meine Entwicklung als
Persönlichkeit ohne die Pferde kaum vorstellbar, denn sie
sind meine Lehrer und mein täglicher Spiegel. Sie reflektieren
mir meine Stärken und auch Schwächen und helfen mir
dabei, mich als Mensch weiterzuentwickeln.«
Jessica von Bredow-Werndl

Michaela Seul

DAS GLÜCK HAT VIER PFOTEN
Lebensweisheiten unserer Hunde

Hunde machen glücklich ...

... aber das ist längst noch nicht alles, weiß die Hundefreundin Michaela Seul: Im Verhalten unserer Vierbeiner steckt jede Menge Lebensklugheit, etwa wenn sie uns morgens freudig wedelnd begrüßen, achtsam an Grashalmen schnuppern oder tiefenentspannt vor sich hin dösen.

Das Glück hat vier Pfoten ist eine charmante Hundeschule für Zweibeiner, in der wir von unseren Hunden lernen, worauf es wirklich ankommt im Leben.